JN300744

微分方程式の解法と応用

たたみ込み積分とスペクトル分解を用いて

登坂宣好[著]

東京大学出版会

Solution Methods of Ordinary Differential Equations
by Convolution and Spectral Resolution and Its Applications
Nobuyoshi TOSAKA
University of Tokyo Press, 2010
ISBN978-4-13-062913-3

まえがき

　『微分方程式』という題名が付いた書籍は数多く出版されている．そのような状況の中で，なぜこのような題名の付いた本を出版したのかが関係者の大方の抱く疑問であろう．

　著者は，長年にわたって，機械工学科 2 年次の前期の設置科目「工業数学 1 および演習」（週 1 コマの講義と 1 コマの演習）を担当している．この科目の内容が，微分方程式，正確には，「常微分方程式」である．この「微分方程式」は，工科系の大学，高専等の基礎数学である微分積分学，線形代数学に続く数学系列の科目で，いわゆる工学基礎科目として位置づけられている．その理由は，工学は時間変数や空間変数に関して変化・変動する現象の解明と予測に基づく「モノづくり」に関する知の体系であるので，そのような現象の数理モデルの構築と解析には，「微分方程式」の知識が不可欠となるためである．したがって，工科系における「微分方程式」の講義は，数学としての微分方程式論のみならず，応用数学としての微分方程式の解法も含んだものでなければならない．このように位置づけられた「微分方程式」の講義をどのように行えば聴講者（学部学生）が興味をもって勉強してくれるのかについて毎年悩み続けてきた．その悩みを具体的に示すと次のようになる．

1. 多様な形式を有する常微分方程式に対して，限られた講義回数の中でどのようなものを選んだら良いのか．

2. 微分方程式論と微分方程式の解法に関する比重と割合をどの程度とするのか．

3. 講義の内容をオムニバス形式とするのか，または，体系的とするのか．

4. 工学において微分方程式が役立つことをどのように示すのか．

5. 基礎知識としての線形代数学の内容をどの程度仮定したらよいのか．

このような悩みに関する1つの解答を示したのが本書の内容であり，その特徴とする点は次の通りである．

1. 微分方程式自体を扱うのではなく，工学で現れる数理モデルとしての初期値問題，境界値問題，固有値問題を対象とする．その具体的な問題として，質量・空気抵抗・バネ系（M-C-K系）の振動現象，弦および弾性梁の変形現象と固有振動現象，弾性棒の座屈現象の解析を示す．

2. 上述の工学における数理モデルでは，微分方程式の特性根が重根や複素根を含む場合が多い．その場合の解の構成を与える数理として，複素根の場合に対応できるようにするために「複素係数上の線形空間と線形写像」を，重根に対応できるようにするために「線形写像のスペクトル分解とそれによる行列の指数関数」を詳述する．この内容を盛り込むことによって，線形代数学の復習と展開を与える．

3. 1階微分方程式の初期値問題とその解の表現を本書の出発点として，解の表現を「たたみ込み積分表現」として見る視点を与え，その視点による微分方程式の解法を構築し，「たたみ込み積分法」の体系化を図る．

4. 解法の体系化として，初期値問題の「グリーン関数」を基にして境界値問題の「グリーン関数」が構成できることを示す．

5. 1階微分方程式の初期値問題の拡張として線形自律系および非自律系（連立微分方程式）の解を上記の線形写像のスペクトル分解を用いて構成することによって，線形代数学の成果が役立つことを示す．とくに，特性根が重根の場合に対する解の表現が明快となることを示す．

6. 体系的な解法である「たたみ込み積分法」の他に，多用されている解法である，「微分演算子法」，「ラプラス変換法」，「ミクシンスキー演算子法」，「グリーン関数法」も説明し，これらの解法と「たたみ込み積分法」との関係についても言及する．

7. 主として，線形定数係数微分方程式を対象として，変数係数微分方程式の級数解法については触れない．

8. 非線形微分方程式に関しては，ロジスティック方程式を取り上げ，変数分離型解法による厳密解に対して差分法を適用する数値解法についても示す．その2つの解法による解の比較から厳密解に存在しない数値解における「カオス」の出現を示し，微分方程式における「連続解」と「離散解」の関係についても言及する．

　刊行に先立つ校正の段階で原稿を読み直してみると，この「まえがき」および「第0章」で述べた本書の刊行の意図・意義および特徴がどの程度表されているのか危惧している．また，著者の専門性の狭さによって，力学や構造力学以外の現象の数理モデルについて記述することができなかった．さらに，数学的厳密性についても触れていない．このような本書が長年抱いてきた悩みに対する解答になっているかどうかは，読者の判断に仰がなくてはならない．ぜひ忌憚のないご批判，ご意見，ご助言等をいただければ著者としては大変ありがたい．

　本書の刊行が微分方程式への興味を喚起しさらなる学習への意欲を鼓舞すること，または微分方程式を講義する上で参考となる役割を果たすことができれば望外の喜びである．

　本書を刊行するにあたって，多くの方々にお世話になった．茨城大学理学部大西和榮教授には，貴重な時間を割いていただき内容の数学的吟味のみならず文章の表現等細かい点までもご指摘いただき感謝に堪えない．原稿を執筆するには先学の貴重な成果が必要となり，多くの文献を参考にさせていただいた．各著者の皆様には参考文献として記載し，誤読がないことを祈り心からの謝意を表したい．本書の理解に不可欠な図・表の作成については，遠藤龍司氏（職業能力開発総合大学校教授）および遠藤研究室のスタッフの方々にご尽力していただいた．その多大な労についてお礼を申し上げる．

　最後に，東京大学出版会編集部の丹内利香さんには，本書の編集者としての役割に加えて，原稿の LaTeX 化も担当していただいた．それによって，本書作成コストの削減を図ることができた．この多大なご尽力に対して深く感謝の意を表したい．

2010年4月　　　　　　　　　　　　　　　　　　　　　　　登坂　宣好

目次

まえがき .... *iii*

第 0 章　本書を読む前に *1*
　0.1　本書の特徴と構成 *1*
　　0.1.1　本書の特徴 *1*
　　0.1.2　本書の構成 *3*
　0.2　学習の手引き *7*
　0.3　本書の基本的な考え方 *10*

第 1 章　微分方程式 *13*
　1.1　方程式 *13*
　1.2　微分方程式の定義 *14*
　1.3　微分方程式と現象の数理モデル化 *19*
　1.4　微分方程式の解 *28*

第 2 章　1 階微分方程式 *37*
　2.1　1 階微分方程式の系譜 *37*
　2.2　定数係数非同次形微分方程式（その 1） *39*
　2.3　定数係数同次形微分方程式 *41*
　　2.3.1　指数関数解 *41*
　　2.3.2　積分因子法 *43*
　　2.3.3　指数関数解の挙動 *44*
　2.4　定数係数非同次形微分方程式（その 2） *45*

		2.4.1	積分因子法	45
		2.4.2	定数変化法	46
	2.5	変数係数非同次形微分方程式		48
	2.6	変数分離型微分方程式		50
		2.6.1	変数分離型解法	50
		2.6.2	同次型微分方程式	53
	2.7	ロジスティック方程式		55
		2.7.1	変数分離型解法	55
		2.7.2	数値解法（差分解法）	56
		2.7.3	リターンマップ法	59

第3章　連立1階微分方程式　67

3.1	連立1階微分方程式の系譜		67
3.2	線形自律系		67
	3.2.1	線形自律系の幾何学的意味	67
	3.2.2	2次元線形自律系の解	71
	3.2.3	行列の指数関数による解の表現	76
	3.2.4	単一微分方程式の解との関係	89
3.3	線形非自律系		94

第4章　初期値問題の解法　99

4.1	線形定数係数非同次形微分方程式の解		99
4.2	たたみ込み積分		101
4.3	たたみ込み積分法による解法		105
	4.3.1	線形1階定数係数非同次形微分方程式	105
	4.3.2	線形2階定数係数非同次形微分方程式	107
4.4	初期値問題のグリーン関数		110
4.5	1自由度系の振動現象の解析		112
	4.5.1	強制振動解	112
	4.5.2	自由振動解	115

		4.5.3	強制振動解と応答	116
		4.5.4	一般の応答	120
		4.5.5	調和応答	121

第5章 境界値問題の解法 ... 126

- 5.1 弦の釣合い曲線に関する境界値問題 ... 126
  - 5.1.1 たたみ込み積分法による解法 ... 126
  - 5.1.2 弦の境界値問題のグリーン関数 ... 132
- 5.2 弾性梁の釣合い曲線に関する境界値問題 ... 136
  - 5.2.1 たたみ込み積分法による解法 ... 136
  - 5.2.2 弾性梁の境界値問題のグリーン関数 ... 145
- 5.3 グリーン関数法 ... 147
- 5.4 グリーン関数と基本解 ... 149

第6章 固有値問題の解法 ... 154

- 6.1 固有角振動数 ... 154
- 6.2 弦の固有値問題 ... 155
  - 6.2.1 弦の固有振動問題 ... 155
  - 6.2.2 たたみ込み積分法による解法 ... 159
- 6.3 弾性梁の固有値問題 ... 160
  - 6.3.1 弾性梁の固有振動問題 ... 160
  - 6.3.2 たたみ込み積分法による解法 ... 164
- 6.4 弾性棒の固有値問題 ... 173
  - 6.4.1 弾性棒の座屈問題 ... 173
  - 6.4.2 たたみ込み積分法による解法 ... 182

第7章 微分方程式の諸解法 ... 189

- 7.1 微分方程式の解法 ... 189
- 7.2 微分演算子法 ... 190
  - 7.2.1 微分演算子法 ... 190
  - 7.2.2 たたみ込み積分法との関係 ... 197

- 7.3 ラプラス変換法 *199*
  - 7.3.1 ラプラス変換法 *199*
  - 7.3.2 たたみ込み積分法との関係 *209*
- 7.4 ミクシンスキー演算子法 *212*
  - 7.4.1 ミクシンスキー演算子法 *212*
  - 7.4.2 ミクシンスキー演算子法の基本事項 *213*
  - 7.4.3 初期値問題への適用 *219*
- 7.5 初期値問題の解法の比較 *224*

Appendix A 線形空間 *229*
- A.1 線形空間 *229*
  - A.1.1 複素数上の線形空間 *229*
  - A.1.2 実線形空間の複素化 *230*
- A.2 線形写像 *233*
  - A.2.1 線形写像の定義 *233*
  - A.2.2 線形写像の複素化 *233*
  - A.2.3 線形写像の表現行列 *234*
- A.3 線形写像の標準化 *235*
  - A.3.1 線形写像の固有値，固有ベクトル，固有空間 *235*
  - A.3.2 線形写像の標準形 *238*
- A.4 線形写像のスペクトル分解 *240*
  - A.4.1 射影 *240*
  - A.4.2 線形写像のスペクトル分解 *241*
  - A.4.3 射影の求め方 *242*
- A.5 一般固有空間と一般スペクトル分解 *244*
  - A.5.1 一般固有空間 *244*
  - A.5.2 一般スペクトル分解 *246*

Appendix B 行列のスペクトル分解と指数関数 *248*
- B.1 2次正方行列 *248*

	B.1.1　相異なる 2 実根を有する場合	*249*
	B.1.2　重根を有する場合	*250*
	B.1.3　共役な複素根を有する場合	*252*
B.2	3 次正方行列	*253*
	B.2.1　相異なる 3 実根を有する場合	*254*
	B.2.2　1 つの実根と重根を有する場合	*256*
	B.2.3　1 つの実根と共役複素根を有する場合	*259*
	B.2.4　3 重根を有する場合	*261*

演習問題解答 *265*

参考文献 *277*

索 引 *279*

第0章
本書を読む前に

0.1 本書の特徴と構成

0.1.1 本書の特徴

本書で対象とする「微分方程式」の内容に入る前に本書の特徴と構成について説明しておくことにする．

これまで出版されてきた多くの微分方程式の教科書は，主として微分方程式の解法に関する内容を有している．その解法としては種々の解法が知られているが，代表的で多用されている解法は，「微分演算子法（D 法）」と「ラプラス変換法」である．したがって，これらの解法を理解し，習熟することが多くの教科書の目的となっている．

本書の対象としている読者は，さまざまな現象の解明と予測を行うために必要となる数理モデルとして構成された微分方程式を解くことが求められる技術者等である．そのための微分方程式に関する数学的基礎知識を体系的に学習できるような内容とすることを目指している．そこで，本書の特徴を次のように与えた．

1. 現象の数理モデルとしての微分方程式

    本書では，微分方程式を単なる未知関数に関する方程式と考えるので

はなく，現象を解明し予測するための数理モデルと位置づける．その結果，対象とする問題は，微分方程式の初期値問題，境界値問題，さらに固有値問題として与えられることになる．したがって，それらの問題を解くために必要となる解法について考えることにした．

2. 微分方程式の体系的な解法

微分方程式の解法として，種々の方法が知られている．上記の3種類の問題に対して個別の解法が適用されているが，解法間の関連について言及されていない．そこで，本書では，3種類の問題に対して，同じ方法に基づく解法を導入することにした．たたみ込み積分に注目し，それによる解の表現を与えることができることを示し，「たたみ込み積分法」として解法の体系化を図った．

3. 他解法との関連を明示

微分方程式に関する問題の解法として，「たたみ込み積分法」を展開したので，従来から多用されている解法である，「微分演算子法」，「ラプラス変換法」，「ミクシンスキー演算子法」，「グリーン関数法」との関連を明らかにした．

4. 具体的な現象を対象とした問題の解析

微分方程式の初期値問題は，「M-C-K モデル」の振動現象を，境界値問題は，弦と弾性梁と釣合い現象を，固有値問題は，弦と弾性梁の固有振動現象および弾性柱の座屈現象を対象として解の表現を与えた．このように具体的な現象の解析に微分方程式が応用されることを示した．

5. 微積分学と線形代数学の応用

微分方程式を学ぶ基礎として，教養課程の微分積分学と線形代数学の知識がいかに必要となるかを示した．ラプラス変換法やたたみ込み積分法では微分積分が基礎となる．とくに，連立線形微分方程式の解法には「行列の指数関数」という指数関数の拡張が行われ，その表現には，線形写像（行列）の対角化やスペクトル分解の知識が必要となる．さらに，複素数の固有値と固有ベクトルとを取り扱うためには，複素数上の線形空間と線形写像の概念が必要となる．この結果，すでに学習し，習熟してきた基礎数学の成果が生かされることを実感できる．

6. 単純モデルによる詳細な検討とその拡張

　　本書では，第1章「微分方程式」および第2章「1階微分方程式」で一番単純な線形1階微分方程式を取り上げ，その解とは何かを説明し，解を求めるプロセスや解の表現について詳細な説明を与えた．たとえ簡単な微分方程式とはいえ，すべての基礎はこの1階微分方程式に含まれていると考えられる．したがって，この2つの章で得られた成果を拡張することによって，高階微分方程式を取り扱うことができるという視点を与えた．

0.1.2　本書の構成

第1章　微分方程式では，「微分方程式とは何か」という問いに答えることによって数学的に取り扱う対象を明らかにする．微分方程式をいろいろな方程式の中でも関数を定めるための導関数を含む方程式として位置づけ，本書で対象とする「常微分方程式」の定義を与える．この定義からさまざまな形式の微分方程式が存在することを示す．

　一方，微分方程式は，実現象を解明し，予測するために構築されている「数理モデル」として用いられていることを，力学現象，変形現象，個体成長現象における具体例を通して示す．このような微分方程式から未知関数を決定する，すなわち微分方程式の解を求めるプロセスを一番シンプルな線形1階微分方程式を例に取り上げて示し，微分方程式の解とは何かを明らかにする．さらに，微分方程式を満たす解は，無限個存在することを示し，その無限個の解の中から一つの解を定めるには，ある条件が必要となることも示す．

　そのような条件の与え方によって，大きく2種類の問題，すなわち「初期値問題」と「境界値問題」が構成されることを述べる．実現象の数理モデルとして微分方程式を用いる際には，その初期値問題または境界値問題を解くことになり，そのような問題に対する解法が必要となる．

第2章　1階微分方程式では，「単一1階微分方程式の解をどのようにして構成するのか」という問いに答えることを目標として基礎的な事項を述べる．

　微分方程式として最もシンプルな単一の線形1階非同次形微分方程式を取

り上げる．その微分方程式に積分演算を用いて解の構成を示す．得られた解の表現から「線形微分方程式の解の構造」を明らかにする．

次に，線形1階定数係数同次形微分方程式の解として，指数関数解を示し，定数係数微分方程式の解が代数方程式である「特性方程式の特性根」より構成されることを述べる．すなわち，同次形微分方程式は，指数関数解を通して代数方程式と深い関連を有することを指摘する．さらに，この指数関数解に対応して，解を求める際に，「積分因子法」が展開できることも示す．非同次形1階微分方程式に対して，「定数変化法」を用いた解の公式を与える．1階微分方程式を対象として展開してきた事項（指数関数解，積分因子法，定数変化法）は高階微分方程式の解法として適用可能となる．

線形のみならず非線形1階微分方程式にも言及する．とくに，非線形1階微分方程式が変数分離型として表現できる場合には，積分演算を用いて解が構成できることを示す．この変数分離型微分方程式の中でも，個体成長現象のモデルとして有名な「ロジスティック方程式」を取り上げる．この方程式に対して，変数分離型解法による厳正解を構成する．さらに，一般には，非線形微分方程式の厳正解を構成することが困難であることを考慮して，微分方程式の「数値解法」についても触れる．ロジスティック方程式に対して，「差分解法」による数値解を示し，厳密解との比較を行い，得られた数値解の中には，厳密解に含まれない「カオス」挙動が出現することを示す．その比較を通して，数理モデルにおける「連続と離散」問題が存在することへの認識を喚起する．

第3章 連立1階微分方程式では，1階微分方程式における未知関数がベクトル関数となる場合に連立1階微分方程式となるような拡張について考える．さらに，この連立微分方程式は単一の高階微分方程式のベクトル表現として与えられることを示す．したがって，本章では，「高階微分方程式をどのようにして解くのか」という問いに答えるための一つのアプローチを与える．

とくに，連立微分方程式の中でも2次元線形自律系の場合には，ベクトル場，接ベクトル場という幾何学的な立場から微分方程式を見る視点を与え，その解が相平面上の解曲線として可視化できることを示す．また，その解は，単一1階微分方程式の指数関数解を拡張した「行列の指数関数解」として与

えられ，その計算には，線形写像（行列）の「スペクトル分解」が有効であることを述べる．すなわち，微分方程式の解法に線形代数学の成果が適用されることになる．

線形2次元自律系においては，線形1階定数係数同次形微分方程式には現れなかった特性方程式の重根や共役な複素根に対する解の表現を明らかにする．2行2列の2次行列に関する2元連立1階微分方程式に対する解の構成法は一般化が可能であるから，線形 n 階定数係数同次形微分方程式の解を構成できることになる．そこで，単一の高階微分方程式の例として，2階微分方程式を取り上げ，すでに詳細に検討した2次元線形自律系の解との比較を通して解の表現を明らかにする．なお，線形非自律系の解については，第2章で説明した定数変化法を適用して誘導できることを示す．

本章の内容は，最近多くの分野に適用されている「力学系（ダイナミックシステム）」の学習への基礎となる．

第4章　初期値問題の解法では，「微分方程式の初期値問題が与えられたとき，その解をどのようにして求めるのか」という問いに答えるための方法を提示する．

第1, 2, 3章で示してきた簡単な非同次形微分方程式の解の表現に着目し，その特解の表現が「たたみ込み積分」によって表されていることを明らかにし，初期値問題の解法として，たたみ込み積分を用いた解法が展開できることを述べる．そこで，まず始めにたたみ込み積分を定義し，その性質を調べる．積分の変数変換や部分積分法の知識が役立つことになる．

たたみ込み積分演算に基づいた解法を「たたみ込み積分法」とよび，線形1, 2階定数係数非同次形微分方程式の初期値問題の解の表現を与える．この解の表現において，同次形微分方程式の基本的な解（基本関数）が重要な役割を果たすことがわかり，その関数から構成される関数を「初期値問題のグリーン関数」として定義する．その結果，微分方程式の初期値問題のグリーン関数による解の表現が与えられることを示す．

この成果をもとにして，初期値問題の具体的な例であるM-C-K系の振動現象の解析を述べる．自由振動解および強制振動解の挙動を明らかにする．とくに，強制外力がディラックデルタ関数やヘヴィサイドステップ関数で与

えられる場合のグリーン関数が，各々インパルス応答やステップ応答としての物理的意味を有することを明らかにする．本章の後半は，微分方程式の振動論への応用となっている．

第 5 章　境界値問題の解法では，「微分方程式の境界値問題が与えられたとき，その解をどのようにして求めるのか，さらに，第 4 章で提示したたたみ込み積分法がこの問題に対しても適用可能であるのか」という問いに答えている．

境界値問題として，第 1 章で紹介した変形現象の数理モデルである弦および弾性梁の釣合い曲線形状を定める線形 2 階および 4 階定数係数微分方程式を考える．これらの問題に対して，第 4 章で提示した初期値問題のグリーン関数をもとにしたたたみ込み積分によって境界値問題の解が構成できることを示す．この解の表現における特解を与える積分表現の中に 2 変数関数として表される特別な関数，いわゆる「境界値問題のグリーン関数」が現れることを示す．このグリーン関数の物理的な意味について述べる．また従来から境界値問題の解法として使用されている「グリーン関数法」との関係についても明らかにする．

本章は，第 4 章で提示したたたみ込み積分法が境界値問題の解法にも適用可能であることを示し，微分方程式の初期値問題および境界値問題の解法として体系化できることを主張する．その結果，初期値問題のグリーン関数と境界値問題のグリーン関数との関連をつけることができることになる．

第 6 章　固有値問題の解法では，「微分方程式の固有値問題が与えられたとき，その解をどのようにして求めるのか，またその解法としてたたみ込み積分法が使えるのか」という問いに答えを与える．

まず始めに固有振動現象を説明し，弦や弾性梁の固有振動現象に対しては，その運動を表現する偏微分方程式から固有振動数を定めるための常微分方程式が導かれることを示す．その常微分方程式に対して同次境界条件を満たすような振動数を求めるような問題として固有値問題が構成されることを述べる．したがって，微分方程式の固有値問題とは，基本的には，同次形微分方程式に含まれる振動数のようなパラメータを同次境界条件のもとで決定する問題となり，境界値問題と区別することにする．

固有値問題として定式化される具体的な現象である線形 2 階微分方程式で表される弦および線形 4 階微分方程式による弾性梁の固有振動問題，さらに，線形 4 階微分方程式による弾性棒の座屈問題を取り上げて，従来の解法とたたみ込み積分法とによる解析を示す．

　第 7 章　微分方程式の諸解法では，「微分方程式の解法としてどのような解法が存在するのか，またそれらの解法とたたみ込み積分法とはどのような関係を有するのか」という問いに答えを与える．

　微分方程式の解法としては，「微分演算子法（D 法）」，さらに初期値問題に対する「ラプラス変換法」および「ミクシンスキー演算子法」，境界値問題については「グリーン関数法」が知られ多用されている．そこで，本章では，微分演算子法，ラプラス変換法，ミクシンスキー演算子法を取り上げその原理や手順を説明し，解法の理解を求める．その後で，本書で提示したたたみ込み積分法との関係について明らかにし，解法間の融合についても言及する．

　最後に，本章で説明した微分方程式の諸解法の手順等を理解するために線形 1 階非同次形微分方程式の初期値問題を対象とした比較をまとめて示す．

0.2　学習の手引き

　以上のように本書の各章の内容について概要を述べ，特徴と目標とを明らかにした．そこで，「本書の内容を理解するには，どのように読んだらよいか」，つまり学習の手引きを以下に紹介し読者の参考とする．

　まず始めに，第 1 章を読んで微分方程式に関する基礎的概念（微分方程式の定義，名称とタイプ，解とその構造，数理モデル，初期値問題と境界値問題等）を理解し，微分方程式を学ぶことに興味を持っていただきたい．もちろん，すでに微分方程式の基礎的概念について素養がある読者は，直接第 2 章より読み始めても良い．ただし，第 1 章の例 1.3 および例 1.6 については十分な理解と洞察とを望みたい．なぜならば，この例題は，本書の特徴である「微分方程式の初期値問題および境界値問題の体系的な解法」を展開するためのプロトタイプを与えているからである．

続いて，第2章に進む．第2章では，微分方程式の基礎となる1階微分方程式を対象として詳細な解の構成を述べている．指数関数解，積分因子法，定数変化法，変数分離型解法等のスタンダードな解法を説明した．さらに，微分方程式の解法として，厳密解を求めるこれらのスタンダードな解法の他に，近似解を求める数値解法も存在することを理解する．とくに厳密解を構成することが困難な場合には，数値解法が必須となる．1階微分方程式としては，単一の場合だけではなく連立の場合も存在するので，第3章の連立1階微分方程式の解法についても理解していただきたい．その際に，複素数の固有値と固有ベクトルとを取り扱わなければならないことになる．そのためには，線形代数学の拡張と展開を兼ねて復習をしていただきたい．複素係数上の線形空間と線形写像については，巻末の Appendix A，行列のスペクトル分解と行列の指数関数に関する事項は，Appendix B を参照されたい．また，高階微分方程式が連立1階微分方程式として表されることを理解することも重要である．線形自律系がベクトル場として幾何学的に取り扱われることも重要である．以上が第 4, 5, 6 章に進むための準備となる．

この準備の下で，微分方程式を実現象の数理モデルの解析に適用することに興味を有する読者には，続けて第 4, 5 章を読んでいただきたい．とくに第4章は，第1章の例で示した初期値問題の解の表現に対してたたみ込み積分の概念の導入による解釈を与える．そこからたたみ込み積分法という解法を展開する．微分方程式に対してこの解法を理解することが本書の目的である．微分方程式の初期値問題の代表例である振動現象の解析への応用も理解していただきたい．なお，振動現象の解析では，微分方程式の特性根が虚数（複素数）となり，複素数上の線形空間が必要になることも注意していただきたい．

微分方程式の初期値問題の解法に興味を有する読者は，続けて第7章に進んでも良い．この章では初期値問題に対する従来からの解法である微分演算子法，ラプラス変換法，ミクシンスキー演算子法が説明されているので，それらの解法を理解することができる．さらに，たたみ込み積分法との関連も合わせて理解できる．

初期値問題だけではなく，境界値問題さらに固有値問題にも興味を有する読者には，第4章の後，第 5, 6 章に進んでほしい．たたみ込み積分法を用い

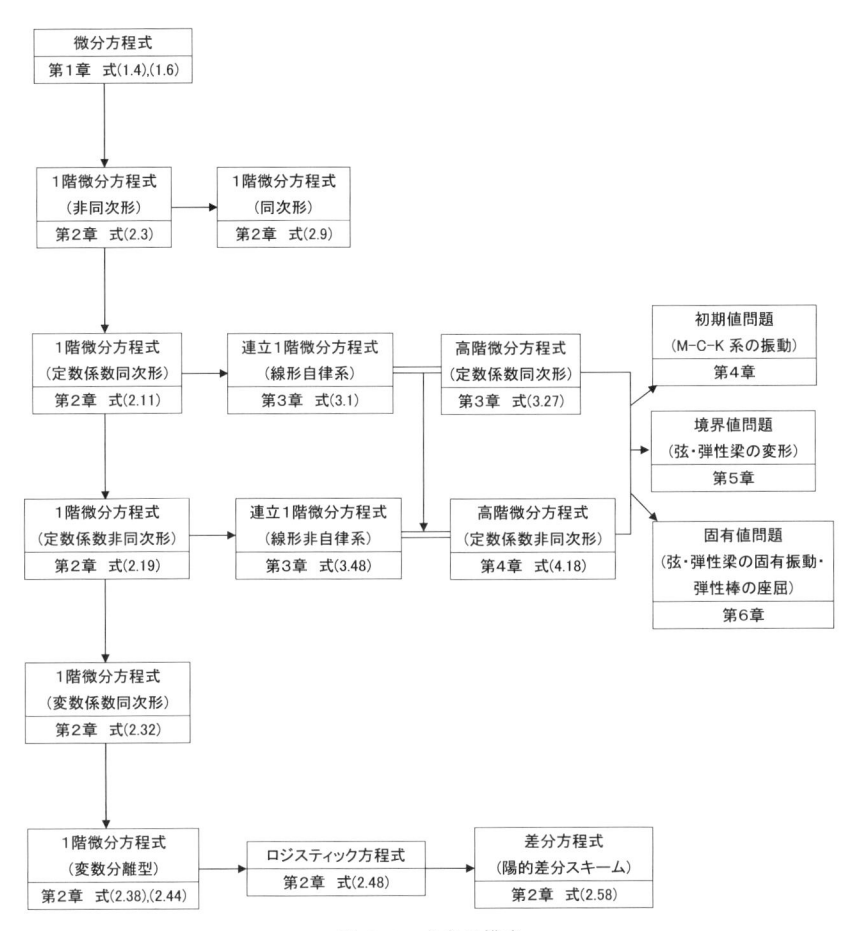

```
┌─────────────────┐
│ 微分方程式      │
│ 第1章 式(1.4),(1.6) │
└────────┬────────┘
         ↓
┌─────────────────┐   ┌─────────────────┐
│ 1階微分方程式   │──→│ 1階微分方程式   │
│ (非同次形)      │   │ (同次形)        │
│ 第2章 式(2.3)   │   │ 第2章 式(2.9)   │
└────────┬────────┘   └─────────────────┘
         ↓
┌─────────────────┐   ┌─────────────────┐   ┌─────────────────┐   ┌─────────────────┐
│ 1階微分方程式   │──→│ 連立1階微分方程式│──→│ 高階微分方程式  │──→│ 初期値問題      │
│ (定数係数同次形)│   │ (線形自律系)    │   │ (定数係数同次形)│   │ (M-C-K系の振動) │
│ 第2章 式(2.11)  │   │ 第3章 式(3.1)   │   │ 第3章 式(3.27)  │   │ 第4章           │
└────────┬────────┘   └─────────────────┘   └─────────────────┘   └─────────────────┘
         ↓                                                        ┌─────────────────┐
                                                               ──→│ 境界値問題      │
                                                                  │ (弦・弾性梁の変形)│
                                                                  │ 第5章           │
                                                                  └─────────────────┘
┌─────────────────┐   ┌─────────────────┐   ┌─────────────────┐   ┌─────────────────┐
│ 1階微分方程式   │──→│ 連立1階微分方程式│──→│ 高階微分方程式  │──→│ 固有値問題      │
│ (定数係数非同次形)│ │ (線形非自律系)  │   │ (定数係数非同次形)│ │ (弦・弾性梁の固有振動・│
│ 第2章 式(2.19)  │   │ 第3章 式(3.48)  │   │ 第4章 式(4.18)  │   │ 弾性棒の座屈)   │
└────────┬────────┘   └─────────────────┘   └─────────────────┘   │ 第6章           │
         ↓                                                        └─────────────────┘
┌─────────────────┐
│ 1階微分方程式   │
│ (変数係数同次形)│
│ 第2章 式(2.32)  │
└────────┬────────┘
         ↓
┌─────────────────┐   ┌─────────────────┐   ┌─────────────────┐
│ 1階微分方程式   │──→│ ロジスティック方程式│→│ 差分方程式      │
│ (変数分離型)    │   │ 第2章 式(2.48)  │   │ (陽的差分スキーム)│
│ 第2章 式(2.38),(2.44)│└─────────────────┘  │ 第2章 式(2.58)  │
└─────────────────┘                          └─────────────────┘
```

図 0.1　本書の構成

れば，境界値問題の解において初期値問題のグリーン関数が重要な役割を果たすことが理解できる．初期値問題と境界値問題の解法を体系化することが理解できることになる．弦や弾性梁の釣合い曲線と固有振動数および弾性棒の座屈への応用も学ぶことができる．

　なお，第1章から第7章まですべて読むことによって，常微分方程式の解の構成法およびその力学的応用まで学ぶことができることは言うまでもない．本書の各章の関連について図 0.1 に示しておくので学習の参考にされたい．

0.3 本書の基本的な考え方

本論に入る前に，本書で展開する方法に至る考え方を簡単な例を用いて説明しておくことにする．次のような線形 1 階定数係数非同次形微分方程式（微分方程式の定義とその名称については，第 1 章を参照）を対象として，その解を求めることにする．

$$\frac{du}{dx}(x) - au(x) = f(x) \tag{0.1}$$

ただし，a は定数，$f(x)$ は既知関数とする．この微分方程式の解は，第 1, 2 章で具体的に構成することを示すが，次のように与えられる．

$$u(x) = ce^{ax} + e^{ax}\int e^{-ax}f(x)dx \tag{0.2}$$

ただし，c は未定の定数（積分定数）とし，右辺の第 2 項は不定積分を用いて表されている．なお，この表現が上式の微分方程式を満たすことは，直接微分して確かめることができる．

解に含まれる未定定数と不定積分は，関数に対するある条件を与えることによって定めることができるので，そのような条件として，$u(0) = u_0$（既知数）とする．このような条件を初期条件とよぶ．すると，問題は，次のような微分方程式の初期値問題となる（第 1, 2, 3 章参照）．

$$\frac{du}{dx}(x) - au(x) = f(x) \quad (\ 0 < x\ ) \tag{0.3}$$

$$u(0) = u_0 \tag{0.4}$$

この初期値問題の解は，式 (0.2) の代わりに次のような具体的な表現となる．

$$u(x) = u_0 e^{ax} + e^{ax}\int_0^x e^{-at}f(t)dt \tag{0.5}$$

この結果，初期値問題の解 $u(x)$ は，与えられた初期値 u_0 および既知関数 $f(x)$ を用いて表されたことになる．この解の表現は，前記の解の表現 (0.2)

と比べると，未定定数 c は具体的な初期値 u_0，不定積分は積分の下端が 0，上端が変数 x として与えられる定積分となっている．この表現を次のように書き換える．

$$u(x) = u_0 e^{ax} + \int_0^x e^{a(x-t)} f(t) dt \tag{0.6}$$

このような解の表現では，指数関数 e^{ax} が重要な役割を果たしていることが明らかとなる．そこで，この指数関数を $G(x)$ と書くことにすると，解 (0.6) はこの $G(x)$ を用いて次のようになる．

$$u(x) = u_0 G(x) + \int_0^x G(x-t) f(t) dt \tag{0.7}$$

ここで，右辺の第 2 項の積分は，関数 $G(x)$ と $f(x)$ との「たたみ込み積分」であることに気がつくと次のように表される．

$$u(x) = u_0 G(x) + G(x) * f(x) \tag{0.8}$$

ただし，たたみ込み積分を次のように書くことにする．

$$G(x) * f(x) := \int_0^x G(x-t) f(t) dt \tag{0.9}$$

したがって，微分方程式の初期値問題の解を定めるには，基本的に関数 $G(x)$ を求めることが必要となることがわかる．このような関数 $G(x)$ をどのようにして定めたらよいのかについて考える．

式 (0.8) の右辺のたたみ込み積分項に注目すると，次のような方法が考えられる．微分方程式 (0.3) に対して，関数 $G(x)$ とのたたみ込み積分を次のように行う．

$$G(x) * \left(\frac{du}{dx}(x) - au(x) \right) = G(x) * f(x) \tag{0.10}$$

この式にたたみ込み積分の性質（第 4 章参照）を適用すると，

$$G(0)u(x) - G(x)u(0) + \left(\frac{dG}{dx}(x) - aG(x) \right) * u(x) = G(x) * f(x) \tag{0.11}$$

となる．この表現と得られた解の表現 (0.8) と比べることにより，関数 $G(x)$ を

$$\frac{dG}{dx}(x) - aG(x) = 0, \qquad G(0) = 1 \qquad (0.12)$$

を満たすように定めるならば，式 (0.11) から解 (0.8) が得られることになる．すなわち，上記の式 (0.12) が関数 $G(x)$ を定めるための問題となる．この問題は，始めに対象として 2 階微分方程式の初期値問題 (0.3),(0.4) において，$f(x) = 0$, $u_0 = 1$ とおいた場合に対応している．したがって，関数 $G(x)$ は，微分方程式の右辺の関数（これを非同次関数とよぶ）が零となる微分方程式（これを同次形微分方程式とよぶ）の解の中で単位の初期値を有する解となる．逆にこのような関数 $G(x)$ が定められたならば，零ではない関数 $f(x)$ と 1 ではない初期値 u_0 に対しては，解の表現が式 (0.8) で表されることになる．初期値問題の解においてこのような特別な意味を有する関数を**初期値問題のグリーン関数**として導入する．

以上のように，微分方程式の初期値問題の解法として，初期値問題のグリーン関数を構成し，たたみ込み積分を用いて解を求める解法が構成できることになる．そこで，このような方法を本書では，**たたみ込み積分法**とよぶことにする．

初期値問題では，未知関数の変数 x の 1 点（多くの場合 $x = 0$ をとる）での条件が与えられる．一方，境界値問題では，変数 x のある範囲における境界点（たとえば，$x = 0$, $x = 1$）において条件（境界条件）が与えられる．$x = 0$ における条件を初期条件と考えると，初期値問題のグリーン関数を利用して，残りの $x = 1$ の条件を満たすようにすることによって，境界値問題の解を求めることができる．このとき，境界値問題の解の表現には，**境界値問題のグリーン関数**が現れる．すなわち，初期値問題のグリーン関数をもとにして境界値問題のグリーン関数を求めることができることになり，解法としての体系化が図れる．このような捉え方により微分方程式の解法を展開していこうとするのが本書の基本的な考え方である．

第1章
微分方程式

1.1 方程式

これまで多くの方程式を対象として，その解を求めることを学んできた．たとえば，

$$1\text{次方程式}: 3x + 5 = 0$$
$$2\text{次方程式}: x^2 + 5x + 6 = 0$$
$$\text{三角方程式}: \cos^2 x + \cos x = 1$$
$$2\text{元連立}1\text{次方程式}: 2x + 5y = 6, \quad -3x + 2y = -1$$

これらの各方程式では，与えられた方程式を満たすような数 x（実数または複素数），連立1次方程式の場合は，数 x と y との組を見出すことが求められる．

このような数（根ともよばれている）または，数の組（解ベクトルともよばれている）を求めるような方程式とは異なり，数を変数とする"関数"を求めるような方程式も存在している．たとえば，

$$\frac{du}{dx}(x) + 3u(x) = x^2 \tag{1.1}$$

$$u(x) - \int_0^1 (x+2)u(x)\,\mathrm{d}x = e^{3x} \tag{1.2}$$

これらの方程式はその中に未知関数 $u(x)$ のみならず，式 (1.1) はさらに導関数 $\dfrac{du}{dx}(x)$ も含み，式 (1.2) は被積分関数として $u(x)$ も含んでいる．このような特徴から式 (1.1) は "微分方程式"(differential equation)，式 (1.2) は "積分方程式"(integral equation) とよばれ，いずれも数ではなく関数を求めるための方程式である．

なお，方程式の中に未知関数とその導関数とを含むものを微分方程式とよんだが，未知関数が上記のように 1 変数関数の場合もあれば，次に示すような 2 変数関数，さらに，多変数関数の場合もある．

$$\frac{\partial^2 u}{\partial x^2}(x,y) + \frac{\partial^2 u}{\partial y^2}(x,y) + u(x,y) = e^x \sin y \tag{1.3}$$

そこで，式 (1.1) のような 1 変数関数に対する微分方程式を "常微分方程式"(ordinary differential equation) とよび，式 (1.3) のような 2 変数関数や多変数関数に対するものを "偏微分方程式"(partial differential equation) とよんで区別をしている．

本書で対象とする微分方程式は常微分方程式である．したがって，単に微分方程式と言ったら**常微分方程式**をさすこととする．

1.2 微分方程式の定義

微分方程式として未知関数とその 1 階導関数とを含む式 (1.1) を示した．1 階導関数に限らず一般に高階導関数（n 階：$n \geq 2$）を含む微分方程式も存在する．そこで，微分方程式の定義を次のように与えておく．

> **定義 1.1　n 階常微分方程式**
>
> $(n+2)$ 変数関数を $F(x, u_0, u_1, u_2, \ldots, u_n)$ とする．ただし，$\dfrac{\partial F}{\partial u_n}(x) \neq 0$ とするとき，変数 $u_0, u_1, \ldots, u_n$ を x の関数 $u(x)$ とその m 階導関数 $(m = 1, 2, \ldots, n)$ とした場合の方程式，
>
> $$F\left(x, u(x), \frac{du}{dx}(x), \frac{d^2u}{dx^2}(x), \ldots, \frac{d^nu}{dx^n}(x)\right) = 0 \tag{1.4}$$
>
> を n 階常微分方程式(nth order ordinary differential equation)とよぶ．

この定義から，条件 $\dfrac{\partial F}{\partial u_n}(x) \neq 0$ によって，式 (1.4) は，$\dfrac{d^n u}{dx^n}(x)$ に関して解くことができるので，ある関数 $g(x, u_0, u_1, u_2, \ldots, u_{n-1})$ が存在（陰関数の存在定理）し，

$$\frac{d^n u}{dx^n}(x) = g\left(x, u(x), \frac{du}{dx}(x), \frac{d^2u}{dx^2}(x), \ldots, \frac{d^{n-1}u}{dx^{n-1}}(x)\right) \tag{1.5}$$

と表される．このような形式で表された微分方程式は，**正規形微分方程式**とよばれている．

上記の一般的な定義に基づく常微分方程式は以下に示すような分類にしたがって，具体的な名称が与えられている．

- 線形・非線形

  微分方程式が未知関数やその導関数の 2 次以上の項を含む場合または，含まない場合をそれぞれ "非線形微分方程式"，"線形微分方程式" とよぶ．

- 定数係数・変数係数

  未知関数およびその導関数の係数がすべて定数の場合または，一つでも既知関数を有する場合をそれぞれ "定数係数微分方程式"，"変数係数微分方程式" とよぶ．

- 同次・非同次

  微分方程式 (1.4) または (1.5) において，未知関数とその導関数のみからなる場合または，その他に既知関数を含む場合をそれぞれ "同次形

微分方程式"，"非同次形微分方程式"とよぶ．

以上で述べた微分方程式の特徴に関する分類について，以下に具体的な微分方程式とその名称を与えることにする．

- 1 階微分方程式

$$\text{線形変数係数非同次形：} \quad \frac{du}{dx}(x) + x^2 u(x) = e^x$$

$$\text{線形定数係数非同次形：} \quad \frac{du}{dx}(x) + 3u(x) = e^x$$

$$\text{線形変数係数同次形：} \quad \frac{du}{dx}(x) + x^2 u(x) = 0$$

$$\text{線形定数係数同次形：} \quad \frac{du}{dx}(x) + 3u(x) = 0$$

$$\text{非線形非同次形：} \quad u(x)\frac{du}{dx}(x) + 3u(x) = x^3$$

- 高階微分方程式

$$\text{線形 2 階変数係数非同次形：} \quad \frac{d^2 u}{dx^2}(x) + \sin x \frac{du}{dx}(x) + 2u(x) = xe^x$$

$$\text{線形 3 階定数係数同次形：} \quad \frac{d^3 u}{dx^3}(x) - 3\frac{du}{dx}(x) + 2u(x) = 0$$

正規形 n 階微分方程式 (1.5) において，関数とその各導関数とに対して，

$$u(x) \equiv v_1(x)$$

$$\frac{du}{dx}(x) = \frac{dv_1}{dx}(x) \equiv v_2(x)$$

$$\frac{d^2 u}{dx^2}(x) = \frac{dv_2}{dx}(x) \equiv v_3(x)$$

$$\vdots$$

$$\frac{d^{n-1} u}{dx^{n-1}}(x) = \frac{dv_{n-1}}{dx}(x) \equiv v_n(x)$$

とおくと，

$$\frac{d^n u}{dx^n}(x) = \frac{dv_n}{dx}(x) = g(x, v_1(x), v_2(x), \ldots, v_n(x))$$

となるので，これらの n 個の方程式は，連立微分方程式と考えることができる．なお，この連立微分方程式は列ベクトル表現を用いると次のようにコンパクトに書くことができる．

$$\frac{d}{dx}\boldsymbol{v}(x) = \boldsymbol{g}(x, \boldsymbol{v}(x))$$

ただし，各ベクトルは次のように与えるものとする．

$$\boldsymbol{v}(x) = \begin{pmatrix} v_1(x) \\ v_2(x) \\ \vdots \\ v_n(x) \end{pmatrix} = \begin{pmatrix} u(x) \\ \dfrac{du}{dx}(x) \\ \vdots \\ \dfrac{du^{n-1}}{dx^{n-1}}(x) \end{pmatrix}$$

$$\boldsymbol{g}(x, \boldsymbol{v}(x)) = \begin{pmatrix} g_1(x, \boldsymbol{v}(x)) \\ g_2(x, \boldsymbol{v}(x)) \\ \vdots \\ g_n(x, \boldsymbol{v}(x)) \end{pmatrix} = \begin{pmatrix} v_2(x) \\ v_3(x) \\ \vdots \\ g(x, v_1(x), v_2(x), \ldots, v_n(x)) \end{pmatrix}$$

このように n 階微分方程式は n 個の微分方程式，すなわち "n 元連立微分方程式" として表すことができた．

以上述べてきた事柄について以下に具体例を示しておく．

【例 1.1】 [線形 2 階定数係数非同次形微分方程式]

次のような 4 変数関数を考える．ただし，ω, k, c, m を非零の定数とする．

$$F(x, u_0, u_1, u_2) \equiv -\sin(\omega x) + ku_0 + cu_1 + mu_2$$

変数を $u_0 = u(x), u_1 = \dfrac{du}{dx}(x), u_2 = \dfrac{d^2 u}{dx^2}(x)$ とおいた次の方程式

$$F\left(x, u(x), \frac{du}{dx}(x), \frac{du^2}{dx^2}(x)\right) = -\sin(\omega x) + ku(x) + c\frac{du}{dx}(x) + m\frac{d^2 u}{dx^2}(x) = 0$$

から以下の微分方程式を得る．

$$m\frac{d^2u}{dx^2}(x) + c\frac{du}{dx}(x) + ku(x) = \sin(\omega x)$$

さらに，次のような正規形微分方程式を得る．

$$\frac{d^2u}{dx^2}(x) = -\frac{c}{m}\frac{du}{dx}(x) - \frac{k}{m}u(x) + \frac{1}{m}\sin(\omega x)$$

また，上式を次のような連立微分方程式として表すことができる．

$$\frac{du}{dx}(x) = v(x)$$
$$\frac{d^2u}{dx^2}(x) = \frac{dv}{dx}(x) = -\frac{c}{m}v(x) - \frac{k}{m}u(x) + \frac{1}{m}\sin(\omega x)$$

この連立微分方程式をベクトル表現すると次式となる．

$$\frac{d}{dx}\begin{pmatrix}u(x)\\v(x)\end{pmatrix} = \begin{pmatrix}v(x)\\-\frac{c}{m}v(x) - \frac{k}{m}u(x) + \frac{1}{m}\sin(\omega x)\end{pmatrix}$$
$$= \begin{pmatrix}v(x)\\-\frac{c}{m}v(x) - \frac{k}{m}u(x)\end{pmatrix} + \begin{pmatrix}0\\\frac{1}{m}\sin(\omega x)\end{pmatrix}$$

上式において，$\omega = 0$ の場合は，次のように行列表現ができる．

$$\frac{d}{dx}\begin{pmatrix}u(x)\\v(x)\end{pmatrix} = \begin{pmatrix}v(x)\\-\frac{c}{m}v(x) - \frac{k}{m}u(x)\end{pmatrix} = \begin{bmatrix}0 & 1\\-\frac{k}{m} & -\frac{c}{m}\end{bmatrix}\begin{pmatrix}u(x)\\v(x)\end{pmatrix}$$

上記のベクトル表現された連立微分方程式を一般化することによって，次の定義を与えることにする．なお，この例で取り上げた線形2階定数係数非同次微分方程式が表す現象（力学現象）については次節に述べる．

> **定義 1.2　自律系・非自律系**
>
> n 個の関数 $g_i(x, v_1(x), v_2(x), \ldots, v_n(x))(i = 1, 2, \ldots, n)$ に対して次のような n 元連立微分方程式を**非自律系**(non autonomous system) とよぶ．
>
> $$\frac{d}{dx}\boldsymbol{v}(x) = \boldsymbol{g}(x, \boldsymbol{v}(x)) \tag{1.6}$$
>
> ただし，
>
> $$\boldsymbol{v}(x) = \begin{pmatrix} v_1(x) \\ v_2(x) \\ \vdots \\ v_n(x) \end{pmatrix} \tag{1.7}$$
>
> $$\boldsymbol{g}(x, \boldsymbol{v}(x)) = \begin{pmatrix} g_1(x, v_1(x), v_2(x), \ldots, v_n(x)) \\ g_2(x, v_1(x), v_2(x), \ldots, v_n(x)) \\ \vdots \\ g_n(x, v_1(x), v_2(x), \ldots, v_n(x)) \end{pmatrix} \tag{1.8}$$
>
> ここで，とくに $\boldsymbol{g}$ が変数 x を陽に含まない場合，つまり
>
> $$\frac{d}{dx}\boldsymbol{v}(x) = \boldsymbol{g}(\boldsymbol{v}(x)) \tag{1.9}$$
>
> を**自律系**(autonomous system) とよぶ．

1.3　微分方程式と現象の数理モデル化

1.2 節の定義 1.1 において n 階微分方程式を定義した．このような微分方程式は我々の周りで観察できるさまざまな現象の数理モデル（現象の数学的表現）として与えられることが多い（参考文献 [6]）．

　現象を特徴づける量が単一または多変数の関数によって表すことができる

ならば，その導関数は関数の変化率，すなわちある場所や時間に関する変化の度合いを意味する．したがって，場所ごとに変動する現象や時々刻々と変化する現象はある原理や法則のもとで微分方程式を用いて記述することができる．このような現象の捉え方を現象の**数理モデル**(mathematical model) とよんでいる．以下にいくつかの具体的な現象とその数理モデルとして与えられる微分方程式を示すことにする．

1. 力学現象の数理モデル
 (a) 単振動

図 1.1 に示すような長さ l のバネ（バネ定数：k ）の上端を天井に固定し，他端に質量 m の重りを取り付けたとき，その重りの運動を考える．

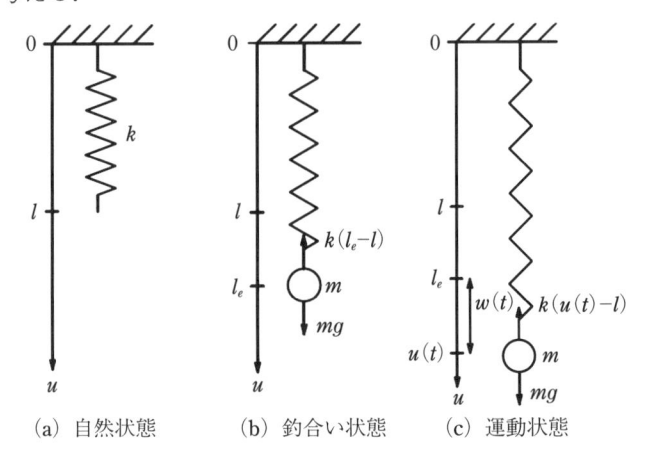

(a) 自然状態　　(b) 釣合い状態　　(c) 運動状態

図 **1.1**　バネのついた重りの運動（単振動）

天井を原点とし，鉛直方向に重りの重心の位置を表すための座標軸の正の方向をとる．l_e を重心に働く重力 mg とバネが釣合い静止したときの長さとすると，次のような力の釣合いが成り立つ．

$$k(l_e - l) = mg$$

そこで，重心のある時刻 t における位置を $u(t)$ とし，静止位置からの重心の移動量（変位）を $w(t)$ とすると，$w(t) = u(t) - l_e$ となる

ので，空気抵抗等による減衰効果がないものとすると，ニュートンの運動の第2法則を用いることによって次の運動方程式を得る．

$$m\frac{d^2}{dt^2}u(t) = m\frac{d^2}{dt^2}(w(t)+l_e) = m\frac{d^2w}{dt^2}(t)$$
$$= -k(u(t)-l) + mg = -k(u(t)-l) + k(l_e-l)$$
$$= -kw(t)$$

この結果，重りの単振動現象の数理モデルとして次の線形2階定数係数同次形微分方程式を得ることになる．

$$m\frac{d^2w}{dt^2}(t) = -kw(t) \quad \rightarrow \quad m\frac{d^2w}{dt^2}(t) + kw(t) = 0$$

さらに，次のように2元連立微分方程式として書き換えられる．

$$\frac{dw}{dt}(t) = v(t)$$

$$\frac{dv}{dt} = -\frac{k}{m}w(t)$$

または，ベクトル表現を用いると次のような線形自律系となる．

$$\frac{d}{dt}\begin{pmatrix}w(t)\\v(t)\end{pmatrix} = \begin{pmatrix}v(t)\\-\dfrac{k}{m}w(t)\end{pmatrix} = \begin{bmatrix}0 & 1\\-\dfrac{k}{m} & 0\end{bmatrix}\begin{pmatrix}w(t)\\v(t)\end{pmatrix}$$

なお，重りの単振動現象は，$t=0$ のときに重りをある位置まで移動させ，ある速さでそれを離すことによって起こる．したがって，変位と速度とを与えなければならない．数学的には，微分方程式の他に $w(0)$ と $\dfrac{dv}{dt}(0)$ とをある値として指定する必要がある．このような条件を"初期条件"(initial condition)，与えられた各値を初期変位，初期速度（初速度），それらをまとめて"初期値"(initial value) とよぶ．

実際の単振動現象では，空気抵抗等による運動の減衰現象が生じるのでその効果を考慮しなければならない場合がある．この減衰効果は，重りの重心の速度に比例（その比例定数を c とする）するものとすると，上記の運動方程式はその減衰効果を取り入れて次のように修

正される．
$$m\frac{d^2w}{dt^2}(t) = -kw(t) - c\frac{dw}{dt}(t)$$
$$\downarrow$$
$$m\frac{d^2w}{dt^2}(t) + c\frac{dw}{dt}(t) + kw(t) = 0$$

さらに，質量 (mass) m，減衰抵抗 (damping) c，バネ (spring) k によって与えられる重りの運動は，時間変数に依存する外力 $f(t)$ を受けて複雑な現象を示すことになる．このような場合の数理モデルは，次のような線形2階定数係数非同次形微分方程式となる．

$$m\frac{d^2w}{dt^2}(t) + c\frac{dw}{dt}(t) + kw(t) = f(t) \tag{1.10}$$

また，ベクトル表現として次のような非自律系としても表すことができる．

$$\begin{aligned}\frac{d}{dt}\begin{pmatrix}w(t)\\v(t)\end{pmatrix} &= \begin{pmatrix}v(t)\\-\dfrac{c}{m}v(t) - \dfrac{k}{m}w(t) + \dfrac{1}{m}f(t)\end{pmatrix}\\&= \begin{bmatrix}0 & 1\\-\dfrac{k}{m} & -\dfrac{c}{m}\end{bmatrix}\begin{pmatrix}w(t)\\v(t)\end{pmatrix} + \begin{pmatrix}0\\\dfrac{f(t)}{m}\end{pmatrix}\end{aligned} \tag{1.11}$$

なお，上述した質量 (M)，減衰抵抗 (C)，バネ (K) によって与えられた線形2階定数係数微分方程式は **M-C-K モデル**とよばれている．

(b) 単振り子

天井から長さ l の糸で吊り下げられた質量 m の重りの運動を考える（図1.2）．運動に際して，糸の伸びと空気の抵抗とを無視する．この重りの重心のある時刻 t における位置を自然状態からの角度 $\theta(t)$ によって表すと，ニュートンの運動の第2法則より次の運動方程式を得る．

$$m\frac{d^2(l\theta(t))}{dt^2} = ml\frac{d^2\theta}{dt^2}(t) = -mg\sin\theta(t)$$
$$\downarrow$$

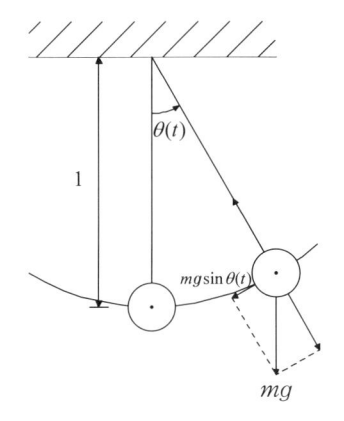

図 1.2 単振り子

$$\frac{d^2\theta}{dt^2}(t) + \frac{g}{l}\sin\theta(t) = 0 \tag{1.12}$$

この結果，単振り子の現象が非線形2階同次形微分方程式として数理モデル化されたことになる．もし，この単振り子の示す運動において，糸の振れ幅があまり大きくない場合には，$\sin\theta(t)$ にマクローリン展開を適用することによって次のような近似表現を得る．

$$\begin{aligned}\sin\theta(t) &= \sin(0+\theta(t)) \\ &= \theta(t) - \frac{1}{3!}(\theta(t))^3 + \frac{1}{5!}(\theta(t))^5 - \cdots \approx \theta(t)\end{aligned}$$

この近似によって上記の非線形モデルは線形化され，次のような線形2階定数係数同次形微分方程式となる．

$$\frac{d^2\theta}{dt^2}(t) + \frac{g}{l}\theta(t) = 0 \tag{1.13}$$

2. 変形現象の数理モデル

(a) 弦の釣合い曲線

単位長さと単位断面積を有するまっすぐな弦を一様な張力 T で引っ張りその両端を固定する．そのような弦の上側に外力を加えると弦は鉛直下向きに変形し，外力と張力とが釣合い静止する（図1.3）．このときの弦の変形曲線（釣合い曲線）を求めるための数理モデルを構成

(a) 弦

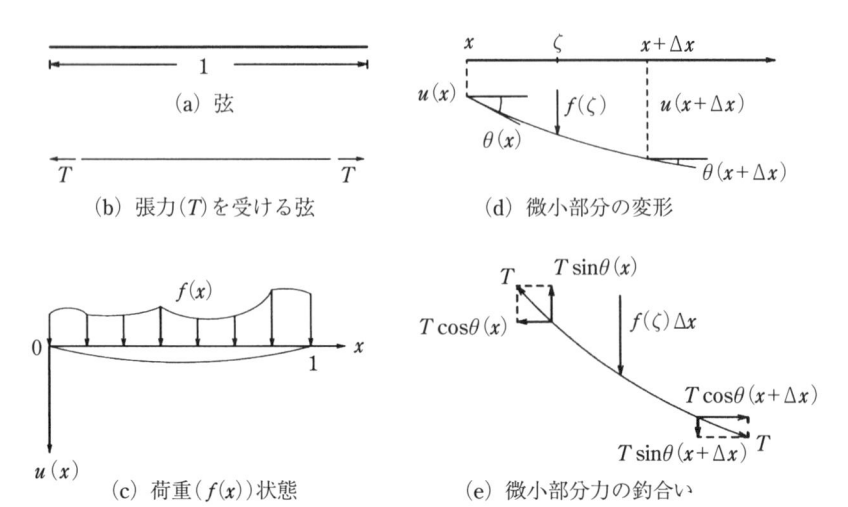

(b) 張力 (T) を受ける弦

(c) 荷重 ($f(x)$) 状態

(d) 微小部分の変形

(e) 微小部分力の釣合い

図 1.3　弦の変形

する．

　変形前のまっすぐな弦を x 軸とし，その任意の点 x における弦の鉛直方向（下向きを正とする）変位を $u(x)$，さらに，x 方向に分布する外力（分布外力）を $f(x)$ とする．弦の任意の点 x から微小部分 Δx を取り出し，その部分に作用する張力の鉛直方向成分と分布外力の総和 $f(\zeta)\Delta x$ $(x \leq \zeta \leq x+\Delta x)$ について 2 つの方向に関する釣合い式を考えて次式を得る．

　鉛直方向：

$$-T\sin\theta(x) + T\sin\theta(x+\Delta x) + f(\zeta)\Delta x = 0$$

　水平方向：

$$-T\cos\theta(x) + T\cos\theta(x+\Delta x) = 0$$

ただし，$\theta(x)$ は弦の釣合い曲線 $u(x)$ の x における接線と x 軸とのなす角度とする．すなわち，

$$\tan\theta(x) = \frac{du}{dx}(x)$$

　いま，弦の変形が非常に小さい，すなわち微小変形の場合に限定す

ると，角度 $\theta(x)$ は非常に小さいので次のような近似表現が許される．

$$\sin\theta(x) \approx \tan\theta(x) \approx \theta(x) \approx \frac{du}{dx}(x)$$

$$\sin\theta(x+\Delta x) \approx \tan\theta(x+\Delta x) \approx \theta(x+\Delta x)$$

$$\approx \frac{du}{dx}(x+\Delta x) \approx \frac{du}{dx}(x) + \frac{d^2u}{dx^2}(x)\Delta x$$

$$\cos\theta(x) \approx \cos\theta(x+\Delta x) \approx 1$$

この結果，水平方向の釣合い式は恒等式となり，鉛直方向の釣合い式は $\Delta x \to 0$ に対して，次式となる．

$$T\frac{d^2u}{dx^2}(x) + f(x) = 0 \quad \left(\frac{d^2u}{dx^2}(x) + \frac{1}{T}f(x) = 0\right) \quad (1.14)$$

以上より弦の微小変形現象の数理モデルは，弦に加える張力 T とそれに作用する分布外力 $f(x)$ との比を非同次関数とする線形 2 階定数係数非同次形微分方程式として表された．この微分方程式は，弦に対して与えた両端の支持条件：$u(0) = u(1) = 0$ を考慮し，解を求めると釣合い曲線が定められる．

(b) 弾性梁の釣合い曲線

弦とは異なり"曲げ変形"に対する剛性，すなわち曲げ剛性 EI（E：弾性係数，I：断面 2 次モーメント），単位長さを有するまっすぐな弾性部材（このような部材を"弾性梁"とよぶ）に分布外力 $f(x)$ が作用して鉛直方向に変形（このような変形を梁の"たわみ"とよぶ）する現象の数理モデルは次のように構成できる．

ベルヌーイ–オイラー (Bernoulli-Euler) の仮定に基づいた微小変形理論を採用すると，次のような基本関係式が成立する（第 6 章 6.4.1 項参照）．

- 釣合い関係式

$$\frac{dM}{dx}(x) - Q(x) = 0 \quad \text{(モーメントの釣合い)}$$

$$\frac{dQ}{dx}(x) + f(x) = 0 \quad \text{(鉛直方向の力の釣合い)}$$

- 幾何学的関係式

$$\theta(x) = \frac{du}{dx}(x) \quad \text{(たわみ角)}$$

$$\kappa(x) \approx \frac{d\theta}{dx}(x) = \frac{d^2u}{dx^2}(x) \quad \text{(曲率)}$$

- 構成式

$$M(x) = -EI\kappa(x) = -EI\frac{d^2u}{dx^2}(x) \quad \text{(モーメント・曲率関係式)}$$

ただし，$M(x)$ と $Q(x)$ とはそれぞれ梁の x 断面に作用する"曲げモーメント"と"面外せん断力"とし，$u(x)$ を梁のたわみとする．

これらの諸式をまとめることによって次のような梁のたわみに関する線形 4 階定数係数非同次形微分方程式を得る．

$$EI\frac{d^4u}{dx^4}(x) = f(x) \tag{1.15}$$

なお，上式から与えられた分布外力 $f(x)$ に対する梁のたわみ，さらに断面に作用する曲げモーメントとせん断力とを求めるには，梁の両端 $x = 0, 1$ における具体的な支持条件を与えなければならない．具体的な支持条件の下での解析例は第 5 章でくわしく述べる．

3. 個体の成長現象の数理モデル

(a) 1 種個体群の増殖

ある種の生物が与えられた環境内で一定の割合で増殖を続けるような場合には，その個体数の変化についての数理モデルは次のように構成できる（参考文献 [1], [15]）．

ある種の生物集団の個体数を時間に関する連続関数 $u(t)$ として表されるものとすると，その時間的変化のダイナミクスは，その個体群の出生率 γ と死亡率 η とによって定められる．個体数 $u(t)$ の変化速度 $\frac{du}{dt}(t)$ が現時点での個体数に依存するものとすると，次の微分方程式が得られる．

$$\frac{du}{dt}(t) = (\gamma - \eta)u(t) \equiv \alpha u(t) \tag{1.16}$$

ただし，比例定数 $\alpha \equiv \gamma - \eta$ を単位時間当たりの個体群の"増加率"（マルサス係数）とする．なお，ここで得られた線形 1 階定数係数同次形微分方程式は，**マルサスモデル**(Malthus model) とよばれ，初期時刻 $t = 0$ のときの初期個体数 $u(t) = u_0$ を与えることによって解かれる．とくに，$\alpha > 0$ のとき個体数は指数関数的に増大することになる．

このマルサスモデルから得られる個体数の指数関数的増大現象に対し，現実の生物集団ではその生息環境に限界があるので一般にはそのような指数関数的増大は出現しない．そこで，このような現実の観測に対するモデルの修正が必要となり，次のようなモデルが提出されている．

マルサスモデルにおける個体群の増加率 α は生物集団において一定値ではなく，個体数が変化することによって環境からその変化を抑制する効果が加わることになる．そこで，この効果を考慮すると次のような微分方程式が得られる．

$$\frac{du}{dt}(t) = (\alpha - \beta u(t))u(t) \quad \left(\frac{du}{dt}(t) - \alpha u(t) + \beta u^2(t) = 0\right) \quad (1.17)$$

ただし，係数 β は環境抑制効果を表すための係数とする．

この微分方程式は非線形 1 階同次形微分方程式であり，**ロジスティック方程式**(logistic equation) とよばれている．この微分方程式は非線形ではあるが，第 2 章 2.7 節で詳述する，いわゆる"変数分離型微分方程式"として積分操作を用いて解析的に解くことができる．

(b) 2 種個体群の増殖（捕食者・被食者系）

次に，ある環境内に 2 種類の個体群が生息し，その 2 種類の個体群の関係が"捕食者"(predator) と"被食者（餌生物）"(prey) である場合のダイナミクスに対する数理モデルは次のように構成される．

被食者数を $u(t)$，捕食者を $v(t)$ で表すことにする．被食者数と，捕食者数の変化は，それぞれ環境抑制効果としての捕食者数と被食者数に依存するものとすると，ロジスティック方程式を参考にして次のように与えられる．

$$\frac{du}{dt}(t) = (a - bv(t))u(t) \tag{1.18}$$

$$\frac{dv}{dt}(t) = (-c + du(t))v(t) \tag{1.19}$$

ただし，正の係数 a, c はそれぞれ被食者，捕食者の増殖率とし，係数 b, d はそれぞれの個体の存在に関係する環境抑制係数とする．上記のモデルは，被食者は捕食者が存在しない場合には増殖率 a で増殖するが，捕食者が存在する場合にはその個体数に依存して増殖率が減少することを表す．一方，捕食者は，被食者が存在しない場合には負の増殖率で減少するが，被食者が存在すると増殖率が回復することを表している．このような捕食者・被食者の間で生じる個体数のダイナミクスに関する上記の2元連立1階微分方程式は，**ロトカ–ボルテラ方程式**(Lotka-Volterra equation) とよばれ，数理生態学の基本的なモデルである（参考文献 [1], [15]）．

1.4 微分方程式の解

これまでの各節において微分方程式の定義と分類を示し，微分方程式が現象の数理モデルとして与えられることを明らかにした．そこで，本節では各種の微分方程式の解法を述べる前に，「微分方程式の解とは何か」について考える．代数方程式の根は基本的に四則演算を用いて求められる．一方，微分方程式の場合は，未知関数のみならずその導関数を含んでいるので四則演算だけではその解を求めることができない．そこで，その解を厳密に求めるには，微分の逆演算としての積分等の解析的手法が必要となる．ただし，微分方程式の解を四則演算を用いて求めることが行われているが，この場合の解は近似解となる．このような微分方程式の近似解は数値解とよばれ，厳正解と区別される．以下では，積分演算を用いた微分方程式の厳正解の構成について簡単な例を示す．

【例 1.2】 ［線形 1 階定数係数非同次形微分方程式の解］

$$\frac{du}{dx}(x) = f(x) \tag{1.20}$$

この微分方程式の解を求めるには，関数の 1 階導関数が右辺の与えられた非同次関数（既知の連続関数）$f(x)$ になるように未知関数 $u(x)$ を定めればよいことになる．したがって，微分の逆演算である積分演算を上式に適用すると，未知関数が次式のように不定積分表現として与えられる．

$$u(x) = \int f(x)dx \tag{1.21}$$

たとえば，2 つの具体的な関数について，未知関数（微分方程式の解）は次のように求められる．

$$f(x) = x: \quad u(x) = \int xdx = \frac{1}{x^2} + c$$

$$f(x) = \sin x: \quad u(x) = \int \sin xdx = -\cos x + c$$

ただし，不定積分に伴う積分定数を c とする．ここで求められた解の表現は，任意の積分定数 c を含んでいるので，微分方程式の解は無限個存在することになる．

この例に示したように，微分方程式の解は一般には積分定数を含んでいるので無限個の解を有することになる．そこで，未定の積分定数を定めるには微分方程式の他にある条件が必要となる．条件を与えて微分方程式の解を 1 つ定めるような例を以下に示す．

【例 1.3】 ［線形 1 階定数係数非同次形微分方程式の解（条件つき）］

次のような条件が与えられた場合の微分方程式の解を求めることにする．

$$\frac{du}{dx}(x) = f(x) \quad (x > 0)$$

$$u(0) = u_0$$

この問題では，条件によって解 $u(x)$ の $x = 0$ における値 $u(0)$ が規定されている．そこで微分方程式の両辺を $x = 0$ から任意の x まで定積分すると，

$$\int_0^x \frac{du}{dt}(t)dt = \bigl[u(t)\bigr]_0^x = u(x) - u(0) = \int_0^x f(t)dt$$

となり，与えられた条件を考慮することによって次のような解を得る．

$$u(x) = u_0 + \int_0^x f(t)dt \tag{1.22}$$

この表現が，与えられた条件を満たす微分方程式の解であることを直接微分して確かめられる．したがって，このように条件が与えられていれば，微分方程式に含まれる未定の積分定数を定め，その解を確定することができる．

なお，この解の表現から，「微分方程式の解とは，与えられた既知量（この例では，非同次関数 $f(x)$ と関数値 u_0）を用いた具体的な表現である」ことがわかる．

次に，線形 2 階定数係数非同次形微分方程式の解について考える．以下に示す例での微分方程式はすでに 1.3 節で紹介した "弦の釣合い曲線" の数理モデル ($T=1$) に対応している．

【例 1.4】 [線形 2 階定数係数非同次形微分方程式の解]

$$\frac{d^2 u}{dx^2}(x) = f(x) \tag{1.23}$$

この微分方程式は 2 階導関数が与えられた関数 $f(x)$ に等しくなるような未知関数 $u(x)$ を定めればよいので，形式的に関数 $f(x)$ を 2 回不定積分することによって次の解を得る．

$$u(x) = \int \left(\int f(x)dx \right) dx \tag{1.24}$$

たとえば，2 つの具体的な関数に対する解は次のように与えられる．

$$f(x) = x : \quad u(x) = \int \left(\int x dx \right) dx = \frac{1}{6}x^3 + c_1 x + c_2$$

$$f(x) = \sin x : \quad u(x) = \int \left(\int \sin x dx \right) dx = -\sin x + c_1 x + c_2$$

ただし，この場合の積分定数は，2 回の不定積分によって 2 つの c_1, c_2 となる．したがって，この 2 つの未定積分定数を定めるには 2 つの独立した条件

が必要となる．

次の例では，このような条件を与えることによって2階微分方程式の解を1つに定めることを示す．

【例 1.5】 ［線形2階定数係数非同次形微分方程式の解（条件付き）］
微分方程式：
$$\frac{d^2u}{dx^2}(x) = x$$
条件：

$$\text{(a)} \quad u(0) = u_0, \quad \frac{du}{dx}(0) = v_0 \tag{1.25}$$

$$\text{(b)} \quad u(0) = u_0, \quad u(1) = u_1 \tag{1.26}$$

この例では，微分方程式に対して2種類の条件を与えた．条件 (a) では，$x=0$ において，関数値と微分係数が指定されている．一方，条件 (b) では，$x=0,1$ において，それぞれの関数値が指定されている．

まず始めに条件 (a) に対する微分方程式の解を求める．例 1.4 で与えた解の表現から，未定積分定数は，それぞれ規定された関数値と微分係数を用いて $c_1 = u_0, c_2 = u_0$ となるので，求める解は次のように与えられる．

$$u(x) = \frac{x^3}{6} + u_0 x + u_0$$

次に，条件 (b) に対する微分方程式の解は，解の表現から未定積分定数が条件で規定された関数値を用いて $c_1 = u_1 - u_0 - \frac{1}{6}, c_2 = u_0$ となるので，次のように与えられる．

$$u(x) = \frac{1}{6}x(x^2 - 1) + u_1 x + u_0(1 - x)$$

次の例では，具体的な非同次関数の代わりに一般的な関数 $f(x)$ に対する微分方程式の解の求め方を示すことにする．

【例 1.6】 ［線形2階定数係数非同次形微分方程式の解（条件 (a)）］
微分方程式：

$$\frac{d^2u}{dx^2}(x) = f(x) \quad (x > 0)$$

条件：
$$u(0) = u_0, \quad \frac{du}{dx}(0) = v_0$$

この問題では，$x = 0$ で 2 つの条件が与えられているので，微分方程式の両辺を 0 から任意の x まで積分すると，

$$\int_0^x \frac{d^2u(t)}{dt^2}dt = \bigl[\frac{du}{dt}(t)\bigr]_0^x = \frac{du}{dx}(x) - \frac{du}{dx}(0) = \int_0^x f(t)dt$$

となり，条件を考慮して，

$$\frac{du}{dx}(x) = \frac{du}{dx}(0) + \int_0^x f(t)dt = v_0 + \int_0^x f(t)dt$$

を得る．さらに，この両辺を 0 から x まで積分すると，

$$\int_0^x \frac{du}{dt}(t)dt = \bigl[u(t)\bigr]_0^x = u(x) - u(0)$$
$$= \int_0^x (v_0 + \int_0^t f(s)ds)dt$$
$$= v_0 x + \int_0^x (\int_0^t f(s)ds)dt$$

となり，条件を考慮しさらに右辺の 2 重積分項を変形（演習問題 4）することによって次の解を得る．

$$u(x) = u_0 + v_0 x + \int_0^x (x-t)f(t)dt \tag{1.27}$$

この微分方程式の解は，条件で与えられた規定値 u_0, v_0 および非同次関数 $f(x)$ とを用いて具体的に表現されていることがわかる．この解の表現において，規定値 u_0, v_0 に対する，$1, x$ と非同次関数 $f(x)$ に対する $(x-t)$ を乗じた積分の有する意味については第 2 および 3 章で明らかにする．

以上，簡単な線形 1 階および 2 階定数係数微分方程式に対して積分演算を用いることによってその解を構成できることを示した．その結果，微分方程

式の解は，未定の積分定数を含んでいるので，その任意性に基づき無限個存在することになった．その無限個の解の中から，一つの解を定めるには，ある種の条件が必要となる．条件の与え方によって，2種類の問題を区別することになる．そこで，2種類の問題を区別するために次のような定義を与えておく．

> **定義 1.3　微分方程式の初期値問題**
> 　微分方程式において，未知関数の変数の区間として，一般に $x = 0$ から始まる区間を考えるとき，この $x = 0$ で関数値や導関数値を規定するような条件が与えられた場合，微分方程式とこの条件とによって構成される問題を微分方程式の**初期値問題**(initial-value problem) とよび，$x = 0$ で与える条件を**初期条件**(initial condition) とよぶ．

> **定義 1.4　微分方程式の境界値問題**
> 　微分方程式の未知関数の変数をある区間（有限または無限）で考えるとき，この区間の両端で関数値や導関数値を規定するような条件が与えられた場合，微分方程式をこの条件のもとで解くような問題を微分方程式の**境界値問題**(boundary-value problem) とよび，区間の両端で与える条件を**境界条件**(boundary condition) とよぶ．この境界条件において，関数値を規定する場合を**ディリクレ条件**(Dirichlet condition)，また導関数値を規定する場合を**ノイマン条件**(Neumann condition) とよぶことがある．なお，関数値と導関数値との線形結合の値を規定する条件も与えることができ，その場合は**ロバン条件**(Robin condition) とよんでいる．

【例 1.7】　　[微分方程式の初期値問題]

微分方程式：
$$\frac{d^2 u}{dx^2}(x) + 2\frac{du}{dx}(x) + u(x) = \sin x$$

初期条件：
$$u(0) = 3, \quad \frac{du}{dx}(0) = -1$$

【例 1.8】 [微分方程式の境界値問題]

微分方程式：
$$\frac{d^2u}{dx^2}(x) + 2\frac{du}{dx}(x) + u(x) = \sin x \quad (\ 0 < x < 1\ )$$

境界条件：
$$u(0) = 3, \quad \frac{du}{dx}(1) = -1$$

演習問題

1. 下記の各ケース a,b,c,d に対して，始めに関数が微分方程式を満たすことを確かめ，さらに関数に含まれる任意定数を消去することによって，その関数が満たす微分方程式が導かれることを確かめよ．

    a. 関数：$y = ax^2 + bx$,　　(a, b: 任意の定数)

       微分方程式：$x^2 \dfrac{d^2 y}{dx^2}(x) - 2x \dfrac{dy}{dx}(x) + 2y(x) = 0$

    b. 関数：$y = a\sin(2x) + b\cos(2x)$,　　($a, b$: 任意の定数)

       微分方程式：$\dfrac{d^2 y}{dx^2}(x) + 4y(x) = 0$

    c. 関数：$x^2 + y^2 = c$,　　(c: 任意の定数)

       微分方程式：$y(x) \dfrac{dy}{dx}(x) + x = 0$

    d. 関数：$y(x) = a + bx + cx^2 + dx^3$　(a, b, c, d: 任意の定数)

       微分方程式：$\dfrac{d^4 y}{dx^4}(x) = 0$

2. 平面内の曲線の方程式を $y = f(x)$ とする．この曲線上の任意の点における法線（接線に直交する直線）がつねに原点を通るとき，曲線 $y = f(x)$ が満たす微分方程式を求めよ．また，このような性質を有する曲線の名称は何か．

3. 樹木を密度 ρ の材料による柱状構造物と考える．先端からの長さ（高さ）方向を x 軸とし，柱状構造物の形態を任意の高さ x における断面積 $A(x)$ で表すことにする．先端に圧縮力 P を受けている場合，柱状構造物の応力度（単位面積当たりの内部力）$\sigma(x)$ が高さ x によらず一定値 $\sigma(x) \equiv \sigma_0$ であるような $A(x)$ を定めるための微分方程式を求めよ．

4. 任意の関数 $f(x)$ に対する 2 重積分を 1 重積分とするような以下の変形を導け.
$$\int_0^x \left\{\int_0^t f(s)ds\right\}dt = \int_0^x (x-t)f(t)dt$$
(ヒント：$\int_0^x \left\{\int_0^t f(s)ds\right\}dt = \int_0^x \left\{1(\int_0^t f(s)ds)\right\}dt$ とみなして部分積分公式を適用せよ.)

5. 線形 2 階非同次形微分方程式に関する次の境界値問題の解の表現を求めよ.
$$\frac{d^2u}{dx^2}(x) = f(x) \quad (\ 0 < x < 1\ )$$

a. $u(0) = u_0, \quad \dfrac{du}{dx}(1) = v_1$

b. $\dfrac{du}{dx}(0) = v_0, \quad u(1) = u_1$

c. $\dfrac{du}{dx}(0) = v_0, \quad \dfrac{du}{dx}(1) = v_1$

第2章
1階微分方程式

2.1　1階微分方程式の系譜

　本章から具体的な階数を有する微分方程式の解法について述べる．まず始めに微分方程式の中でも最も階数が低いが基礎的な1階微分方程式を取り上げる．1階微分方程式に対して得られた知見や結果は次章以降で対象とする高階の微分方程式に拡張し適用可能となる．そのような意味において本章は微分方程式の解法の基礎を与えることになる．1階の微分方程式とはいえ，その簡単な形式に対しさまざまなアプローチを試み多くの事柄を抽出する．それらを十分に理解することが今後の展開に対する理解を容易とする．

　1.2節で示した微分方程式の定義1.1によると，1階微分方程式は3変数関数 $F(x,y,z)$ に対して次のように与えられる．

$$F\left(x, u(x), \frac{du}{dx}(x)\right) = 0 \tag{2.1}$$

ここで，$\frac{\partial F}{\partial z}(x,y,z) \neq 0$ ならば，上式を1階導関数について解くことができ，次のような正規形1階微分方程式の表現を得る．

$$\frac{du}{dx}(x) = g(x, u(x)) \tag{2.2}$$

```
                    ┌─────────────────────┐
                    │  単一1階微分方程式    │
                    │     (正規形)        │
                    │  du/dx = g(x,u(x))  │
                    └─────────────────────┘
         ╱                    │                     ╲
  g(x,u(x))            g(x,u(x))              g(x,u(x))
  ≡ g(u(x))a(x)      ≡ g(u(x))a(x)+f(x)      ≡ k(u(x)/x)
```

```
┌──────────────────┐   ┌──────────────────┐   ┌──────────────────┐
│ 非線形変数分離型  │   │非線形非変数分離型 │   │ 非線形同次型     │
│   微分方程式      │   │    微分方程式     │   │   微分方程式     │
│du/dx(x)=g(u(x))a(x)│ │du/dx(x)=g(u(x))a(x)+f(x)│ │du/dx(x)=k(u(x)/x)│
└──────────────────┘   └──────────────────┘   └──────────────────┘
```

```
          g(u(x))≡u(x)        g(u(x))≡u(x)

┌──────────────────┐   ┌──────────────────┐
│ 線形変数係数     │   │ 線形変数係数     │
│ 同次形微分方程式 │ ← │非同次形微分方程式│
│du/dx(x)=a(x)u(x) │   │du/dx(x)=a(x)u(x)+f(x)│
└──────────────────┘   └──────────────────┘
                          f(x)≡0

          a(x)≡a               a(x)≡a

┌──────────────────┐   ┌──────────────────┐
│ 線形定数係数     │   │ 線形定数係数     │
│ 同次形微分方程式 │ ← │非同次形微分方程式│
│  du/dx(x)=au(x)  │   │du/dx(x)=au(x)+f(x)│
└──────────────────┘   └──────────────────┘
                          f(x)≡0

                           a≡0

                    ┌──────────────────┐
                    │線形非同次形微分方程式│
                    │   du/dx(x)=f(x)   │
                    └──────────────────┘
```

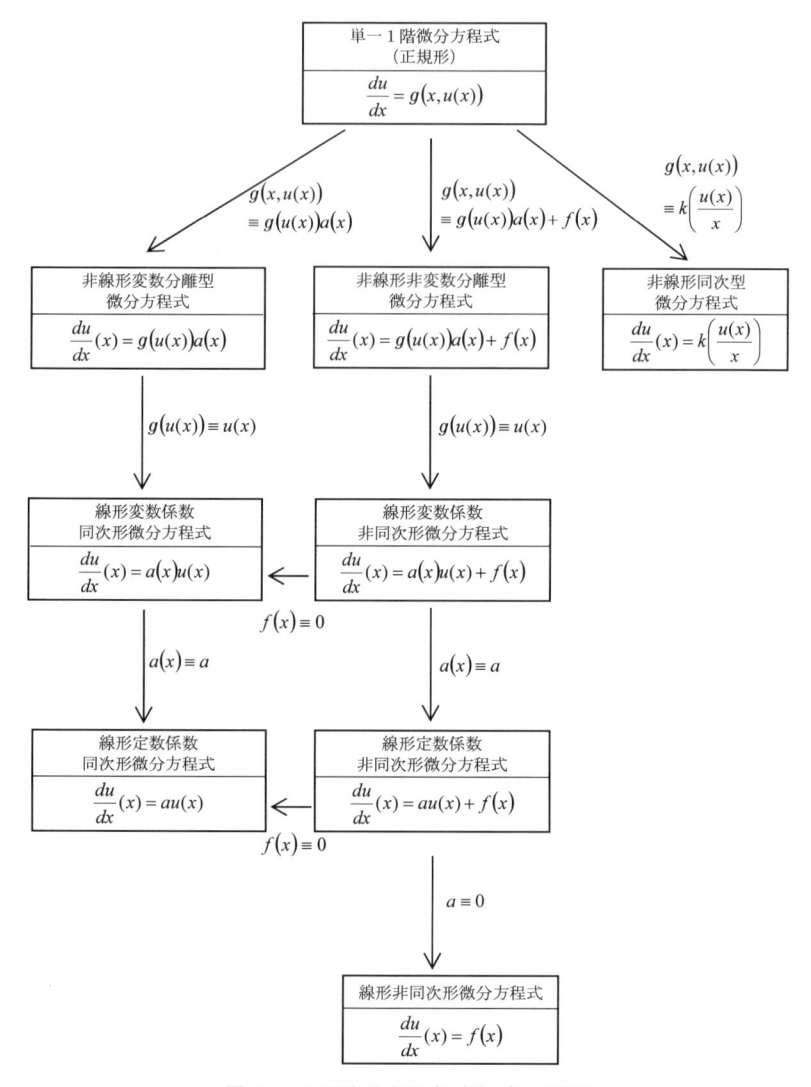

図 **2.1** 1 階微分方程式(単一)の系譜

1 階微分方程式 (2.1) または (2.2) は 3 変数関数 $F(x, y, z)$ または,2 変数関数 $g(x, y)$ の有する多様性に応じて多くの形式が考えられる.ここでは,正規形表現 (2.2) から得られるさまざまな 1 階微分方程式の名称とその系譜を

図 2.1 に示しておく．

なお，1 階微分方程式としては，この図 2.1 に示した単一の微分方程式だけではなく，1.2 節の定義 1.2 で与えた n 元連立 1 階微分方程式としても与えられる．この連立 1 階微分方程式については，章を改めて，第 3 章で詳しく述べることにする．

2.2 定数係数非同次形微分方程式（その 1）

まず始めに，1 階微分方程式の中でも最も単純な次の微分方程式を考える．

$$\frac{du}{dx}(x) = f(x) \tag{2.3}$$

この微分方程式の解については，すでに 1.4 節において積分演算（不定積分）を用いることによって次のように与えられることを示した．

$$u(x) = \int f(x)dx \tag{2.4}$$

ただし，初期条件：$u(0) = u_0$ が与えられている場合，すなわち微分方程式 (2.3) の初期値問題の解は，上式 (2.4) の代わりに初期値を取り入れた次式となる．

$$u(x) = u(0) + \int_0^x f(t)dt = u_0 + \int_0^x f(t)dt \tag{2.5}$$

この初期値問題の解は，2 つの項から構成されていることがわかる．その各項を次のように書くことにする．

$$u(x) = u_h(x) + u_p(x) \tag{2.6}$$

ただし，

$$u_h(x) = u_0 = u_0 1 \tag{2.7}$$

$$u_p(x) = \int_0^x f(t)dt = \int_0^x 1 f(t)dt \tag{2.8}$$

この各項は,次のような性質があることが容易に確かめられる.

$$\frac{du_h}{dx}(x) = 0, \qquad\qquad u_h(0) = u_0 \qquad (2.9)$$

$$\frac{du_p}{dx}(x) = f(x), \qquad\qquad u_p(0) = 0 \qquad (2.10)$$

この結果,線形 1 階定数係数非同次形微分方程式 (2.3) の初期値問題の解 $u(x)$ は,右辺が 0,すなわち同次形微分方程式を満たす解 "1" の定数倍(初期値倍)として与えられる $u_h(x)$ と,右辺に非同次関数 $f(x)$ が与えられた非同次形微分方程式を満たす解 $u_p(x)$ との和 (2.6) として表されることになる.そこで,$u_h(x)$ を**同次形微分方程式の解**(homogeneous solution) または**余解**,$u_p(x)$ を非同次形微分方程式の**特解**(particular solution) とよぶ.また,$u_h(x)$ の定数を除いた解 "1" を同次形微分方程式の**基本関数**とよぶことにする.この基本関数 "1" は,式 (2.7) および (2.8) に示されるように解の表現に現れていることがわかる.このような解の表現の持つ数学的意味については第 4 章で明らかにする.

ここで示した解 $u(x)$ の表現 (2.6) は,解を構成する 2 つの項の "重ね合わせ" とよばれ,線形微分方程式の解が有する基本的な性質である.このような解の構成を図式的に示すと図 2.2 となる.

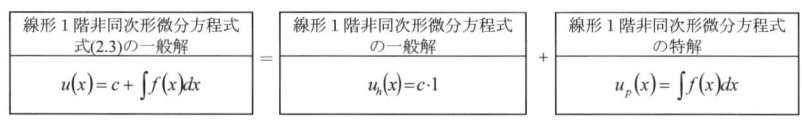

線形 1 階非同次形微分方程式 式(2.3)の一般解 $u(x) = c + \int f(x)dx$	=	線形 1 階非同次形微分方程式 の一般解 $u_h(x) = c \cdot 1$	+	線形 1 階非同次形微分方程式 の特解 $u_p(x) = \int f(x)dx$

(a) $\quad \dfrac{du}{dx}(x) = f(x) \quad$ の解

線形 1 階非同次形微分方程式 の初期値問題の解 $u(x) = u_0 + \int_0^x f(t)dt$	=	線形 1 階同次形微分方程式 の解(初期条件を満たす) $u_h(x) = u_0 \cdot 1$	+	線形 1 階非同次形微分方程式 の解(同次初期条件を満たす) $u_p(x) = \int_0^x f(t)dt$

(b) $\quad \dfrac{du}{dx}(x) = f(x), \quad u(0) = u_0 \quad$ の解

図 **2.2** 線形 1 階微分方程式の解の構造

2.3 定数係数同次形微分方程式

次に，1 階微分方程式として a を与えられた定数係数とする簡単な次の同次形微分方程式を考える．

$$\frac{du}{dx}(x) = au(x) \tag{2.11}$$

この微分方程式はさまざまな現象のシンプルな数理モデルとして現れることが知られ，すでに 1.3 節では "マルサスモデル" として紹介した．上式 (2.11) は同次形であるから，すぐに確かめられるように $u(x) \equiv 0$ となる解が必ず存在することになる．そこで，このような解を微分方程式の**自明な解**(trivial solution) とよぶ．以下では，この微分方程式の自明ではない解を 2 つの方法を用いて求めることにする．

2.3.1 指数関数解

微分方程式 (2.11) は，ある現象の数理モデルであるが，ここでは未知関数の導関数が未知関数の定数 a 倍として与えられることを表していると捉えることにする．このような性質を有する関数を定めれば，微分方程式 (2.11) が解けたことになる．この性質を有する関数は，"指数関数" であるから微分方程式 (2.11) を満たす解の候補として，$e^{\lambda x}$ とする．この指数関数が微分方程式 (2.11) を満たすためには，その両辺に代入すると，

$$\frac{d}{dx}e^{\lambda x} = \lambda e^{\lambda x} = ae^{\lambda x} \tag{2.12}$$

となる．したがって，未知数 λ は次のように与えられる．

$$(\lambda - a)e^{\lambda x} = 0 \quad \rightarrow \quad \lambda = a \tag{2.13}$$

この結果，微分方程式 (2.11) の解として，e^{ax} を有することになり，さらにその指数関数の定数 c 倍した ce^{ax} も解となることがわかる．すなわち，解は，基本関数 e^{ax} の c 倍として次のようになる．

$$u(x) \equiv u_h(x) = ce^{ax} \tag{2.14}$$

このような解を**同次形微分方程式の一般解**とよぶ．

以上のように，線形 1 階定数係数同次形微分方程式 (2.11) の解を求めるには，解として指数関数 $e^{\lambda x}$ を仮定し，それが与えられた微分方程式を満たすことから，未知数 λ に関する 1 次（代数）方程式：$\lambda - a = 0$ を導き，その根として $\lambda = a$ を定め，一つの解 e^{ax} から一般解 (2.14) を構成する．このような考え方は，線形 n 階定数係数同次形微分方程式の一般解を求める際にも適用することができる．そこで，次のような定義を与えておく．

定義 2.1 特性方程式・特性根

線形 n 階定数係数同次形微分方程式：

$$\frac{d^n u}{dx^n}(x) + a_1 \frac{d^{n-1} u}{dx^{n-1}}(x) + \cdots + a_n u(x) = 0 \tag{2.15}$$

に対して，λ に関する次の n 次代数方程式：

$$\lambda^n + a_1 \lambda^{n-1} + \cdots + a_n = 0 \tag{2.16}$$

を微分方程式 (2.15) の**特性方程式**(characteristic equation) とよび，その根を**特性根**(characteristic solution) とよぶ．

ここでは，線形 1 階定数係数同次形微分方程式の指数関数解を求める解法のプロセスを示したが，この解法は線形 n 階定数係数同次形微分方程式の指数関数解を求める際にも適用できることになる．この解法では，微分方程式の積分操作を指数関数解と仮定することにより特性方程式という代数方程式の解法に置き換えて，その特性根から一般解を構成する．この解法のプロセスを図 2.3 に示しておく．

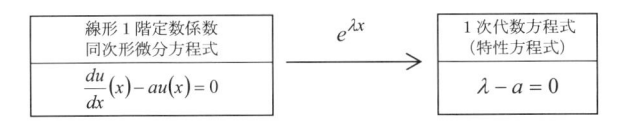

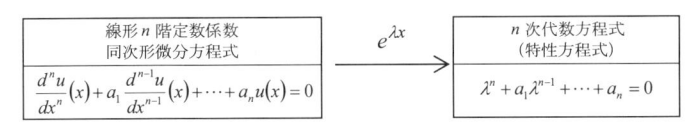

```
┌─────────────────────┐         ┌─────────────────┐
│ 線形1階定数係数      │   e^{λx} │ 1次代数方程式    │
│ 同次形微分方程式     │  ─────→ │ (特性方程式)     │
│ du/dx(x) - au(x) = 0│         │ λ - a = 0       │
└─────────────────────┘         └─────────────────┘

┌─────────────────────────────────────┐         ┌──────────────────────────────────┐
│ 線形n階定数係数                      │   e^{λx} │ n次代数方程式                    │
│ 同次形微分方程式                     │  ─────→ │ (特性方程式)                     │
│ d^n u/dx^n(x) + a_1 d^{n-1}u/dx^{n-1}(x) + ··· + a_n u(x) = 0 │         │ λ^n + a_1 λ^{n-1} + ··· + a_n = 0 │
└─────────────────────────────────────┘         └──────────────────────────────────┘
```

図 2.3　指数関数解の決定

【例 2.1】　[線形 1 階定数係数同次形微分方程式の解]

微分方程式：　$\dfrac{du}{dx}(x) = -3u(x)$

特性方程式：　$\lambda - (-3) = 0,$　特性根：　$\lambda = -3$

微分方程式の一般解：　$u(x) = ce^{-3x}$

2.3.2　積分因子法

次に，微分方程式 (2.11) の他の解法を考える．与えられた微分方程式は同次形であるので，次のように指数関数 e^{-ax} を両辺に乗じて変形すると，

$$e^{-ax}\left(\frac{du}{dx}(x) - au(x)\right) = \frac{d}{dx}(e^{-ax}u(x)) = e^{-ax}0 = 0 \tag{2.17}$$

となるので，積分演算によって，c を積分定数とすれば次のようにすでに導いた一般解 (2.14) を得る．

$$e^{-ax}u(x) = c \quad \rightarrow \quad u(x) = ce^{ax}$$

以上のように，与えられた微分方程式の両辺に適当な関数（この場合は，指数関数 e^{-ax}）を乗じることによって積分可能な方程式に変形し，それをただちに積分することによって解が求められたことになる．このとき，適当な関数を微分方程式の**積分因子**(integrating factor) とよび，このような解法を**積分因子法**とよぶ．

2.3.3 指数関数解の挙動

微分方程式の解 (2.14) は与えられた係数 a と任意の積分定数 c とを含んでいる．積分定数は初期条件より定めることができる．一方，係数 a は微分方程式として固有の係数である．この係数の与え方が以下に示すように指数関数解の挙動に大きく関係することになる．

$$\lim_{x \to \infty} e^{ax} = \begin{cases} \infty : & a > 0 \\ 1 : & a = 0 \\ 0 : & a < 0 \end{cases} \qquad (2.18)$$

この指数関数の係数に関する上記の挙動を考慮すると，微分方程式 (2.11) を"マルサスモデル"のようにあるシステムのダイナミクスを表す数理モデルとするならば，係数 a の違いがシステムの挙動に大きな影響を及ぼすことがわかる．そこで，ある初期値を与えた場合に対するシステムの挙動に関して 3 パターンの状況を図 2.4 に示す．

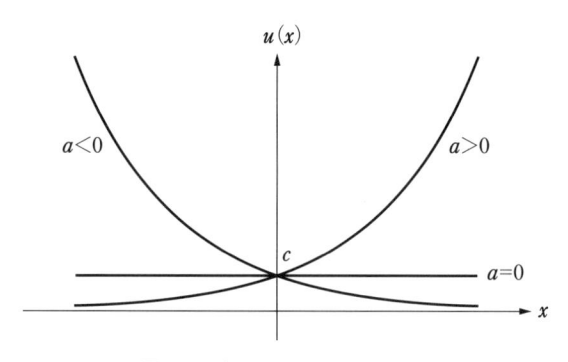

図 2.4　解 $u(x) = ce^{ax}$ の挙動

2.4 定数係数非同次形微分方程式（その 2）

2.4.1 積分因子法

前節で扱った微分方程式 (2.11) の右辺に非同次関数 $f(x)$ が与えられた次の非同次形微分方程式の解を求めることを考える．

$$\frac{du}{dx}(x) - au(x) = f(x) \tag{2.19}$$

上式には非同次関数が存在するので，解を定めるにはその特解が必要となる．その特解を定める方法については次節で述べることにして，ここでは，前節で述べた積分因子法を用いた解法を与える．

上式の左辺はすでに述べたように，積分因子としての指数関数 e^{-ax} を乗じると次のような積分可能な形式となる．

$$e^{-ax}\left(\frac{du}{dx}(x) - au(x)\right) = \frac{d}{dx}(e^{-ax}u(x)) = e^{-ax}f(x) \tag{2.20}$$

そこで，上式の両辺を x について積分することによって次式を得る．

$$e^{-ax}u(x) = \int e^{-ax}f(x)dx + c \quad \rightarrow \quad u(x) = e^{ax}\left(\int e^{-ax}f(x)dx + c\right) \tag{2.21}$$

ただし，c を不定積分に伴う積分定数とする．ここで，初期条件：$u(0) = u_0$ が与えられている初期値問題に対しては，式 (2.20) の両辺を x について 0 から任意の x まで積分することによって，次のような過程にしたがい解が求められる．

$$\int_0^x \frac{d}{dt}(e^{-at}u(t))dt = \int_0^x e^{-at}f(t)dt$$

$$\downarrow$$

$$e^{-ax}u(x) - e^0 u(0) = \int_0^x e^{-at}f(t)dt$$

$$\downarrow$$

$$u(x) = u(0)e^{ax} + e^{ax}\int_0^x e^{-at}f(t)dt = u_0 e^{ax} + \int_0^x e^{a(x-t)}f(t)dt \quad (2.22)$$

ここで，上記の解 (2.22) に対して，初期値 u_0 と非同次関数 $f(x)$ とに関するそれぞれの解 $u_h(x)$ と $u_p(x)$ は次のように与えられることになる．

$$u_h(x) = u_0 e^{ax} \quad (2.23)$$

$$u_p(x) = \int_0^x e^{a(x-t)}f(t)dt \quad (2.24)$$

なお，これらの余解 $u_h(x)$ と特解 $u_p(x)$ は次のような性質を満たしている．

$$\frac{du_h}{dx}(x) - au_h(x) = 0, \qquad u_h(0) = u_0 \quad (2.25)$$

$$\frac{du_p}{dx}(x) - au_p(x) = f(x), \qquad u_p(0) = 0 \quad (2.26)$$

【例 2.2】 [線形 1 階定数係数非同次形微分方程式の解（積分因子法）]

$$\text{微分方程式：} \quad \frac{du}{dx}(x) - u(x) = x$$

$$\text{積分因子：} \quad e^{-x}$$

$$\text{微分方程式の変形：} \quad e^{-x}\left(\frac{du}{dx}(x) - u(x)\right) = \frac{d}{dx}(e^{-x}u(x)) = e^{-x}x$$

$$\text{解：} \quad u(x) = e^x\left(c + \int e^{-x}x dx\right) = e^x\{c - e^{-x}(1+x)\}$$

2.4.2 定数変化法

次に，微分方程式 (2.19) の解を積分因子法とは異なる考え方を用いて求めることにする．微分方程式の解の表現 (2.21)，または (2.23) における $u_h(x)$ に

注目する．この $u_h(x)$ は微分方程式 (2.19) の同次形の解である．この同次形の解を利用して微分方程式 (2.19) の特解 $u_p(x)$ を定めることにする．$u_h(x)$ に含まれている定数 c または，u_0 を x の関数 $c(x)$ と修正し，求めようとする特解とする．すなわち，

$$u_p(x) = c(x)e^{ax} \tag{2.27}$$

この関数が微分方程式 (2.19) の特解となるためには，微分方程式に代入して，

$$\frac{d}{dx}(c(x)e^{ax}) - a(c(x)e^{ax}) = f(x) \quad \rightarrow \quad \frac{dc}{dx}(x) = e^{-ax}f(x) \tag{2.28}$$

となるので，積分をすることによって次のように関数 $c(x)$ を定めることができた．

$$c(x) = \int e^{-ax}f(x)dx \tag{2.29}$$

したがって，求める特解は次のように与えられる．

$$u_p(x) = (\int e^{-ax}f(x)dx)e^{ax} \tag{2.30}$$

なお，初期値問題の場合には，特解の性質 (2.26) を考慮することにより上記の不定積分の表現が次のような定積分表現となる．

$$u_p(x) = (\int_0^x e^{-at}f(t)dt)e^{ax} = \int_0^x e^{a(x-t)}f(t)dt \tag{2.31}$$

以上より，非同次形微分方程式の特解 $u_p(x)$ を，同次形微分方程式の解 $u_h(x)$ に含まれる定数を関数として修正することによって求めることができた．このような特解の求め方は，定数を関数として修正する考え方に基づくので**定数変化法**とよばれている．

【例 2.3】　[線形 1 階定数係数非同次形微分方程式の解（定数変化法）]

$$\text{微分方程式：} \quad \frac{du}{dx}(x) + u(x) = \sin x$$

$$\text{同次解の修正：} \quad u_h(x) = ce^{-x} \quad \rightarrow \quad u_p(x) = c(x)e^{-x}$$

$$\text{関数の決定式：} \quad \frac{dc}{dx}(x) = e^x \sin x$$

$$\text{関数：} \quad c(x) = \int e^x \sin x \, dx$$

$$= \frac{1}{2}e^x(\sin x - \cos x) + c$$

$$\text{解：} \quad u(x) = ce^{-x} + \frac{1}{2}(\sin x - \cos x)$$

2.5　変数係数非同次形微分方程式

線形 1 階非同次形微分方程式の一般形である次の微分方程式の解の公式を導く.

$$\frac{du}{dx}(x) - a(x)u(x) = f(x) \tag{2.32}$$

上式は，未知関数の係数が微分方程式 (2.19) とは異なり，ある与えられた関数 $a(x)$ となっているので，変数係数微分方程式である．この微分方程式の解法として前節で展開してきた"積分因子法"を用いることにする．

上式に対する積分因子は，微分方程式 (2.19) の定数 a の代わりに関数 $a(x)$ を用いた指数関数 $e^{\int(-a(x))dx}$ となる．そこでこの積分因子を式 (2.32) の両辺に乗じて次式を得る．

$$e^{\int(-a(x))dx}\left(\frac{du}{dx}(x) - a(x)u(x)\right) = \frac{d}{dx}(e^{\int(-a(x))dx}u(x)) = e^{\int(-a(x))dx}f(x) \tag{2.33}$$

上式を x について積分することによって，積分定数を c とすれば次のような解を得る．

$$u(x) = e^{\int a(x)dx}(c + \int e^{\int (-a(x))dx} f(x)dx)$$
$$= ce^{\int a(x)dx} + e^{\int a(x)dx}(\int e^{\int (-a(x))dx} f(x)dx) \quad (2.34)$$

この表現が，線形 1 階変数係数非同次形微分方程式 (2.32) の解の公式を与える．変数係数として，関数 $a(x)$ が具体的に与えられたならば，上式の積分が計算できて解の具体的な表現が得られる．

解の表現 (2.34) は，積分因子に対する不定積分を含んでいるので複雑になっている．初期値問題の場合は，初期条件：$u(0) = u_0$ が与えられているので，不定積分の代わりに 0 から任意の x までの定積分として表すことができるので以下に示すように解の公式が得られることになる．

$$u(x) = e^{\int_0^x a(t)dt}(u(0) + \int_0^x e^{-\int_0^t a(s)ds} f(t)dt)$$
$$= u_0 e^{\int_0^x a(t)dt} + \int_0^x e^{(\int_0^x a(t)dt - \int_0^t a(s)ds)} f(t)dt \quad (2.35)$$

ここで，上記の解の公式から余解 $u_h(x)$ と特解 $u_p(x)$ とを次のように表すことができる．

$$u_h(x) = u_0 e^{\int_0^x a(t)dt} \quad (2.36)$$
$$u_p(x) = \int_0^x e^{(\int_0^x a(t)dt - \int_0^t a(s)ds)} f(t)dt \quad (2.37)$$

ここで与えた解の公式 (2.34) または (2.35) は線形 1 階非同次形微分方程式に関する一般公式となる．したがって，関数 $a(x)$ と $f(x)$ とを特殊化することによってこれまで示してきた 1 階微分方程式のそれぞれの解の表現を得る．

【例 2.4】 ［線形 1 階変数係数非同次形微分方程式の解（積分因子法）］

$$微分方程式： \frac{du}{dx}(x) - xu(x) = x$$

$$積分因子： e^{\int(-x)dx} = e^{-\frac{x^2}{2}}$$

$$解： u(x) = e^{\frac{x^2}{2}}\left(c + \int e^{-\frac{x^2}{2}} x dx\right) = ce^{\frac{x^2}{2}} - 1$$

$$初期値問題の解： u(x) = u_0 e^{\int_0^x t dt} + \int_0^x e^{(\int_0^x t dt - \int_0^t s ds)} t dt$$

$$= u_0 e^{\frac{x^2}{2}} + e^{\frac{x^2}{2}} - 1$$

2.6 変数分離型微分方程式

2.6.1 変数分離型解法

これまでの節で対象とした 1 階微分方程式はすべて線形微分方程式であった．本節で対象とする 1 階微分方程式は特別な型式を有する非線形微分方程式である．一般に非線形微分方程式は積分演算のような解析的手法を用いて解くことが難しい．ここで取り上げる 1 階微分方程式は「特別な型式」を有していることから積分演算を用いて解くことができる．そのような型式を有する微分方程式の定義を行う．

定義 2.2 変数分離型微分方程式

1 変数関数 g と a とが与えられたとき，未知関数の導関数が，

$$\frac{du}{dx}(x) = g(u(x))a(x) \tag{2.38}$$

で与えられている場合の 1 階微分方程式を**変数分離型微分方程式**(differential equation of variables separable) という．

注意 1　上記の右辺の関数 $a(x)$ は，微分方程式の既知関数である．一方，関数 $g(u(x))$ は未知関数 $u(x)$ に関する既知関数である．したがって，この関数が $u(x)$ の 1 次関数以外には，上式 (2.38) は非線形となる．

注意 2　関数 $g(u(x))$ は任意の関数 $u(x)$ に関して零とはならないものとする．すなわち，$g(u(x)) \neq 0$．もし $g(u(x)) = 0$ ならば，上式は $\dfrac{du}{dx}(x) = 0$ となり，微分方程式の解 $u(x)$ は単なる定数となる．

変数分離型微分方程式 (2.38) を積分演算によって解くことにする．上記の注意2より単なる定数以外の解 $u(x)$ を求めることにすると，$g(u(x)) \neq 0$ であるから微分方程式は次のように変形できる．

$$\frac{1}{g(u(x))}\frac{du}{dx}(x) = a(x) \tag{2.39}$$

上式の左辺に注目し，この左辺がある関数 $G(u(x))$ の変数 x に関する導関数 $\dfrac{d}{dx}G(u(x))$ として書くことができるとすると，上式 (2.39) は次のように積分演算が適用できる型式に書き換えられる．

$$\frac{d}{dx}G(u(x)) = a(x) \tag{2.40}$$

そこで，この両辺を x に関して積分することによって関数 $G(u(x))$ は既知関数 $a(x)$ の不定積分として次のように表される．

$$G(u(x)) = \int a(x)dx \tag{2.41}$$

ところで，式 (2.40) の左辺に "合成関数の微分則" を用いると，

$$\frac{d}{dx}G(u(x)) = \left(\frac{d}{du}G(u(x))\right)\frac{du}{dx}(x) = \frac{1}{g(u(x))}\frac{du}{dx}(x)$$

となるので，関数 $G(u(x))$ は $g(u(x))$ に対して，

$$\frac{d}{du}G(u(x)) = \frac{1}{g(u(x))}$$

を満たすように定めればよいことになる．そこで，上式を変数 u で積分すると，次のように与えられる．

$$G(u(x)) = \int \frac{1}{g(u(x))} du \qquad (2.42)$$

以上の結果，変数分離型微分方程式 (2.38) の解として次のような積分表現を得る．

$$\int \frac{1}{g(u(x))} du = \int a(x) dx \qquad (2.43)$$

この解の積分演算による表現は，その左辺が変数 u，右辺が変数 x に関する積分演算となっている．つまり，"変数分離型の積分型式" となっていることがわかる．以上で展開してきた変数分離型解法のプロセスをまとめて示しておく．

変数分離型解法のプロセス

変数分離型微分方程式： $\dfrac{du}{dx}(x) = g(u(x))a(x) \quad (g(u(x)) \neq 0)$

↓

変数分離型微分型式表現： $\dfrac{1}{g(u(x))} du = a(x) dx$

↓

変数分離型積分型式表現： $\int \dfrac{1}{g(u(x))} du = \int a(x) dx$

ここで示した解法のプロセスを用いて次の例で具体的に与えられた変数分離型微分方程式の解を求める．

【例 2.5】 [変数分離型微分方程式の解]

1. 微分方程式 $\dfrac{du}{dx}(x) = a(x)u(x)$

   変数分離型微分型式表現： $\dfrac{1}{u(x)} du = a(x) dx$

   変数分離型積分型式表現： $\int \dfrac{1}{u(x)} du = \int a(x) dx$

   ↓

$$\log|u(x)| = \int a(x)dx$$

解の表現： $u(x) = \pm e^{\int a(x)dx+\bar{c}} = ce^{\int a(x)dx} \quad (c = \pm e^{\bar{c}})$

2. 微分方程式 $\dfrac{du}{dx}(x) = -\dfrac{1+u(x)}{1+x}$

変数分離型微分型式表現： $\dfrac{1}{1+u(x)}du = -\dfrac{1}{1+x}dx$

変数分離型積分型式表現： $\displaystyle\int \dfrac{1}{1+u(x)}du = -\int \dfrac{1}{1+x}dx$

$$\downarrow$$

$$\log|1+u(x)| = -\log|1+x| + \bar{c}$$

$$\downarrow$$

$$(1+u(x))(1+x) = \pm e^{\bar{c}}$$

解の表現： $u(x) = \dfrac{c}{1+x} - 1 \quad (c = \pm e^{\bar{c}})$

2.6.2 同次型微分方程式

1階微分方程式の中には一見，変数分離型微分方程式には見えないが，関数を変換することによって変数分離型微分方程式に帰着させることができる場合がある．そのような場合として次のような形式の微分方程式が存在する．

$$\frac{du}{dx}(x) = k\left(\frac{u(x)}{x}\right) \tag{2.44}$$

この右辺は変数が $\dfrac{u(x)}{x}$ として一まとめに表されているような関数 k として与えられているので，このタイプの微分方程式は，**同次型微分方程式** (homogeneous differential equation) とよばれている（参考文献 [21]）．この微分方程式の解法は，以下に示すように変数分離型解法が適用できる．

関数 k の変数 $\dfrac{u(x)}{x}$ を変換して，$v(x)$ とおく．すなわち，

$$v(x) = \frac{u(x)}{x} \quad \to \quad u(x) = xv(x) \tag{2.45}$$

この表現を用いて微分方程式 (2.44) を書き換えると，
$$\frac{du}{dx}(x) = \frac{d}{dx}(xv(x)) = v(x) + x\frac{dv}{dx}(x) = k(v(x))$$
となり，新しい未知関数 $v(x)$ に関する次のような"変数分離型微分方程式"を得る．
$$\frac{dv}{dx}(x) = \frac{k(v(x)) - v(x)}{x} \tag{2.46}$$
この変数分離型積分型式表現は次のようになる．
$$\int \frac{1}{k(v(x)) - v(x)} dv = \int \frac{1}{x} dx = \log|x| + c \tag{2.47}$$

したがって，与えられた関数 k について上記の積分表現 (2.47) の左辺の積分が得られるならば，関数 $v(x)$ から求める解 $u(x)$ が定められる．次の例で具体的な同次型微分方程式の解を求めてみる．

【例 2.6】　[同次型微分方程式の解]

同次型微分方程式： $\dfrac{du}{dx}(x) = \dfrac{u(x)^2 - x^2}{2xu(x)} = \dfrac{1}{2}\left(\dfrac{u(x)}{x} - \dfrac{x}{u(x)}\right)$

未知関数の変換： $v(x) = \dfrac{1}{x}u(x)$

変数分離型微分方程式： $v(x) + x\dfrac{dv}{dx}(x) = \dfrac{1}{2}\left(v(x) - \dfrac{1}{v(x)}\right)$

$$\downarrow$$

$$\frac{dv}{dx}(x) = -\frac{v(x)^2 + 1}{2xv(x)}$$

変数分離型微分型式表現： $-\dfrac{2v(x)}{v(x)^2 + 1} dv = \dfrac{1}{x} dx$

変数分離型積分型式表現： $-\displaystyle\int \dfrac{2v(x)}{v(x)^2 + 1} dv = \displaystyle\int \dfrac{1}{x} dx$

$$\downarrow$$

$\log|(v(x)^2 + 1)x| = \bar{c} \quad \rightarrow \quad x(v(x)^2 + 1) = \pm e^{\bar{c}} \equiv c$

解の表現： $u(x)^2 + x^2 = cx$

2.7　ロジスティック方程式

2.7.1　変数分離型解法

1.3 節で紹介したロジスティック方程式 (1.17) を再び考える．この微分方程式はすでに指摘したように変数分離型であるので，非線形方程式ではあるが，前節で展開した解法が適用でき，解析的に解が求められる．そこでロジスティック方程式を改めて次のように与える．

$$\frac{du}{dx}(x) = (\alpha - \beta u(x))u(x) \quad (\alpha, \beta > 0) \tag{2.48}$$

上式の解として，$u(x) \neq 0$ 以外の解を求めるものとし，次のように変形する．

$$\frac{1}{(\alpha - \beta u(x))u(x)} \frac{du}{dx}(x) = 1 \tag{2.49}$$

ここで，左辺の導関数の係数部分を部分分数に分解することによって次のような変数分離型積分表現を得る．

$$\frac{1}{\alpha} \int \left(\frac{1}{u(x)} - \frac{1}{u(x) - \frac{\alpha}{\beta}} \right) du = \int 1 dx \tag{2.50}$$

この両辺を各々の変数で積分すると，次のような表現を得る．

$$\frac{u(x)}{u(x) - \frac{\alpha}{\beta}} = \pm e^{\alpha x + \bar{c}} = c e^{\alpha x} \quad (c = \pm e^{\bar{c}}) \tag{2.51}$$

ここで，初期条件：$u(0) = u_0$ が与えられている場合には，解は次のようになる．

$$u(x) = \frac{\frac{\alpha}{\beta} u_0 e^{\alpha x}}{\frac{\alpha}{\beta} + u_0(e^{\alpha x} - 1)} = \frac{\frac{\alpha}{\beta}}{1 + \frac{\alpha - \beta u_0}{\beta u_0} e^{-\alpha x}} \tag{2.52}$$

この解について与えられた初期値 u_0 から $x \to \infty$ に対する挙動を調べると，次のようになる．

$$\lim_{x \to \infty} u(x) = \frac{\alpha}{\beta} \tag{2.53}$$

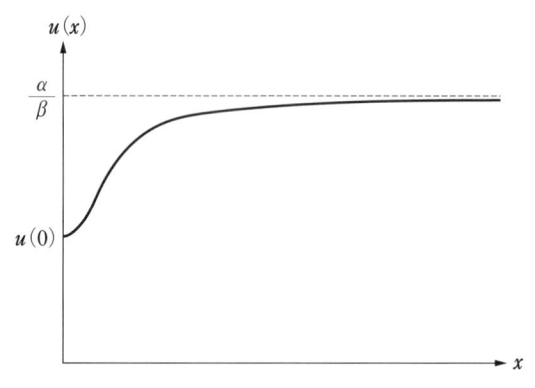

図 2.5 ロジスティック曲線

すなわち，$x \to \infty$ に対しロジスティック方程式の解 $u(x)$ は，そこに含まれる 2 つの定数 α と β との比 $\dfrac{\alpha}{\beta}$ に収束することになる．この解のグラフは**ロジスティック曲線**とよばれ，図 2.5 のようになる．

この図からも明らかなように，解は $x\,(>0)$ の小さな範囲では，指数関数型の増加を示すが，x がある値よりも大きくなると一定値関数（直線）$u(x) = \dfrac{\alpha}{\beta}$ に漸近していくことになる．なお，この収束値 $\dfrac{\alpha}{\beta}$ は，ロジスティック方程式 (2.48) の右辺を 0 とおくことによって得られる．このとき，微分方程式 (2.48) は，$\dfrac{du}{dx}(x) = 0$ となり，関数 $u(x)$ の変動がなくなることになるので，このような解：$u(x) = 0, \dfrac{\alpha}{\beta}$ を微分方程式の**定常解**(steady solution) または**平衡解**(equilibrium solution) とよんでいる．

2.7.2 数値解法（差分解法）

ロジスティック方程式 (2.48) はその右辺が未知関数 $u(x)$ の 2 次項として与えられているので，微分方程式の分類（1.2 節参照）からすると "非線形微分方程式" である．しかし，分類上は非線形微分方程式であっても，すでに示したように変数分離型解法を用いることによって積分演算から厳正解を解析的に求めることができた．

一般的には非線形微分方程式を解析的に解いてその厳正解を定めることが

難しいので，それに代わる方法として近似的に解を求める方法，すなわち"近似解法"が用いられている．近似解法としてさまざまな解法が知られている（参考文献 [13]）．その中でも数値的に解く方法としての"数値解法"が用いられていることが多い（参考文献 [16], [19]）．そこで，数値解法の代表的な方法として"差分法"を紹介する．

差分法の基本的な考え方は，導関数に対してたとえば x の増分 Δx に関して次のような近似を導入することである．

$$\frac{du}{dx}(x) \approx \frac{u(x+\Delta x)-u(x)}{\Delta x} \tag{2.54}$$

すなわち，関数の導関数を"関数の平均変化率"として近似する．そこで，このような導関数の近似を**差分近似**(finite difference approximation) とよび，この差分近似に基づいた数値計算法を**差分法**(finite difference method) とよぶ．

ロジスティック方程式 (2.48) に上記の差分近似 (2.54) を適用すると，

$$\frac{u(x+\Delta x)-u(x)}{\Delta x} = (\alpha - \beta u(x))u(x) \to$$
$$u(x+\Delta x) = \{1+(\alpha-\beta u(x))\Delta x\}u(x) \tag{2.55}$$

となる．そこで，上式を簡潔に表現するために次のように書き換える．

$$X(x+\Delta x) = aX(x)(1-X(x)) \tag{2.56}$$

ただし，次のような係数と関数を導入する．

$$a = 1 + \alpha\Delta x, \qquad X(x) = \frac{\beta\Delta x}{a}u(x) \tag{2.57}$$

さらに，変数 x の与えられた区間をその増分 $\Delta x \equiv h$ でたとえば等分割するものとすれば，任意の x は n を整数として，$x = nh$, $x + \Delta x = (n+1)h$ となるので，式 (2.56) は，任意の整数 n に関して次のように書き換えられる．

$$X_{n+1} \equiv X((n+1)h) = aX(nh)(1-X(nh)) \equiv aX_n(1-X_n) \tag{2.58}$$

したがって，この式 (2.58) から $n = 0$ における X_0 が与えられれば，下記のように近似解 X_n $(n = 1, 2, \cdots)$ が次々に計算できることになる．

$$X_0 = \frac{\beta h}{1 + \alpha h} u(0) = \frac{\beta h}{1 + \alpha h} u_0$$
$$X_1 = aX_0(1 - X_0)$$
$$X_2 = aX_1(1 - X_1)$$
$$\vdots$$
$$X_{n+1} = aX_n(1 - X_n)$$

以上によって，非線形微分方程式であるロジスティック方程式 (2.48) は，差分近似 (2.54) を用いることによって，与えられた初期値から簡単な4則計算によって近似値を次々と求められたことになる．すなわち，微分方程式の解を近似的ではあるが，数値的に求めることができた．ここで用いた差分近似 (2.54) による微分方程式 (2.48) の代数的な表現式 (2.58) は，番号 n の値 X_n から次の番号 $n+1$ の値 X_{n+1} を単純な代数式で定めているので，**陽的差分スキーム**(explicit finite difference scheme) とよばれている．この差分スキーム (2.58) を用いた数値計算例を次に示す．

【例 2.7】 ［ロジスティック方程式の陽的差分スキームによる数値解］

1. $a = 1.0, \quad X_0 = 0.1$

$$X_1 = 1.0(0.1)(1 - 0.1) = 0.09$$
$$X_2 = 1.0(0.09)(1 - 0.09) = 0.0819$$
$$X_3 = 1.0(0.0819)(1 - 0.089) = 0.075$$
$$\vdots$$

2. $a = 3.0, \quad X_0 = 0.1$

$$X_1 = 3.0(0.1)(1 - 0.1) = 0.27$$
$$X_2 = 3.0(0.27)(1 - 0.27) = 0.5913$$

$$X_3 = 3.0(0.5913)(1 - 0.5913) = 0.725$$
$$\vdots$$

3. $a = 4.0, \quad X_0 = 0.1$

$$X_1 = 4.0(0.1)(1 - 0.1) = 0.36$$
$$X_2 = 4.0(0.36)(1 - 0.36) = 0.9216$$
$$X_3 = 4.0(0.9216)(1 - 0.9216) = 0.2890$$
$$\vdots$$

2.7.3 リターンマップ法

陽的差分スキーム (2.58) を用いて例 2.7 で示したように，パラメータ a と初期値 X_0 とを与えることによって数値的に X_n を次々と定めることができた．ここでは，このスキームの形式に注目して，左辺を直線 $Y = X$，右辺を放物線 $Y = aX(1 - X)$ と考えることによって，ある値から出発し，この直線と放物線の交点を次々と定めるような図式解法を紹介する．

図式解法を適用する際に，変数 X の範囲を $0 \leq X \leq 1$ とする．このような X に対して定まる Y も同様な範囲とすると，差分スキーム (2.58) に含まれるパラメータ a の取り得る範囲も限定されて $0 < a \leq 4$ となる（図 2.6）．このような変数とパラメータの範囲に対して，差分スキーム (2.58) の図式解法を次のように考える．

まず始めに X 軸上に与えられた初期値 X_0 をとる．その X_0 に対して，右辺の値 $aX_0(1 - X_0)$ は直線 $Y = X$ と放物線 $Y = aX(1 - X)$ との交点の Y 座標 Y_0 として与えられることになる．この Y_0 を X_1 として読み替えるのが差分スキームであるから，直線 $Y = Y_0$ と $Y = X$ との交点を X_1 とすればよいことになる．以下このようなプロセスを続けていくことによって，点列 $X_0, X_1, \cdots$ を図式的に求めることができる．このような図式的なプロセスを図 2.7 に示す．なお，このようにロジスティック方程式の陽的差分スキーム

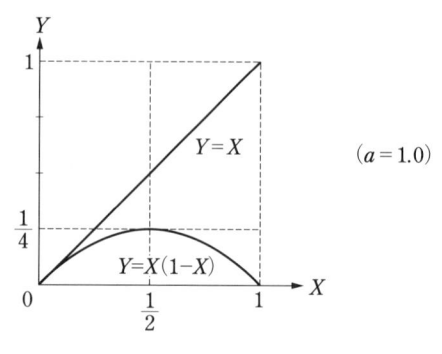

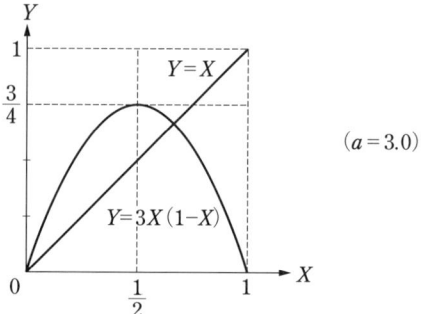

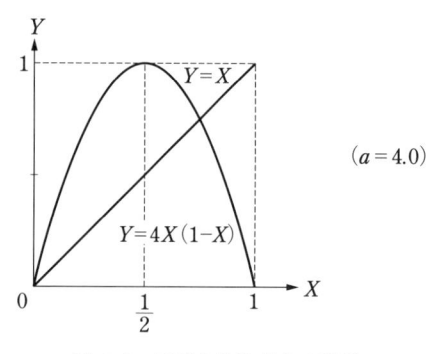

図 2.6 直線と放物線との関係

(2.58) を図式的に求めるプロセスを**リターンマップ法**(return map method) とよんでいる（図 2.8）．

　この方法を用いれば初期値 X_0 からの数値解の変化の状況が $X - Y$ 平面内の正方形領域内の点の動きとして可視化できる．このリターンマップ法を

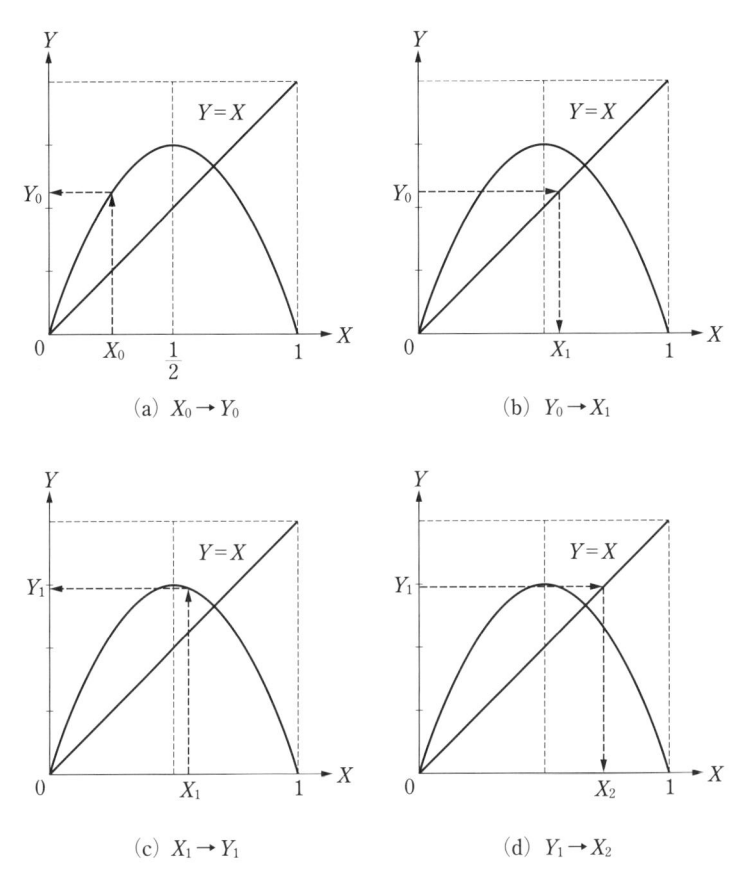

(a) $X_0 \rightarrow Y_0$

(b) $Y_0 \rightarrow X_1$

(c) $X_1 \rightarrow Y_1$

(d) $Y_1 \rightarrow X_2$

図 **2.7** リターンマップ法のプロセス

用いた各パラメータ a に対する数値計算例を図 2.9, 2.10 に示す.

図 2.9, 2.10 に示した数値計算結果をまとめる. $a = 0.8$：数値解は 0 に収束し，$a = 2.3$：数値解は一定値に収束し，$a = 3.1$：番号 n の偶奇に対して 2 つの一定値にそれぞれ収束する. すなわち「2 周期解」となり，$a = 3.5$：「3 周期解」，$a = 4.0$：数値解に周期性が見られず，非周期的な状態となる. このように，パラメータ a が大きくなるにしたがって，数値解は周期的な挙動から次第に複雑な挙動を示し，$a = 4.0$ では非周期的で無秩序な挙動となることがわかる. この非周期的で無秩序な数値解の状態を**カオス**(chaos) と

(a) リターンマップ   (b) n-X_n：$X_{n+1}=aX_n(1-X_n)$

図 **2.8** リターンマップ法

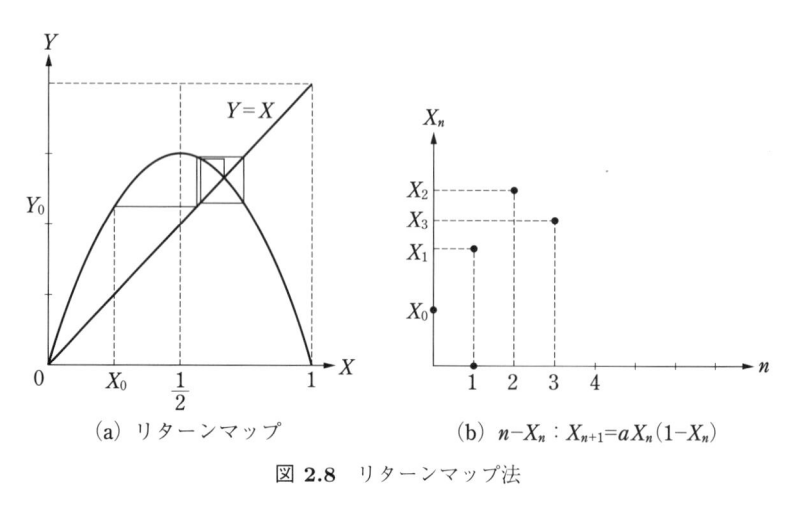

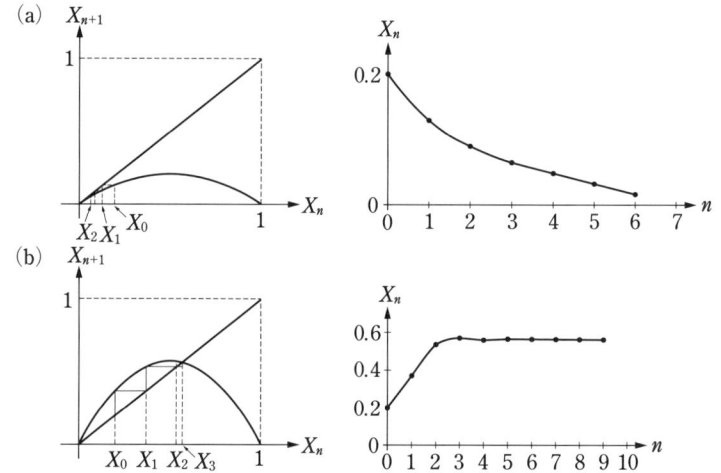

図 **2.9** リターンマップ法による数値解（その1）．(a) $a=0.8, X_0=0.2$（減衰解）．(b) $a=2.3, X_0=0.2$（収束解）．

よんでいる（参考文献 [5]）．

以上の結果，ロジスティック方程式 (2.48) の厳正解 (2.52) は，どのようなパラメータ α, β に対しても，一定値 $\dfrac{\alpha}{\beta}$ に収束することが示されたが，その近似としての数値解はパラメータ $a=1+\alpha h$ の値に依存して単純な挙動か

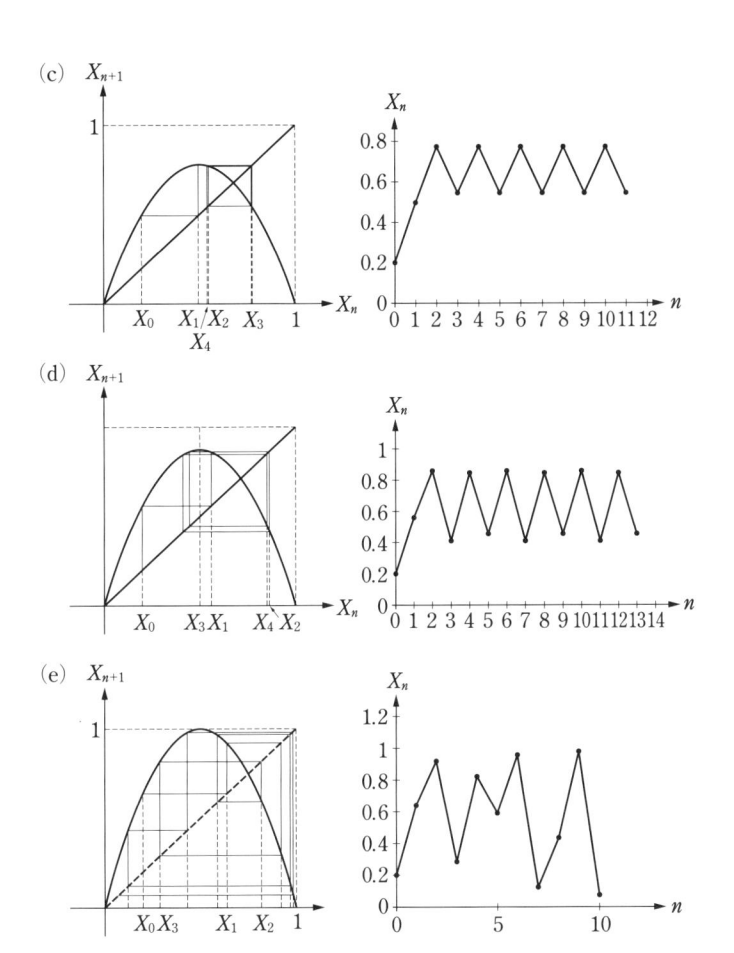

図 2.10 リターンマップ法による数値解（その2）．(c) $a = 3.1, X_0 = 0.22$（2周期解）．
(d) $a = 3.5, X_0 = 0.2$（3周期解）．(e) $a = 4.0, X_0 = 0.2$（カオス解）．

ら複雑な挙動としてのカオス状態まで変化することがわかった．

　常微分方程式の解は，一般にある空間内の滑らかな曲線（解曲線）として表される．一方，その近似である陽的差分スキームによる数値解は，数値計算結果より明らかなように離散的な点列として与えられる．このように数理モデルが非線形として表される場合には，微分方程式としての解析的な厳正解（もし求めることができるとしたならば）と近似的な数値計算スキームよ

り得られる数値解（多くの場合求めることが可能である），すなわち"連続と離散"の間には必ずしも1対1の関係が存在するわけではない．

演習問題

1. 次の線形1階非同次形微分方程式の解を求めよ．

    a. $\dfrac{du}{dx}(x) - u(x) = x$

    b. $\dfrac{du}{dx}(x) - u(x) = \sin x$

    c. $\dfrac{du}{dx}(x) - (\tan x)u(x) = -2\sin x$

2. 次の微分方程式（ベルヌーイの微分方程式）に関する以下の問いに答えよ．
$$\frac{du}{dx}(x) + a(x)u(x) = f(x)u(x)^n \quad (\, n \neq 0, 1 \,)$$

    a. $u(x)^{1-n} \equiv v(x)$ とおくことによって，$v(x)$ に関する微分方程式を導け．

    b. $v(x)$ に関する微分方程式の一般解を与える表現を求めよ．

    c. 次のベルヌーイ型微分方程式の一般解を前問の結果を用いて求めよ．
$$\frac{du}{dx}(x) + \frac{1}{x}u(x) = x^2 u(x)^2$$

3. 次の変数分離型微分方程式の一般解を求めよ．

    a. $\dfrac{du}{dx}(x) = -\dfrac{1+u(x)}{1+x}$

    b. $\dfrac{du}{dx}(x) = -\dfrac{x(u(x)^2+1)}{u(x)(x^2+1)}$

4. 次の微分方程式（相似型微分方程式）に関する以下の問いに答えよ．
$$\frac{du}{dx}(x) = \frac{x+u(x)}{x-u(x)}$$

a. $u(x) = v(x)x$ とし,上式を $v(x)$ に関する変数分離型微分方程式として解を求めよ.

b. 前問の解において,$x = r\cos\phi$, $u = r\sin\phi$ とおいて解を r, u を用いて表せ.

第3章
連立1階微分方程式

3.1　連立 1 階微分方程式の系譜

1.2 節で示したように正規形 n 階微分方程式は連立 1 階微分方程式として表現することができた．また，1.3 節では，力学現象における運動方程式を 2 元連立 1 階微分方程式として与えられることも示した．本章では，さまざまな形式の連立 1 階微分方程式の解法について述べる．なお，本章で対象とする連立 1 階微分方程式の系譜を参考のために図 3.1 に示す．

3.2　線形自律系

3.2.1　線形自律系の幾何学的意味

ここでは，線形自律系に限定してその解を構成することを考える．この線形自律系に対しては，解の表現とその挙動に関する理論体系が完備している．その理論は線形代数学における線形写像論に基礎をおいている．線形代数学に関する基礎的知識を Appendix A にまとめておいたので適宜参照していただきたい．

```
                    ┌─────────────────────┐
                    │  連立1階微分方程式   │
                    │      (正規形)       │
                    ├─────────────────────┤
                    │ du/dt (t)=g(u(t),t) │
                    └─────────────────────┘
                   ↙                      ↘
    g(u(t),t)=g(u(t))        g(u(t),t)=g(u(t))+f(t)
```

（図：連立1階微分方程式の系譜）

非線形自律系	← f(t)=0	非線形非自律系
$\frac{du}{dt}(t)=g(u(t))$		$\frac{du}{dt}(t)=g(u(t))+f(t)$

↓ g(u(t))=Au(t)　　　　　　　↓ g(u(t))=Au(t)

線形自律系 (線形ベクトル場)	← f(t)=0	線形非自律系
$\frac{du}{dt}(t)=Au(t)$		$\frac{du}{dt}(t)=Au(t)+f(t)$

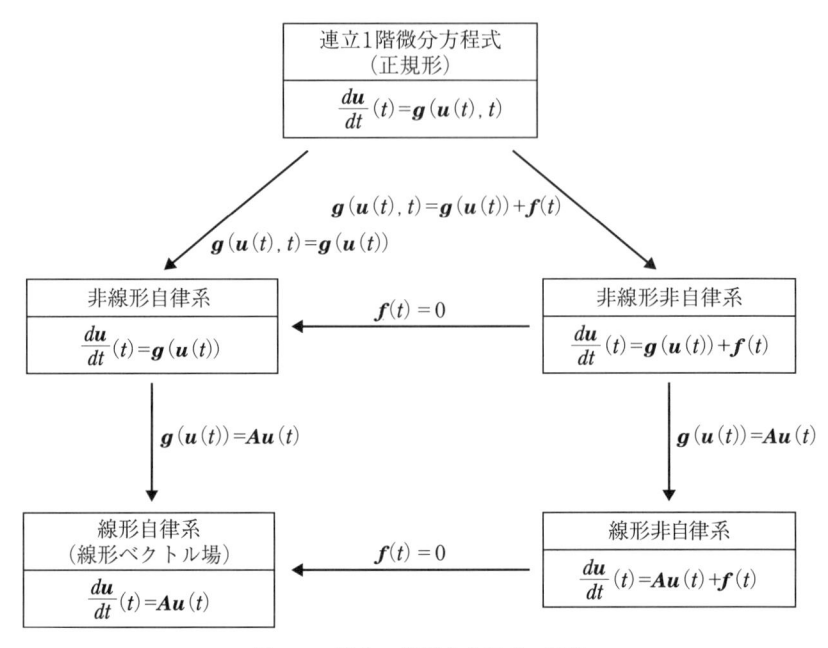

図 3.1　連立 1 階微分方程式の系譜

線形自律系の中でも最も基礎的な次の 2 元連立 1 階微分方程式を考える．

$$\frac{du}{dt}(t) = Au(t) \tag{3.1}$$

ただし，未知ベクトル（関数）$u(t)$ と係数行列 A を次のように与えるものとする．

$$u(t) = \begin{pmatrix} u_1(t) \\ u_2(t) \end{pmatrix} \tag{3.2}$$

$$A = [a_{ij}] = \begin{bmatrix} a_{11} & a_{12} \\ a_{21} & a_{22} \end{bmatrix} \tag{3.3}$$

2 元連立 1 階微分方程式 (3.1)–(3.3) は，線形 2 階定数係数同次形微分方程式として表すことができるが，未知ベクトル $u(t)$ を実変数 t に対して "2 次元ベクトル関数" または "2 次元ベクトル場" と考えることにすると，微分方程式を幾何学的に捉えることができる（参考文献 [2], [3], [6], [10], [20]）．

ベクトル関数 $\boldsymbol{u}(t)$ は変数を t とする 2 つの 1 変数関数の組として与えられている．したがって，変数 t を与えることによって 2 次元空間内の点が定められる．ここで，変数 t を平面内の曲線を表すためのパラメータと考えると，ベクトル関数 $\boldsymbol{u}(t)$ は幾何学的に平面曲線を与えることになる．すると，微分方程式 (3.1) の左辺の導関数は，幾何学的には曲線の接ベクトルを表すことになる．その結果，微分方程式は，曲線の接ベクトルが，右辺で与えられるベクトル $\boldsymbol{Au}(t)$，すなわち，ベクトル $\boldsymbol{u}(t)$ の行列（線形写像）$\boldsymbol{A}$ 倍として与えられるベクトルに等しくなるような平面曲線を定めていることになる．これが，微分方程式 (3.1) の有する幾何学的な意味である．

　平面曲線上の点 $\boldsymbol{u}(t)$ に対して行列 $\boldsymbol{A}$ によるベクトル $\boldsymbol{Au}(t)$ を定めるような行列（線形写像）$\boldsymbol{A}$ は，"2 次元線形ベクトル場" (2-dimensional linear vector field) とよばれている．したがって，微分方程式 (3.1) は，行列 $\boldsymbol{A}$ による線形ベクトル場が "接ベクトル場" (tangential vector field) とよばれる特別なベクトル場を与えることになる．ここで述べた平面曲線，その接ベクトルおよび行列（線形写像）によって与えられる線形ベクトル場の状況を図 3.2 に示しておく．

(a) 曲線と接ベクトル　　(b) 2 次元線形ベクトル場

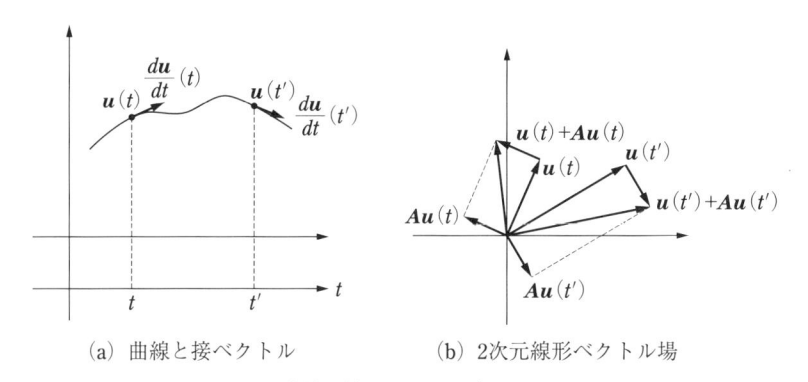

図 3.2　曲線・接ベクトル・線形ベクトル場

　ここで，具体的な行列 $\boldsymbol{A}$ に対して与えられる微分方程式に関する 2 次元ベクトル場とそのベクトル場が接ベクトル場となるような曲線，すなわち微分方程式の解（解ベクトル）を次に示す．

【例 3.1】 [微分方程式の 2 次元ベクトル場と接ベクトル場]

微分方程式： $\dfrac{d\boldsymbol{u}}{dt}(t) = \boldsymbol{A}\boldsymbol{u}(t) = \begin{bmatrix} 0 & -1 \\ 1 & 0 \end{bmatrix} \begin{pmatrix} u_1(t) \\ u_2(t) \end{pmatrix}$

2 次元線形ベクトル場：

$$\boldsymbol{u} = \begin{pmatrix} 0 \\ 0 \end{pmatrix} \quad \rightarrow \quad \boldsymbol{A}\boldsymbol{u} = \begin{pmatrix} 0 \\ 0 \end{pmatrix} = \boldsymbol{0}$$

$$\boldsymbol{u} = \begin{pmatrix} 1 \\ 0 \end{pmatrix} \quad \rightarrow \quad \boldsymbol{A}\boldsymbol{u} = \begin{pmatrix} 0 \\ 1 \end{pmatrix}$$

$$\boldsymbol{u} = \begin{pmatrix} 0 \\ 1 \end{pmatrix} \quad \rightarrow \quad \boldsymbol{A}\boldsymbol{u} = \begin{pmatrix} -1 \\ 0 \end{pmatrix}$$

$$\boldsymbol{u} = \begin{pmatrix} 1 \\ 1 \end{pmatrix} \quad \rightarrow \quad \boldsymbol{A}\boldsymbol{u} = \begin{pmatrix} -1 \\ 1 \end{pmatrix}$$

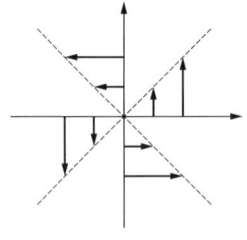

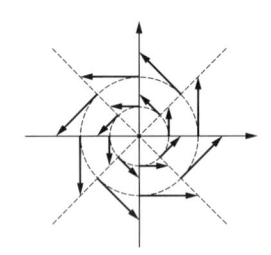

(a) 2次元ベクトル場　　　　(b) 接ベクトル場

図 3.3　行列 $\boldsymbol{A} = \begin{bmatrix} 0 & -1 \\ 1 & 0 \end{bmatrix}$ に対するベクトル場

上記の例における図 3.3 から明らかなように，連立 1 階微分方程式 (3.1) の解または，線形自律系の解曲線 $\boldsymbol{u}(t)$ とは接ベクトル場が与えられたとき曲線の各点でそれに対応する接ベクトルとなるような曲線のことである．したがって，連立 1 階微分方程式 (3.1) の解を幾何学的に求めることができる．まず，平面内に式 (3.1) の右辺で与えられるベクトルをたくさん描く．次に，

そのベクトルを接ベクトルとするような曲線を描き，その曲線を次々に伸ばして解曲線を定める．このような微分方程式の解法を**幾何学的解法**とよぶ．

なお，線形自律系の解曲線が存在する平面（2次元ベクトル空間）を**相平面**(phase plane)，解曲線を**相曲線**(phase curve)，または変数 t の変化に伴ってこの曲線上を点が動くものと考えて**軌道**(orbit) とよぶ．

3.2.2　2次元線形自律系の解

ここでは，連立1階微分方程式 (3.1) の解法として前述の幾何学的解法とは異なる線形写像としての行列 $\boldsymbol{A}$ を用いた代数的解法を述べる．

その基本的なアイデアは，すでに第2章で示した線形1階定数係数同次形微分方程式 (2.11) に対する指数関数解の表現にある．そこで，連立1階微分方程式 (3.1) の一番特別な場合として次の微分方程式の解について復習しておこう．

$$\frac{du}{dt}(t) = au(t)$$

ただし，a は式 (3.1) における行列 $\boldsymbol{A}$ の 1 行 1 列の場合として与えられた定数とする．上記の微分方程式の一般解は，c を積分定数として次のようになる．

$$u(t) = ce^{at}$$

また，初期条件 $u(0) = u_0$ が与えられた場合の解，すなわち初期値問題の解は，次のように与えられる．

$$u(t) = u_0 e^{at}$$

この解の表現を参考にして，指数関数を定数 a の代わりに行列 $\boldsymbol{A}$ に対して拡張することが可能ならば，微分方程式 (3.1) に対しては，次のような解の表現を与えることができることになる．

$$\boldsymbol{u}(t) = e^{\boldsymbol{A}t}\boldsymbol{c} \quad \text{または，} \boldsymbol{u}(t) = e^{\boldsymbol{A}t}\boldsymbol{u_0} \tag{3.4}$$

ただし，$e^{\boldsymbol{A}t}$ は行列 $\boldsymbol{A}$ に対して定義された行列の指数関数とし，ベクトル $\boldsymbol{u}(0) = \boldsymbol{u_0}$ を初期条件から定められる初期ベクトルとする．

行列の指数関数を用いて連立 1 階微分方程式の初期値問題の解（解ベクトル）(3.4) を定めるには行列の指数および指数関数の概念が必要となる．そこで次のような定義を与える．

定義 3.1　行列（線形写像）の指数と指数関数

n 次（n 行 n 列）の行列（線形写像）$\boldsymbol{A}$ に関して，**行列の指数**を数に対する指数にならって，次のような行列の無限級数の和として定義する．

$$e^{\boldsymbol{A}} := \sum_{n=0}^{\infty} \frac{\boldsymbol{A}^n}{n!} = \boldsymbol{I} + \frac{\boldsymbol{A}}{1} + \frac{\boldsymbol{A}^2}{2!} + \cdots + \frac{\boldsymbol{A}^n}{n!} + \cdots \tag{3.5}$$

この行列の指数を基にして，実変数 t に対する次の無限級数の和を**行列の指数関数**とよび，$e^{\boldsymbol{A}t}$ で表す．

$$e^{\boldsymbol{A}t} := \sum_{n=0}^{\infty} \frac{(\boldsymbol{A}t)^n}{n!} = \boldsymbol{I} + \frac{\boldsymbol{A}}{1}t + \frac{\boldsymbol{A}^2}{2!}t^2 + \cdots + \frac{\boldsymbol{A}^n}{n!}t^n + \cdots \tag{3.6}$$

ただし，$\boldsymbol{I}$ は n 次の単位行列（恒等写像）とする．

このように定義された行列の指数関数は，上記の定義 (3.6) から明らかなように行列（線形写像）として与えられていることがわかる．微分方程式の解を求める際に有用な行列の指数関数の性質を以下にまとめておく．

行列の指数関数の性質

1. $\quad \dfrac{d}{dt}e^{\boldsymbol{A}t} = \boldsymbol{A}e^{\boldsymbol{A}t} = e^{\boldsymbol{A}t}\boldsymbol{A}$ 　　　　　　　　　　　　　　(3.7)

2. $\quad e^{\boldsymbol{B}^{-1}\boldsymbol{A}\boldsymbol{B}t} = \boldsymbol{B}^{-1}e^{\boldsymbol{A}t}\boldsymbol{B}$ 　（$\boldsymbol{B}$：正則行列）　　　　(3.8)

3. $\quad e^{(\boldsymbol{A}+\boldsymbol{B})t} = e^{\boldsymbol{A}t}e^{\boldsymbol{B}t}$ 　（$\boldsymbol{AB} = \boldsymbol{BA}$，$\boldsymbol{AB}$：可換行列）　(3.9)

4. $\quad (e^{\boldsymbol{A}t})^{-1} = e^{-\boldsymbol{A}t}$ 　　　　　　　　　　　　　　　　　(3.10)

これらの性質を行列の指数関数の定義 (3.6) と行列の性質を用いて証明しておく．

1. $\displaystyle\frac{d}{dt}e^{\boldsymbol{A}t} = \frac{d}{dt}\left(\boldsymbol{I} + \frac{\boldsymbol{A}}{1}t + \frac{\boldsymbol{A}^2}{2!}t^2 + \cdots + \frac{\boldsymbol{A}^n}{n!}t^n + \cdots\right)$

    $\displaystyle\quad = \boldsymbol{A} + \frac{\boldsymbol{A}^2}{1}t + \frac{\boldsymbol{A}^3}{2!}t^2 + \cdots$

    $\displaystyle\quad = \boldsymbol{A}\left(\boldsymbol{I} + \frac{\boldsymbol{A}}{1}t + \frac{\boldsymbol{A}^2}{2!}t^2 + \cdots\right) = \boldsymbol{A}e^{\boldsymbol{A}t}$

    $\displaystyle\quad = \left(\boldsymbol{I} + \frac{\boldsymbol{A}}{1}t + \frac{\boldsymbol{A}^2}{2!}t^2 + \cdots\right)\boldsymbol{A} = e^{\boldsymbol{A}t}\boldsymbol{A}$

2. $\displaystyle e^{\boldsymbol{B}^{-1}\boldsymbol{A}\boldsymbol{B}t} = \boldsymbol{I} + \frac{\boldsymbol{B}^{-1}\boldsymbol{A}\boldsymbol{B}}{1}t + \frac{(\boldsymbol{B}^{-1}\boldsymbol{A}\boldsymbol{B})^2}{2!}t^2 + \cdots$

    $\displaystyle\quad = \boldsymbol{I} + \frac{\boldsymbol{B}^{-1}\boldsymbol{A}\boldsymbol{B}}{1}t + \frac{\boldsymbol{B}^{-1}\boldsymbol{A}^2\boldsymbol{B}}{2!}t^2 + \cdots$

    $\displaystyle\quad = \boldsymbol{B}^{-1}\left(\boldsymbol{I} + \frac{\boldsymbol{A}}{1}t + \frac{\boldsymbol{A}^2}{2!}t^2 + \cdots\right)\boldsymbol{B}$

    $\displaystyle\quad = \boldsymbol{B}^{-1}e^{\boldsymbol{A}t}\boldsymbol{B}$

ただし，次のような行列の積に関する性質を用いた．

$$(\boldsymbol{B}^{-1}\boldsymbol{A}\boldsymbol{B})^n = (\boldsymbol{B}^{-1}\boldsymbol{A}\boldsymbol{B})(\boldsymbol{B}^{-1}\boldsymbol{A}\boldsymbol{B})\cdots(\boldsymbol{B}^{-1}\boldsymbol{A}\boldsymbol{B})$$
$$= \boldsymbol{B}^{-1}\boldsymbol{A}(\boldsymbol{B}\boldsymbol{B}^{-1})\boldsymbol{A}(\boldsymbol{B}\boldsymbol{B}^{-1})\cdots(\boldsymbol{B}\boldsymbol{B}^{-1})\boldsymbol{A}\boldsymbol{B}$$
$$= \boldsymbol{B}^{-1}\boldsymbol{A}\boldsymbol{A}\cdots\boldsymbol{A}\boldsymbol{B} = \boldsymbol{B}^{-1}\boldsymbol{A}^n\boldsymbol{B}$$

3. $\displaystyle e^{(\boldsymbol{A}+\boldsymbol{B})t} = \boldsymbol{I} + (\boldsymbol{A}+\boldsymbol{B})t + (\boldsymbol{A}+\boldsymbol{B})^2\frac{t^2}{2!} + \cdots$

    $\displaystyle\quad = \boldsymbol{I} + (\boldsymbol{A}+\boldsymbol{B})t + (\boldsymbol{A}^2 + \boldsymbol{A}\boldsymbol{B} + \boldsymbol{B}\boldsymbol{A} + \boldsymbol{B}^2)\frac{t^2}{2!} + \cdots$

    $\displaystyle\quad = \boldsymbol{I} + (\boldsymbol{A}+\boldsymbol{B})t + (\boldsymbol{A}^2 + 2\boldsymbol{A}\boldsymbol{B} + \boldsymbol{B}^2)\frac{t^2}{2!} + \cdots$

一方，

$$e^{\boldsymbol{A}t}e^{\boldsymbol{B}t} = \left(\boldsymbol{I} + \boldsymbol{A}t + \boldsymbol{A}^2\frac{t^2}{2!} + \cdots\right)\left(\boldsymbol{I} + \boldsymbol{B}t + \boldsymbol{B}^2\frac{t^2}{2!} + \cdots\right)$$
$$= \boldsymbol{I}\left(\boldsymbol{I} + \boldsymbol{B}t + \boldsymbol{B}^2\frac{t^2}{2!} + \cdots\right) + \boldsymbol{A}t(\boldsymbol{I} + \boldsymbol{B}t + \cdots)$$

$$+ A^2 \frac{t^2}{2!}(I + \cdots) + \cdots$$
$$= I + (A+B)t + (A^2 + 2AB + B^2)\frac{t^2}{2!} + \cdots$$
$$= e^{(A+B)t}$$

4. $\displaystyle e^{At}e^{-At} = \left(I + At + A^2\frac{t^2}{2!} + \cdots\right)\left(I - At + A^2\frac{t^2}{2!} - \cdots\right)$
$$= I - At + A^2\frac{t^2}{2!} - \cdots + At(I - At + \cdots)$$
$$+ A^2\frac{t^2}{2!}(I - \cdots) + \cdots$$
$$= I + (A - A)t$$
$$+ \left(A^2\frac{1}{2!} - A^2 + A^2\frac{1}{2!}\right)t^2 + \cdots$$
$$= I + Ot + Ot^2 + \cdots = I = e^{At}(e^{At})^{-1}$$

ただし，O は零行列とする．まったく同様にして，

$$e^{-At}e^{At} = I = (e^{At})^{-1}e^{At}$$

となるので，$(e^{At})^{-1} = e^{-At}$ を得る．

このような行列の指数関数の性質を用いることによって，上記の解の表現 (3.4) が 2 元連立 1 階微分方程式の初期値問題の解であることを容易に確かめることができる．この解の表現は，行列 A が，一般的な n 次行列の場合でも成り立つことになる．したがって，解の表現 (3.4) を本章では 2 元連立微分方程式の解として導いたが，n 元連立 1 階微分方程式の初期値問題の解が与えられたと考えてよい．

以下では，行列の指数関数がその定義 (3.6) から簡単に計算できるような場合の 2 元連立 1 階微分方程式の初期値問題に関する例を示す．

【例 3.2】 ［2 元連立 1 階微分方程式（2 次元線形自律系）］
微分方程式の初期値問題：

$$\frac{d\boldsymbol{u}}{dt}(t) = \boldsymbol{A}\boldsymbol{u}(t), \quad \boldsymbol{A} = \begin{bmatrix} 0 & -2 \\ 2 & 0 \end{bmatrix}, \quad \boldsymbol{u}(0) = \boldsymbol{u}_0$$

行列の指数関数：

$$\boldsymbol{A}^2 = \begin{bmatrix} -4 & 0 \\ 0 & -4 \end{bmatrix} = -4 \begin{bmatrix} 1 & 0 \\ 0 & 1 \end{bmatrix} = -4\boldsymbol{I}$$

$$\boldsymbol{A}^3 = \boldsymbol{A}^2 \boldsymbol{A} = -4\boldsymbol{I}\boldsymbol{A} = -4\boldsymbol{A}$$

$$\boldsymbol{A}^4 = \boldsymbol{A}^3 \boldsymbol{A} = -4\boldsymbol{A}\boldsymbol{A} = -4\boldsymbol{A}^2 = (-4)^2 \boldsymbol{I}$$

$$\boldsymbol{A}^{2n} = (-4)^n \boldsymbol{I}, \quad \boldsymbol{A}^{2n+1} = (-4)^n \boldsymbol{A} \quad (n = 1, 2, 3, \cdots)$$

$$\begin{aligned}
e^{\boldsymbol{A}t} &= \boldsymbol{I} + \boldsymbol{A}t + (-4)\boldsymbol{I}\frac{t^2}{2!} + (-4)\boldsymbol{A}\frac{t^3}{3!} + (-4)^2 \boldsymbol{I}\frac{t^4}{4!} + \cdots \\
&= \begin{bmatrix} 1 & 0 \\ 0 & 1 \end{bmatrix} + \begin{bmatrix} 0 & -2t \\ 2t & 0 \end{bmatrix} + \begin{bmatrix} -2t^2 & 0 \\ 0 & -2t^2 \end{bmatrix} + \begin{bmatrix} 0 & \dfrac{4t^3}{3} \\ -\dfrac{4t^3}{3} & 0 \end{bmatrix} + \cdots \\
&= \begin{bmatrix} 1 - \dfrac{(2t)^2}{2!} + \dfrac{(2t)^4}{4!} - \cdots & -\dfrac{2t}{1} + \dfrac{(2t)^3}{3!} - \dfrac{(2t)^5}{5!} + \cdots \\ \dfrac{2t}{1} - \dfrac{(2t)^3}{3!} + \dfrac{(2t)^5}{5!} - \cdots & 1 - \dfrac{(2t)^2}{2!} + \dfrac{(2t)^4}{4!} - \cdots \end{bmatrix} \\
&= \begin{bmatrix} \cos(2t) & -\sin(2t) \\ \sin(2t) & \cos(2t) \end{bmatrix}
\end{aligned}$$

初期値問題の解：

$$\begin{aligned}
\boldsymbol{u}(t) = e^{\boldsymbol{A}t} \boldsymbol{u}(0) &= e^{\boldsymbol{A}t} \boldsymbol{u}_0 \\
&= \begin{bmatrix} \cos(2t) & -\sin(2t) \\ \sin(2t) & \cos(2t) \end{bmatrix} \begin{pmatrix} u_1(0) \\ u_2(0) \end{pmatrix} \\
&= \begin{pmatrix} u_1(0)\cos(2t) - u_2(0)\sin(2t) \\ u_1(0)\sin(2t) + u_2(0)\cos(2t) \end{pmatrix}
\end{aligned}$$

3.2.3 行列の指数関数による解の表現

上記の例のように与えられた行列の n 乗が簡単に求められる場合には，その指数関数を定義 (3.6) を用いて容易に計算できることになる．しかし一般には，行列の n 乗の計算は困難になるので，与えられた行列に対してその n 乗計算を簡単化することができるように行列を変形することが必要となる．そのような行列の変形に対して，"行列の対角化"，"ジョルダンの標準形化"，"スペクトル分解" が存在している（Appendix A, B 参照）．とくに，行列のスペクトル分解は，微分方程式 (3.1) の解の表現 (3.4) を具体的に表すのに大変有効となる．そこで，解の表現を行列のスペクトル分解を用いて与えることにする．

まず始めに，2 次行列の特性根（固有値）に関するスペクトル分解の基本的な事項を以下にまとめておく（参考文献 [6]）．

---

2 次行列のスペクトル分解

1. 相異なる 2 実根： $\lambda_1, \ \lambda_2$

$$\boldsymbol{A} = \lambda_1 \boldsymbol{P}_1 + \lambda_2 \boldsymbol{P}_2 \tag{3.11}$$

ただし，射影行列 $\boldsymbol{P}_1, \boldsymbol{P}_2$ を次のように与える．

$$\boldsymbol{P}_1 = \frac{1}{\lambda_1 - \lambda_2}(\boldsymbol{A} - \lambda_2 \boldsymbol{I}), \ \boldsymbol{P}_2 = \frac{1}{\lambda_2 - \lambda_1}(\boldsymbol{A} - \lambda_1 \boldsymbol{I}) \tag{3.12}$$

2. 重根： $\lambda_1 = \lambda_2 \equiv \lambda$

$$\text{a. 対角化可能行列：} \quad \boldsymbol{A} = \lambda \boldsymbol{I} \tag{3.13}$$
$$\text{b. 対角化不可能行列：} \quad \boldsymbol{A} = \boldsymbol{S} + \boldsymbol{N} \tag{3.14}$$

ただし，

$$\boldsymbol{S} = \lambda \boldsymbol{I}, \quad \boldsymbol{N} = \boldsymbol{A} - \lambda \boldsymbol{I}$$

$$SN = NS, \quad N^2 = (A - \lambda I)^2 = O \quad (\text{ベキ零行列})$$

3. 共役複素根： $\lambda_1 = \alpha + i\beta, \quad \lambda_2 = \alpha - i\beta = \overline{\lambda_1}$

$$A = \lambda_1 P_1 + \lambda_2 P_2 = \lambda_1 P_1 + \overline{\lambda_1}\, \overline{P_1} = \lambda_1 P_1 + \overline{\lambda_1 P_1} \quad (3.15)$$

ただし，

$$P_1 = \frac{1}{\lambda_1 - \overline{\lambda_1}}(A - \overline{\lambda_1} I), \quad P_2 = \frac{1}{\overline{\lambda_1} - \lambda_1}(A - \lambda_1 I) = \overline{P_1} \quad (3.16)$$

上記のスペクトル分解において重要な役割を果たす射影行列の定義については，巻末の Appendix A で述べることとするが，その性質については，次のようにまとめて示しておく．

射影行列の性質

1. 射影行列：P_1, P_2 は線形空間上の線形写像（の表現行列）である．
$$(3.17)$$
2. $P_1 + P_2 = I$ \hfill (3.18)
3. $P_1 P_1 = P_1^2 = P_1, \quad P_2 P_2 = P_2^2 = P_2$ \hfill (3.19)
4. $P_1 P_2 = P_2 P_1 = O$ \hfill (3.20)

以下に，具体的な 2 次行列に対するスペクトル分解を示す．

【例 3.3】 [2 次行列のスペクトル分解]

1. 相異なる 2 つの実固有値を有する行列：

$$A = \begin{bmatrix} 0 & -2 \\ -2 & 0 \end{bmatrix}$$

固有値：

$$|A - \lambda I| = \begin{vmatrix} -\lambda & -2 \\ -2 & -\lambda \end{vmatrix} = \lambda^2 - 4 = (\lambda - 2)(\lambda + 2) = 0$$

$$\lambda_1 = -2, \quad \lambda_2 = 2$$

射影行列：

$$P_1 = \frac{1}{-2-2}(A - 2I) = \begin{bmatrix} \frac{1}{2} & \frac{1}{2} \\ \frac{1}{2} & \frac{1}{2} \end{bmatrix}$$

$$P_2 = I - P_1 = \begin{bmatrix} \frac{1}{2} & -\frac{1}{2} \\ -\frac{1}{2} & \frac{1}{2} \end{bmatrix}$$

スペクトル分解：

$$A = -2P_1 + 2P_2 = \begin{bmatrix} -1 & -1 \\ -1 & -1 \end{bmatrix} + \begin{bmatrix} 1 & -1 \\ -1 & 1 \end{bmatrix} = \begin{bmatrix} 0 & -2 \\ -2 & 0 \end{bmatrix}$$

2. 1つの実固有値を有する行列：

$$A = \begin{bmatrix} 0 & -2 \\ 2 & -4 \end{bmatrix}$$

固有値：

$$|A - \lambda I| = \begin{vmatrix} -\lambda & -2 \\ 2 & -4-\lambda \end{vmatrix} = \lambda(4+\lambda) + 4 = (\lambda + 2)^2 = 0$$

$$\lambda_1 = \lambda_2 = -2$$

一般スペクトル分解：

$$A = -2I + (A - (-2)I) = -2I + (A + 2I)$$

$$S = -2I, \quad N = (A + 2I) = \begin{bmatrix} 2 & -2 \\ 2 & -2 \end{bmatrix} \quad (N^2 = O)$$

3. 共役複素固有値を有する行列：
$$A = \begin{bmatrix} -1 & 1 \\ -1 & -1 \end{bmatrix}$$

固有値：
$$|A - \lambda I| = \begin{vmatrix} -1-\lambda & 1 \\ -1 & -1-\lambda \end{vmatrix} = (1+\lambda)^2 + 1 = 0$$
$$\lambda_1 = -1 - i, \quad \lambda_2 = -1 + i = \overline{\lambda_1}$$

射影行列（複素線形空間上）：
$$P_1 = \frac{1}{(-1-i)-(-1+i)}(A - (-1+i)I) = \begin{bmatrix} \dfrac{1}{2} & \dfrac{i}{2} \\ -\dfrac{i}{2} & \dfrac{1}{2} \end{bmatrix}$$
$$= \begin{bmatrix} \dfrac{1}{2} & 0 \\ 0 & \dfrac{1}{2} \end{bmatrix} + i \begin{bmatrix} 0 & \dfrac{1}{2} \\ -\dfrac{1}{2} & 0 \end{bmatrix} \equiv Q_1 + iQ_2$$
$$P_2 = \frac{1}{-1+i-(-1-i)}(A - (-1-i)I) = \begin{bmatrix} \dfrac{1}{2} & -\dfrac{i}{2} \\ \dfrac{i}{2} & \dfrac{1}{2} \end{bmatrix}$$
$$= \begin{bmatrix} \dfrac{1}{2} & 0 \\ 0 & \dfrac{1}{2} \end{bmatrix} - i \begin{bmatrix} 0 & \dfrac{1}{2} \\ -\dfrac{1}{2} & 0 \end{bmatrix} \equiv Q_1 - iQ_2 = \overline{P_1} = I - P_1$$

スペクトル分解：
$$A = (-1-i)P_1 + (-1+i)P_2 = \begin{bmatrix} -1 & 1 \\ -1 & -1 \end{bmatrix}$$
$$= 2\Re(\lambda_1 P_1) = 2(Q_2 - Q_1)$$

ただし，$\Re$ は複素行列の実部をとる操作を表すものとする．
4. 純虚数固有値を有する行列：

$$A = \begin{bmatrix} 0 & 1 \\ -1 & 0 \end{bmatrix}$$

固有値：

$$|A - \lambda I| = \begin{vmatrix} -\lambda & 1 \\ -1 & -\lambda \end{vmatrix} = \lambda^2 - (-1) = 0$$

$$\lambda_1 = -i, \quad \lambda_2 = i$$

射影行列（複素線形空間上）：

$$P_1 = \frac{1}{-i-i}(A - iI) = \frac{i}{2}(A - iI)$$

$$= \begin{bmatrix} \dfrac{1}{2} & \dfrac{i}{2} \\ -\dfrac{i}{2} & \dfrac{1}{2} \end{bmatrix}$$

$$P_2 = I - P_1 = \begin{bmatrix} \dfrac{1}{2} & -\dfrac{i}{2} \\ \dfrac{i}{2} & \dfrac{1}{2} \end{bmatrix}$$

スペクトル分解：

$$A = -iP_1 + iP_2 = \begin{bmatrix} 0 & 1 \\ -1 & 0 \end{bmatrix}$$

$$= 2\Re(\lambda_1 P_1) = 2 \begin{bmatrix} 0 & \dfrac{1}{2} \\ -\dfrac{1}{2} & 0 \end{bmatrix} = \begin{bmatrix} 0 & 1 \\ -1 & 0 \end{bmatrix}$$

行列 A のスペクトル分解を用いると，"射影行列の性質" が考慮でき行列の指数関数 e^{At} の計算が以下に示すように容易になる．したがって，微分方

程式 (3.1) の解 (3.4) の具体的な表現（解の公式）が前記の「2 次行列のスペクトル分解」に対応して与えられることになり，それを以下に示す．

1. 相異なる 2 実根：λ_1, λ_2 を有する場合

    行列の指数関数：

$$
\begin{aligned}
e^{\boldsymbol{A}t} &= e^{(\lambda_1 \boldsymbol{P}_1 + \lambda_2 \boldsymbol{P}_2)} \\
&= \boldsymbol{I} + (\lambda_1 \boldsymbol{P}_1 + \lambda_2 \boldsymbol{P}_2)t + (\lambda_1 \boldsymbol{P}_1 + \lambda_2 \boldsymbol{P}_2)^2 \frac{t^2}{2!} + \cdots \\
&= \left(1 + \lambda_1 t + \lambda_1^2 \frac{t^2}{2!} + \cdots\right) \boldsymbol{P}_1 + \left(1 + \lambda_2 t + \lambda_2^2 \frac{t^2}{2!} + \cdots\right) \boldsymbol{P}_2 \\
&= e^{\lambda_1 t} \boldsymbol{P}_1 + e^{\lambda_2 t} \boldsymbol{P}_2 \tag{3.21}
\end{aligned}
$$

解の表現：

$$
\begin{aligned}
\boldsymbol{u}(t) &= e^{\boldsymbol{A}t} \boldsymbol{u}(0) \\
&= e^{\lambda_1 t} \boldsymbol{P}_1 \boldsymbol{u}(0) + e^{\lambda_2 t} \boldsymbol{P}_2 \boldsymbol{u}(0) \tag{3.22}
\end{aligned}
$$

上記の解の表現から，そこに含まれている射影行列の幾何学的意味を用いることによって，与えられた初期ベクトル $\boldsymbol{u}(0)$ に対し任意の t における解ベクトル $\boldsymbol{u}(t)$ が得られる状況を図 3.4 に示しておく．

(a) $\boldsymbol{u}(0)$ の射影分解　　(b) 解 $\boldsymbol{u}(t)$

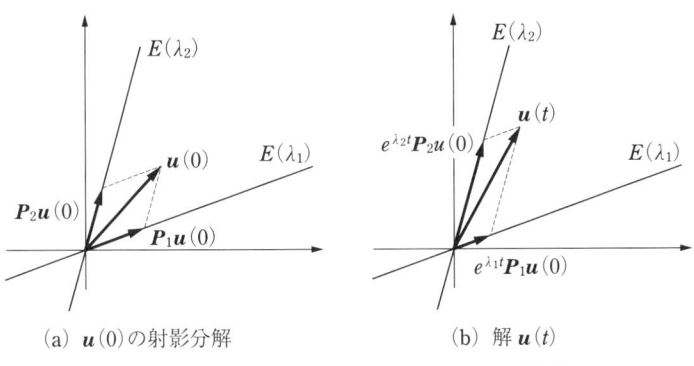

図 **3.4**　行列のスペクトル分解による解の構成

2. 重根（実数）：$\lambda_1 = \lambda_2 \equiv \lambda$ を有する場合

    行列の指数関数：

(a) 初期ベクトル $\boldsymbol{u}(0)$ (b) 解 $\boldsymbol{u}(t)$

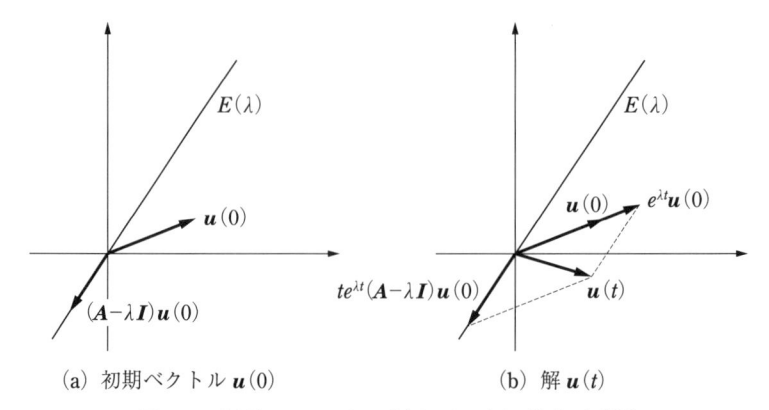

図 **3.5** 行列のスペクトル分解による解の構成（重根）

$$
\begin{aligned}
e^{\boldsymbol{A}t} &= e^{\{\lambda \boldsymbol{I}+(\boldsymbol{A}-\lambda \boldsymbol{I})\}t} = e^{\lambda \boldsymbol{I}t}e^{(\boldsymbol{A}-\lambda \boldsymbol{I})t} \\
&= e^{\lambda t}\boldsymbol{I}\left\{\boldsymbol{I}+(\boldsymbol{A}-\lambda \boldsymbol{I})t+(\boldsymbol{A}-\lambda \boldsymbol{I})^2\frac{t^2}{2!}+\cdots\right\} \\
&= e^{\lambda t}\{\boldsymbol{I}+(\boldsymbol{A}-\lambda \boldsymbol{I})t\}
\end{aligned}
\tag{3.23}
$$

解の表現：

$$
\begin{aligned}
\boldsymbol{u}(t) &= e^{\boldsymbol{A}t}\boldsymbol{u}(0) \\
&= e^{\lambda t}\{\boldsymbol{I}+(\boldsymbol{A}-\lambda \boldsymbol{I})t\}\boldsymbol{u}(0) \\
&= e^{\lambda t}\boldsymbol{u}(0) + te^{\lambda t}(\boldsymbol{A}-\lambda \boldsymbol{I})\boldsymbol{u}(0)
\end{aligned}
\tag{3.24}
$$

上記の解の幾何学的構成を図 3.5 に示す．

3. 共役な複素根：$\lambda_1 = \alpha + i\beta,\ \lambda_2 = \alpha - i\beta$ を有する場合

行列の指数関数：

$$
\begin{aligned}
e^{\boldsymbol{A}t} &= e^{(\lambda_1 \boldsymbol{P}_1 + \lambda_2 \boldsymbol{P}_2)t} = e^{\lambda_1 t}\boldsymbol{P}_1 + e^{\overline{\lambda_1}t}\overline{\boldsymbol{P}_1} \\
&= 2\Re(e^{\lambda_1 t}\boldsymbol{P}_1) \\
&= 2\Re\{e^{(\alpha+i\beta)t}(\boldsymbol{Q}_1 + i\boldsymbol{Q}_2)\} \\
&= 2\Re\{e^{\alpha t}(\cos(\beta t)+i\sin(\beta t))(\boldsymbol{Q}_1 + i\boldsymbol{Q}_2)\} \\
&= 2e^{\alpha t}(\cos(\beta t)\,\boldsymbol{Q}_1 - \sin(\beta t)\,\boldsymbol{Q}_2)
\end{aligned}
\tag{3.25}
$$

(a) $\boldsymbol{u}(0)$ および $\boldsymbol{Q}_2\boldsymbol{u}(0)$ (b) 解 $\boldsymbol{u}(t)$

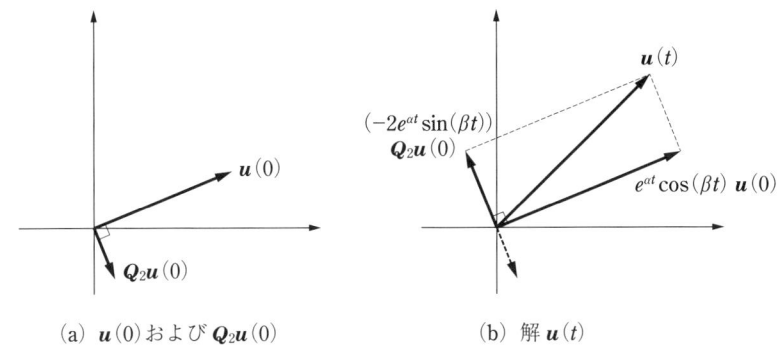

図 3.6 行列のスペクトル分解による解の構成（共役な複素根）

解の表現：

$$\begin{aligned}
\boldsymbol{u}(t) &= e^{\boldsymbol{A}t}\boldsymbol{u}(0) \\
&= 2e^{\alpha t}(\cos(\beta t)\,\boldsymbol{Q}_1\boldsymbol{u}(0) - \sin(\beta t)\,\boldsymbol{Q}_2\boldsymbol{u}(0)) \\
&= e^{\alpha t}(\cos(\beta t)\,\boldsymbol{u}(0) - 2\sin(\beta t)\,\boldsymbol{Q}_2\boldsymbol{u}(0)) \qquad (3.26)\\
&(\ \boldsymbol{u}(0) = 2\boldsymbol{Q}_1\boldsymbol{u}(0) = \boldsymbol{I}\boldsymbol{u}(0) \ \rightarrow \ 2\boldsymbol{Q}_1 = \boldsymbol{I})
\end{aligned}$$

上記の解の幾何学的構成を図 3.6 に示す．

以上で与えた 2 元連立微分方程式 (3.1) に対する解の公式を用いて，すでに例 3.3 で示した各行列に関する連立微分方程式の解を具体的に構成してみよう．

【例 3.4】　[2 元連立微分方程式の初期値問題の解]

1. 初期値問題：

$$\frac{d\boldsymbol{u}}{dt}(t) = \begin{bmatrix} 0 & -2 \\ -2 & 0 \end{bmatrix}\boldsymbol{u}(t), \quad \boldsymbol{u}(0) = \boldsymbol{u}_0$$

解の表現：

$$\boldsymbol{u}(t) = (e^{-2t}\boldsymbol{P}_1 + e^{2t}\boldsymbol{P}_2)\boldsymbol{u}_0$$

$$
\begin{aligned}
&= \left(e^{-2t} \begin{bmatrix} \frac{1}{2} & \frac{1}{2} \\ \frac{1}{2} & \frac{1}{2} \end{bmatrix} + e^{2t} \begin{bmatrix} \frac{1}{2} & -\frac{1}{2} \\ -\frac{1}{2} & \frac{1}{2} \end{bmatrix} \right) \begin{pmatrix} u_1(0) \\ u_2(0) \end{pmatrix} \\
&= \begin{bmatrix} \frac{1}{2}(e^{-2t}+e^{2t}) & \frac{1}{2}(e^{-2t}-e^{2t}) \\ \frac{1}{2}(e^{-2t}-e^{2t}) & \frac{1}{2}(e^{-2t}+e^{2t}) \end{bmatrix} \begin{pmatrix} u_1(0) \\ u_2(0) \end{pmatrix} \\
&= \begin{bmatrix} \cosh(2t) & -\sinh(2t) \\ -\sinh(2t) & \cosh(2t) \end{bmatrix} \begin{pmatrix} u_1(0) \\ u_2(0) \end{pmatrix} \\
&= \begin{pmatrix} u_1(0)\cosh(2t) - u_2(0)\sinh(2t) \\ -u_1(0)\sinh(2t) + u_2(0)\cosh(2t) \end{pmatrix}
\end{aligned}
$$

ここで,初期ベクトルとして具体的に $\boldsymbol{u}(0) = (1\ 2)^T$ として与えた場合の任意の t における解と $t=1$ における解の表現を以下に示す.

$$
\boldsymbol{u}(t) = \begin{pmatrix} \cosh(2t) - 2\sinh(2t) \\ -\sinh(2t) + 2\cosh(2t) \end{pmatrix}, \quad \boldsymbol{u}(1) = \begin{pmatrix} \cosh 2 - 2\sinh 2 \\ -\sinh 2 + 2\cosh 2 \end{pmatrix}
$$

なお,この解の表現 $\boldsymbol{u}(1)$ の構成を図 3.7 に示す.

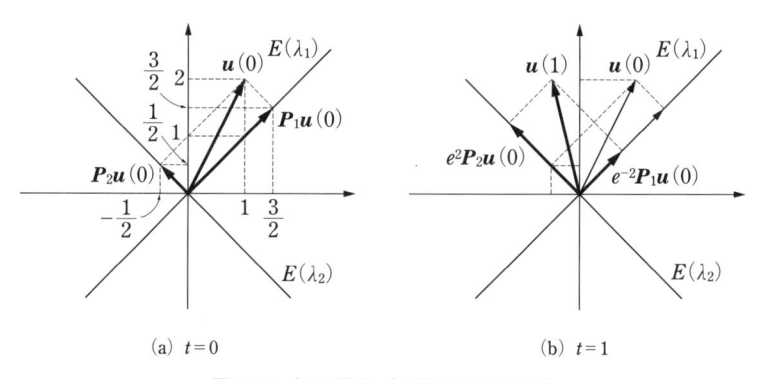

図 **3.7** 解の構成(相異なる 2 実根)

2. 初期値問題:

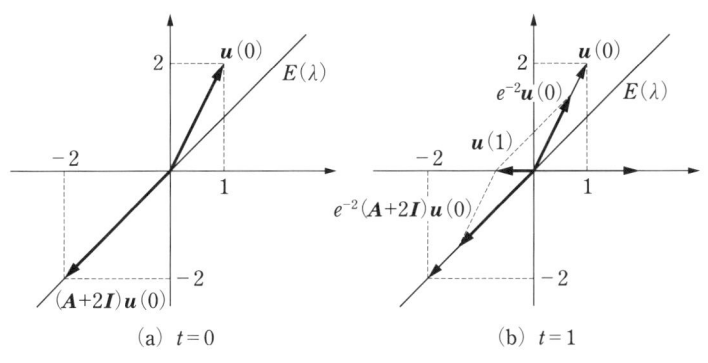

図 **3.8** 解の構成（重根）

$$\frac{d\boldsymbol{u}}{dt}(t) = \begin{bmatrix} 0 & -2 \\ 2 & -4 \end{bmatrix} \boldsymbol{u}(t), \quad \boldsymbol{u}(0) = \boldsymbol{u}_0$$

解の表現：

$$\begin{aligned}
\boldsymbol{u}(t) &= e^{-2t}\boldsymbol{u}(0) + te^{-2t}(\boldsymbol{A} + 2\boldsymbol{I})\boldsymbol{u}(0) \\
&= \begin{pmatrix} u_1(0)e^{-2t} + te^{-2t}(2u_1(0) - 2u_2(0)) \\ u_2(0)e^{-2t} + te^{-2t}(2u_1(0) - 2u_2(0)) \end{pmatrix} \\
&= \begin{pmatrix} u_1(0)e^{-2t}(1+2t) - 2u_2(0)te^{-2t} \\ u_1(0)(2t)e^{-2t} + u_2(0)e^{-2t}(1-2t) \end{pmatrix}
\end{aligned}$$

ここで，初期ベクトルとして具体的に $\boldsymbol{u}(0) = (1 \ \ 2)^T$ を与えた場合の解と $t = 1$ での解とを以下に与え，また解 $\boldsymbol{u}(1)$ の構成を図 3.8 に示す．

$$\boldsymbol{u}(t) = \begin{pmatrix} e^{-2t}(1-2t) \\ 2e^{-2t}(1-t) \end{pmatrix}, \quad \boldsymbol{u}(1) = \begin{pmatrix} -e^{-2} \\ 0 \end{pmatrix}$$

3. 初期値問題：

$$\frac{d\boldsymbol{u}}{dt}(t) = \begin{bmatrix} -1 & 1 \\ -1 & -1 \end{bmatrix} \boldsymbol{u}(t), \quad \boldsymbol{u}(0) = \boldsymbol{u}_0$$

解の表現：

(a) $t=0$ (b) $t=1$

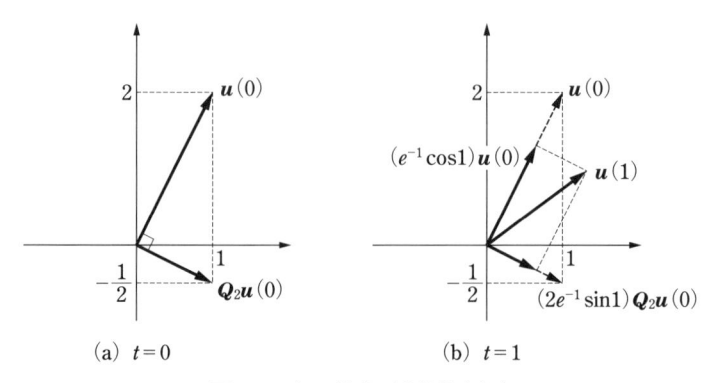

図 **3.9** 解の構成（共役複素根）

$$\boldsymbol{u}(t) = e^{-t}\cos(-t)\,\boldsymbol{u}(0) - 2e^{-t}\sin(-t)\,\boldsymbol{Q}_2\boldsymbol{u}(0)$$

$$= (e^{-t}\cos t)\boldsymbol{u}(0) + (2e^{-t}\sin t)\begin{bmatrix} 0 & \dfrac{1}{2} \\ -\dfrac{1}{2} & 0 \end{bmatrix}\boldsymbol{u}(0)$$

$$= \begin{pmatrix} u_1(0)e^{-t}\cos t + u_2(0)e^{-t}\sin t \\ -u_1(0)e^{-t}\sin t + u_2(0)e^{-t}\cos t \end{pmatrix}$$

初期ベクトル：$\boldsymbol{u}(0) = (1\ \ 2)^T$ に対する解と $t=1$ の解を以下に与え，解 $\boldsymbol{u}(1)$ の構成を図 3.9 に示す．

$$\boldsymbol{u}(t) = \begin{pmatrix} e^{-t}(\cos t + 2\sin t) \\ e^{-t}(2\cos t - \sin t) \end{pmatrix}, \quad \boldsymbol{u}(1) = \begin{pmatrix} e^{-1}(\cos 1 + 2\sin 1) \\ e^{-1}(2\cos 1 - \sin 1) \end{pmatrix}$$

4. 初期値問題：

$$\frac{d\boldsymbol{u}}{dt}(t) = \begin{bmatrix} 0 & 1 \\ -1 & 0 \end{bmatrix}\boldsymbol{u}(t), \quad \boldsymbol{u}(0) = \boldsymbol{u}_0$$

解の表現：

(a) $t=0$ (b) $t=1$

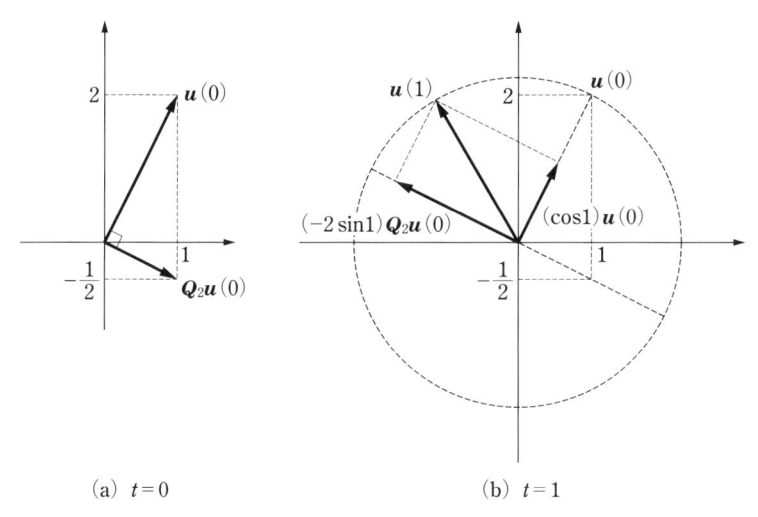

図 **3.10** 解の構成（虚根）

$$\begin{aligned}
\bm{u}(t) &= 2(\cos t\ \bm{Q}_1 - \sin t\ \bm{Q}_2)\bm{u}(0) \\
&= (\cos t\ \bm{I} - 2\sin t\ \bm{Q}_2)\bm{u}(0) \\
&= \left(\begin{bmatrix} \cos t & 0 \\ 0 & \cos t \end{bmatrix} - \begin{bmatrix} 0 & \sin t \\ -\sin t & 0 \end{bmatrix}\right)\bm{u}(0) \\
&= \begin{pmatrix} u_1(0)\cos t - u_2(0)\sin t \\ u_1(0)\sin t + u_2(0)\cos t \end{pmatrix} \\
&= \bm{R}(t)\bm{u}(0)
\end{aligned}$$

ただし,

$$\bm{R}(t) := \begin{bmatrix} \cos t & -\sin t \\ \sin t & \cos t \end{bmatrix}, \ \ \bm{R}(t)^T = \bm{R}(t)^{-1}, \ \ \det \bm{R}(t) = 1$$

この解については，次のような性質を有することになる．

$$\begin{aligned}
\|\bm{u}(t)\|^2 &= \bm{u}(t)\cdot\bm{u}(t) = \bm{u}(t)^T\bm{u}(t) \\
&= (\bm{R}(t)\bm{u}(0))^T(\bm{R}(t)\bm{u}(0)) \\
&= \bm{u}(0)^T\bm{R}(t)^T\bm{R}(t)\bm{u}(0) = \bm{u}(0)^T\bm{u}(0)
\end{aligned}$$

(a) 相異なる 2 実根

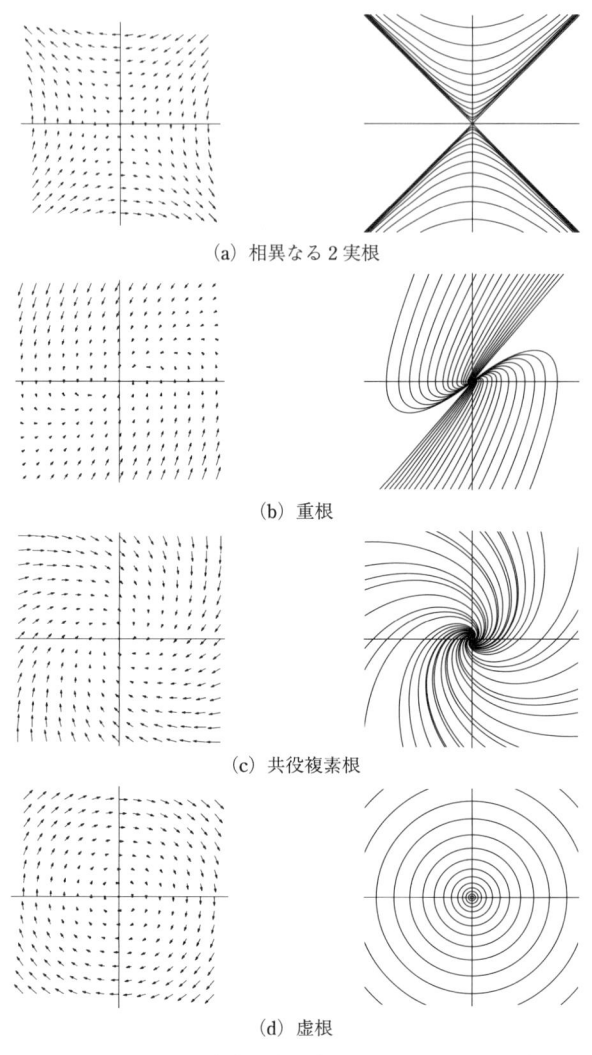

(b) 重根

(c) 共役複素根

(d) 虚根

図 **3.11**　2 元連立微分方程式のベクトル場と解曲線

$$= \|u(0)\|^2$$

この結果，解のノルムは，$\|u(t)\| = \|u(0)\|$ となり，上記の解は，初期ベクトル $u(0)$ の "等長変換" として与えられることを示している．初期ベクト

ルを $\boldsymbol{u}(0) = (1 \quad 2)^T$ とした場合の解と $t = 1$ のときの解を次に示し，その構成を図 3.10 に示す．

$$\boldsymbol{u}(t) = \begin{pmatrix} \cos t - 2\sin t \\ \sin t + 2\cos t \end{pmatrix}, \quad \boldsymbol{u}(1) = \begin{pmatrix} \cos 1 - 2\sin 1 \\ \sin 1 + 2\cos 1 \end{pmatrix}$$

以上の例 3.4 で対象としてきた 4 つの 2 元連立微分方程式に関するベクトル場と解曲線を図 3.11 に示しておく（参考文献 [4]）．

3.2.4 単一微分方程式の解との関係

第 1 章 1.2 節で述べたように，n 階微分方程式は連立 1 階微分方程式として表現できることになるので，これまで示した線形 2 元連立微分方程式（線形自律系）に対する解の表現 (3.22), (3.24), (3.26) は，対応する線形 2 階定数係数同次形微分方程式の解の表現と関係付けられることになる．

本項では，連立 1 階微分方程式の解とそれに対応する単一の高階微分方程式の解との関係を明らかにする．ただし，高階微分方程式としては，次の線形 2 階定数係数同次形微分方程式を対象とする．なお，本項では，関数の変数として x を用いることにする．

$$\frac{d^2 u}{dx^2}(x) + a_1 \frac{du}{dx}(x) + a_2 u(x) = 0 \qquad (3.27)$$

この微分方程式の解は，次の特性方程式の根（特性根）

$$\lambda^2 + a_1 \lambda + a_2 = 0 \qquad (3.28)$$

によって定められるので，上記の微分方程式を特性根の 3 ケース（相異なる 2 実根：λ_1, λ_2，重根：$\lambda_1 = \lambda_2 \equiv \lambda$，共役な複素根：$\lambda_1 = \alpha + i\beta, \lambda_2 = \alpha - i\beta$）に対応して次のように書き換えた形式を考えることにする．

1. $\dfrac{d^2 u}{dx^2}(x) - (\lambda_1 + \lambda_2) \dfrac{du}{dx}(x) + \lambda_1 \lambda_2 u(x) = 0 \qquad (3.29)$

2. $\dfrac{d^2 u}{dx^2}(x) - 2\lambda \dfrac{du}{dx}(x) + \lambda^2 u(x) = 0 \qquad (3.30)$

3. $\dfrac{d^2u}{dx^2}(x) - 2\alpha \dfrac{du}{dx}(x) + (\alpha^2 + \beta^2)u(x) = 0$ \hfill (3.31)

そこで，上記の各単一線形 2 階定数係数同次形微分方程式を 2 元連立 1 階微分方程式に書き換えることによって，3.2.3 項で示したように，行列の指数関数を用いてそれらの解が構成できる．こうして構成された解の表現から単一 2 階微分方程式 (3.29), (3.30), (3.31) の解の表現を導くことにする．

1. 相異なる 2 実根の場合

連立 1 階微分方程式表現：

$$\dfrac{d\boldsymbol{u}}{dx}(x) = \begin{pmatrix} \dfrac{du}{dx}(x) \\ \dfrac{dv}{dx}(x) \end{pmatrix} = \begin{pmatrix} v(x) \\ (\lambda_1 + \lambda_2)v(x) - \lambda_1\lambda_2 u(x) \end{pmatrix} \quad (3.32)$$

$$= \begin{bmatrix} 0 & 1 \\ -\lambda_1\lambda_2 & \lambda_1 + \lambda_2 \end{bmatrix} \begin{pmatrix} u(x) \\ v(x) \end{pmatrix} \equiv \boldsymbol{A}\boldsymbol{u}(x)$$

射影行列：

$$\boldsymbol{P}_1 = \dfrac{1}{\lambda_1 - \lambda_2}(\boldsymbol{A} - \lambda_2 \boldsymbol{I}) = \dfrac{1}{\lambda_1 - \lambda_2} \begin{bmatrix} -\lambda_2 & 1 \\ -\lambda_1\lambda_2 & \lambda_1 \end{bmatrix} \quad (3.33)$$

$$\boldsymbol{P}_2 = \dfrac{1}{\lambda_2 - \lambda_1}(\boldsymbol{A} - \lambda_1 \boldsymbol{I}) = \dfrac{1}{\lambda_2 - \lambda_1} \begin{bmatrix} -\lambda_1 & 1 \\ -\lambda_1\lambda_2 & \lambda_2 \end{bmatrix} \quad (3.34)$$

解の表現：

$$\boldsymbol{u}(x) = (e^{\lambda_1 x}\boldsymbol{P}_1 + e^{\lambda_2 x}\boldsymbol{P}_2)\boldsymbol{c}$$

$$= \dfrac{1}{\lambda_1 - \lambda_2} \begin{bmatrix} \lambda_1 e^{\lambda_2 x} - \lambda_2 e^{\lambda_1 x} & e^{\lambda_1 x} - e^{\lambda_2 x} \\ \lambda_1\lambda_2(e^{\lambda_2 x} - e^{\lambda_1 x}) & \lambda_1 e^{\lambda_1 x} - \lambda_2 e^{\lambda_2 x} \end{bmatrix} \begin{pmatrix} c_1 \\ c_2 \end{pmatrix} \quad (3.35)$$

$$= \begin{pmatrix} e^{\lambda_1 x}g_1 + e^{\lambda_2 x}g_2 \\ \lambda_1 e^{\lambda_1 x}g_1 + \lambda_2 e^{\lambda_2 x}g_2 \end{pmatrix}$$

ただし，未定ベクトル $\boldsymbol{c}$ に対して未定係数を次のように置き換える．

$$g_1 = \frac{1}{\lambda_1 - \lambda_2}(c_2 - \lambda_2 c_1), \quad g_2 = \frac{1}{\lambda_1 - \lambda_2}(\lambda_1 c_1 - c_2) \tag{3.36}$$

上式より,線形2階定数係数同次形微分方程式 (3.29) の一般解とその導関数は次のように与えられる.

$$u(x) = g_1 e^{\lambda_1 x} + g_2 e^{\lambda_2 x} \tag{3.37}$$

$$v(x) = \lambda_1 g_1 e^{\lambda_1 x} + \lambda_2 g_2 e^{\lambda_2 x} \tag{3.38}$$

この結果,微分方程式 (3.29) の "基本関数" は $e^{\lambda_1 x}$ と $e^{\lambda_2 x}$ となる.

2. 重根の場合

連立1階微分方程式表現:

$$\begin{aligned}\frac{d\boldsymbol{u}}{dx}(x) &= \begin{pmatrix} v(x) \\ 2\lambda v(x) - \lambda^2 u(x) \end{pmatrix} = \begin{bmatrix} 0 & 1 \\ -\lambda^2 & 2\lambda \end{bmatrix} \boldsymbol{u}(x) \\ &= \boldsymbol{A}\boldsymbol{u}(x) \end{aligned} \tag{3.39}$$

解の表現:

$$\begin{aligned}\boldsymbol{u}(x) &= e^{\lambda x}\left(\boldsymbol{I} + (\boldsymbol{A} - \lambda \boldsymbol{I})x\right)\boldsymbol{c} \\ &= e^{\lambda x}\begin{bmatrix} 1 - \lambda x & x \\ -\lambda^2 x & 1 + \lambda x \end{bmatrix}\boldsymbol{c} \\ &= \begin{pmatrix} e^{\lambda x}\{c_1 + x(c_2 - c_1\lambda)\} \\ e^{\lambda x}\{c_2 + x\lambda(c_2 - c_1\lambda)\} \end{pmatrix} \\ &= \begin{pmatrix} e^{\lambda x}(c_1 + xg) \\ e^{\lambda x}\{g + \lambda(c_1 + xg)\} \end{pmatrix} \end{aligned} \tag{3.40}$$

ただし,未定係数として,$g = c_2 - c_1\lambda$ を導入している.この結果2階微分方程式 (3.30) の一般解と導関数は次のようになる.

$$u(x) = c_1 e^{\lambda x} + gxe^{\lambda x} \tag{3.41}$$

$$v(x) = \{g + \lambda(c_1 + gx)\}e^{\lambda x} \tag{3.42}$$

この結果，微分方程式 (3.30) の"基本関数"は $e^{\lambda x}$ と $xe^{\lambda x}$ である．すなわち，特性根が重根の場合の基本関数は $e^{\lambda x}$ と，それと1次独立な解として x 倍した $xe^{\lambda x}$ が必要となる．

なお，$\lambda = 0$ の場合は上記の結果 (3.41), (3.42) より次のように与えられる．

$$u(x) = c_1 + c_2 x, \quad v(x) = c_2$$

3. 共役複素根の場合

連立1階微分方程式：

$$\frac{d\boldsymbol{u}}{dx}(x) = \begin{pmatrix} v(x) \\ 2\alpha v(x) - (\alpha^2 + \beta^2)u(x) \end{pmatrix} = \begin{bmatrix} 0 & 1 \\ -(\alpha^2 + \beta^2) & 2\alpha \end{bmatrix} \boldsymbol{u}(x) \quad (3.43)$$
$$= \boldsymbol{A}\boldsymbol{u}(x)$$

射影行列：

$$\boldsymbol{P}_1 = \frac{1}{\lambda_1 - \lambda_2}(\boldsymbol{A} - \lambda_2 \boldsymbol{I})$$
$$= \frac{1}{2i\beta}\begin{bmatrix} -\alpha + i\beta & 1 \\ -(\alpha^2 + \beta^2) & \alpha + i\beta \end{bmatrix} = \begin{bmatrix} \frac{1}{2} & 0 \\ 0 & \frac{1}{2} \end{bmatrix} + i\begin{bmatrix} \frac{\alpha}{2\beta} & -\frac{1}{2\beta} \\ \frac{\alpha^2 + \beta^2}{2\beta} & -\frac{\alpha}{2\beta} \end{bmatrix}$$
$$= \boldsymbol{Q}_1 + i\boldsymbol{Q}_2$$
$$(3.44)$$

解の表現：

$$\boldsymbol{u}(x) = 2e^{\alpha x}(\cos(\beta x)\,\boldsymbol{Q}_1 - \sin(\beta x)\,\boldsymbol{Q}_2)\boldsymbol{c}$$
$$= e^{\alpha x}\begin{pmatrix} c_1 \cos(\beta x) + \left(c_2 \frac{1}{\beta} - c_1 \frac{\alpha}{\beta}\right)\sin(\beta x) \\ c_2 \cos(\beta x) + \left(c_2 \frac{\alpha}{\beta} - c_1 \frac{\alpha^2 + \beta^2}{\beta}\right)\sin(\beta x) \end{pmatrix} \quad (3.45)$$
$$= e^{\alpha x}\begin{pmatrix} c_1 \cos(\beta x) + g\sin(\beta x) \\ (g\beta + c_1 \alpha)\cos(\beta x) + (g\alpha - c_1 \beta)\sin(\beta x) \end{pmatrix}$$

ただし，未定定数として $g = (c_2 - c_1\alpha)\dfrac{1}{\beta}$ を導入している．その結果，2階微分方程式 (3.31) の解と導関数は次のように与えられる．

$$u(x) = e^{\alpha x}(c_1 \cos(\beta x) + g \sin(\beta x)) \tag{3.46}$$

$$v(x) = e^{\alpha x}\left\{(c_1\alpha + g\beta)\cos(\beta x) + (g\alpha - c_1\beta)\sin(\beta x)\right\} \tag{3.47}$$

以上より，微分方程式 (3.31) の基本関数は "$e^{\lambda_1 x}$, $e^{\overline{\lambda_1} x}$" であるが，複素根の実部 α と虚部 β を用いて得られる "$e^{\alpha x}\cos(\beta x)$, $e^{\alpha x}\sin(\beta x)$" としてもよいことになる．

以上により，2元連立1階微分方程式とそれに対応する単一線形2階定数

表 **3.1** 解の表現と関係

微分方程式 特性根	$\dfrac{d\boldsymbol{u}}{dx}(x) = \boldsymbol{A}\boldsymbol{u}(x)$	$\dfrac{d^2u}{dx^2}(x) + a_1\dfrac{du}{dx}(x) + a_2 u(x) = 0$
相異なる2実根 ($\lambda_1 \neq \lambda_2$)	$\boldsymbol{u}(x) = (e^{\lambda_1 x}\boldsymbol{P}_1 + e^{\lambda_2 x}\boldsymbol{P}_2)\boldsymbol{c}$ $\boldsymbol{P}_1 = \dfrac{1}{\lambda_1 - \lambda_2}(\boldsymbol{A} - \lambda_2\boldsymbol{I})$ $\boldsymbol{P}_2 = \dfrac{1}{\lambda_2 - \lambda_1}(\boldsymbol{A} - \lambda_1\boldsymbol{I})$	$u(x) = d_1 e^{\lambda_1 x} + d_2 e^{\lambda_2 x}$ ($a_1 = -(\lambda_1 + \lambda_2)$, $a_2 = \lambda_1\lambda_2$)
重根 ($\lambda_1 = \lambda_2 \equiv \lambda$)	$\boldsymbol{u}(x) = e^{\lambda x}\{\boldsymbol{I} + x(\boldsymbol{A} - \lambda\boldsymbol{I})\}\boldsymbol{c}$	$u(x) = d_1 e^{\lambda x} + d_2 x e^{\lambda x}$ ($a_1 = -2\lambda$, $a_2 = \lambda^2$)
共役な複素根 ($\lambda_1 = \alpha + i\beta$, $\lambda_2 = \overline{\lambda_1}$)	$\boldsymbol{u}(x) = \left(e^{\lambda_1 x}\boldsymbol{P}_1 + e^{\overline{\lambda_1}x}\overline{\boldsymbol{P}_1}\right)\boldsymbol{c}$ $\quad = 2\Re(e^{\lambda_1 x}\boldsymbol{P}_1)\boldsymbol{c}$ $\quad = 2e^{\alpha x}(\cos(\beta x)\,\boldsymbol{Q}_1$ $\qquad - \sin(\beta x)\,\boldsymbol{Q}_2)\boldsymbol{c}$ $\boldsymbol{P}_1 = \dfrac{1}{\lambda_1 - \overline{\lambda_1}}(\boldsymbol{A} - \overline{\lambda_1}\boldsymbol{I})$ $\quad = \boldsymbol{Q}_1 + i\boldsymbol{Q}_2$	$u(x) = e^{\alpha x}(d_1 \cos(\beta x) + d_2 \sin(\beta x))$ ($a_1 = -2\alpha$, $a_2 = \alpha^2 + \beta^2$)

係数同次形微分方程式との解の関係が明らかになった．そこで，この「解の表現と関係」を表 3.1 にまとめて示しておく．

3.3　線形非自律系

線形自律系 (3.1) にベクトル形式の非同次関数 $\boldsymbol{f}(t)$ が加わった場合，すなわち次の線形非自律系の解を構成する．

$$\frac{d\boldsymbol{u}}{dt}(t) = \boldsymbol{A}\boldsymbol{u}(t) + \boldsymbol{f}(t) \tag{3.48}$$

ただし，非同次ベクトル関数 $\boldsymbol{f}(t)$ を次のように 2 次元ベクトルとして与える．

$$\boldsymbol{f}(t) = \begin{pmatrix} f_1(t) \\ f_2(t) \end{pmatrix} \tag{3.49}$$

この微分方程式の特別な場合として，すでに 2.4 節で述べた線形 1 階定数係数非同次形微分方程式 (2.19) を含むことになる．その解は，同次形微分方程式の解の表現に「定数変化法」を適用することによって構成されることを示した．そこで，上記の線形非自律系の解の構成もまったく同様に，線形自律系 (3.1) の解に定数変化法を適用して次のようにおく．

$$\boldsymbol{u}(t) = e^{\boldsymbol{A}t}\boldsymbol{c}(t) \tag{3.50}$$

これが上式 (3.48) の解であるためには，

$$\begin{aligned}\frac{d}{dt}\boldsymbol{u}(t) &= \frac{d}{dt}(e^{\boldsymbol{A}t}\boldsymbol{c}(t)) = \boldsymbol{A}e^{\boldsymbol{A}t}\boldsymbol{c}(t) + e^{\boldsymbol{A}t}\frac{d\boldsymbol{c}}{dt}(t) \\ &= \boldsymbol{A}e^{\boldsymbol{A}t}\boldsymbol{c}(t) + \boldsymbol{f}(t)\end{aligned}$$

から，行列の指数関数の性質 (3.10) を考慮して，

$$\frac{d\boldsymbol{c}}{dt}(t) = (e^{\boldsymbol{A}t})^{-1}\boldsymbol{f}(t) = e^{-\boldsymbol{A}t}\boldsymbol{f}(t)$$

を得る．そこで，この両辺を変数 t について積分することによって，$\boldsymbol{g}$ を未定ベクトルとすると，ベクトル $\boldsymbol{c}(t)$ は次のように表される．

$$c(t) = \int e^{-At} f(t) dt + g$$

したがって，線形非自律系 (3.48) の一般解は次のように与えられることになる．

$$u(t) = e^{At}(\int e^{-At} f(t) dt + g) \tag{3.51}$$

ここで，右辺に現れるベクトル関数の積分については，ベクトル関数の各成分の積分として与えるものとする．なお，初期値問題として初期ベクトル $u(0)$ が指定されている場合の解は次のような表現として与えられる．

$$u(t) = e^{At} u(0) + \int_0^t e^{A(t-s)} f(s) ds \tag{3.52}$$

以上より，線形自律系および線形非自律系の解は，各々 (3.4), (3.52) より明らかなように，基本的には，行列の指数関数 "e^{At}" によって定められることになる．以下で，具体的な線形非自律系の解の構成を示す．

【例 3.5】　[線形非自律系の解]

初期値問題：

$$\frac{du}{dt}(t) = \begin{bmatrix} 1 & -1 \\ -1 & 1 \end{bmatrix} u(t) + \begin{pmatrix} e^{-t} \\ e^t \end{pmatrix}, \quad u(0) = u_0$$

固有値：

$$|A - \lambda I| = \lambda(\lambda - 2) = 0, \quad \lambda_1 = 0, \lambda_2 = 2$$

射影行列：

$$P_1 = \frac{1}{0-2}(A - 2I) = \frac{1}{2}\begin{bmatrix} 1 & 1 \\ 1 & 1 \end{bmatrix}$$

$$P_2 = \frac{1}{2-0}(A - 0I) = \frac{1}{2}\begin{bmatrix} 1 & -1 \\ -1 & 1 \end{bmatrix}$$

行列の指数関数：

$$e^{\boldsymbol{A}t} = e^{\lambda_1 t}\boldsymbol{P}_1 + e^{\lambda_2 t}\boldsymbol{P}_2 = \boldsymbol{P}_1 + e^{2t}\boldsymbol{P}_2$$
$$= \frac{1}{2}\begin{bmatrix} 1 & 1 \\ 1 & 1 \end{bmatrix} + \frac{e^{2t}}{2}\begin{bmatrix} 1 & -1 \\ -1 & 1 \end{bmatrix} = \frac{1}{2}\begin{bmatrix} 1+e^{2t} & 1-e^{2t} \\ 1-e^{2t} & 1+e^{2t} \end{bmatrix}$$

ベクトル関数の積分：

$$\int_0^t e^{\boldsymbol{A}(t-s)}\boldsymbol{f}(s)ds = \frac{1}{2}\begin{pmatrix} \int_0^t \{(1+e^{2(t-s)})e^{-s} + (1-e^{2(t-s)})e^s\}ds \\ \int_0^t \{(1-e^{2(t-s)})e^{-s} + (1+e^{2(t-s)})e^s\}ds \end{pmatrix}$$
$$= \frac{1}{2}\begin{pmatrix} 2e^t - \dfrac{4}{3}e^{-t} - \dfrac{2}{3}e^{2t} \\ -\dfrac{2}{3}e^{-t} + \dfrac{2}{3}e^{2t} \end{pmatrix}$$

解の表現：

$$\boldsymbol{u}(t) = e^{\boldsymbol{A}t}\boldsymbol{u}(0) + \int_0^t e^{\boldsymbol{A}(t-s)}\boldsymbol{f}(s)ds$$
$$= \frac{1}{2}\begin{bmatrix} 1+e^{2t} & 1-e^{2t} \\ 1-e^{2t} & 1+e^{2t} \end{bmatrix}\begin{pmatrix} u_1(0) \\ u_2(0) \end{pmatrix} + \frac{1}{2}\begin{pmatrix} 2e^t - \dfrac{4}{3}e^{-t} - \dfrac{2}{3}e^{2t} \\ -\dfrac{2}{3}e^{-t} + \dfrac{2}{3}e^{2t} \end{pmatrix}$$
$$= \frac{1}{2}\begin{pmatrix} u_1(0) + u_2(0) + \left(u_1(0) - u_2(0) - \dfrac{2}{3}\right)e^{2t} + 2e^t - \dfrac{4}{3}e^{-t} \\ u_1(0) + u_2(0) - \left(u_1(0) - u_2(0) - \dfrac{2}{3}\right)e^{2t} - \dfrac{2}{3}e^{-t} \end{pmatrix}$$

演習問題

1. 次の行列に関する以下の問いに答えよ．
$$A = \begin{bmatrix} 0 & 1 \\ 0 & 0 \end{bmatrix}, \quad B = \begin{bmatrix} 0 & 0 \\ 1 & 0 \end{bmatrix}$$

   a. 行列の積：AB, BA を計算せよ．
   b. 行列の和：$A+B$ のスペクトル分解を求めよ．
   c. 行列の指数：e^A, e^B を求めよ．
   d. 行列の指数関数：e^{At}, e^{Bt} を求めよ．
   e. 行列の指数関数の積：$e^{At}e^{Bt}$ を求めよ．
   f. 行列の指数関数：$e^{(A+B)t}$ を求めよ．

2. 次の連立 1 階微分方程式（線形自律系）に関する以下の問いに答えよ．
$$\frac{du}{dt}(t) = -u(t) + 4v(t)$$
$$\frac{dv}{dt}(t) = u(t) - v(t)$$

   a. 行列の指数関数を用いて上式の一般解を求めよ．
   b. 上式から $v(t)$ を消去することによって得られる単一 2 階微分方程式を導き，その一般解を求めよ．
   c. 初期条件：$u(0) = u_0$, $v(0) = v_0$ に対する問 a, b の解を定め，それらが一致することを確かめよ．

3. 次の連立 1 階非同次形微分方程式（線形非自律系）に関する以下の問いに答えよ．
$$\frac{du}{dt}(t) = -2u(t) - v(t) + t^2$$
$$\frac{dv}{dt}(t) = -6u(t) - v(t) + t^2 - t$$

a. 行列の指数関数を用いて上式の一般解を求めよ．

b. 上式から $v(t)$ を消去することにより得られた単一微分方程式を導き，その一般解を求めよ．

c. 初期条件：$u(0) = u_0$, $v(0) = v_0$ に対する問 a, b の解を定め，それらが一致することを確かめよ．

第4章
初期値問題の解法

4.1 線形定数係数非同次形微分方程式の解

第 1, 2, 3 章において，線形定数係数非同次形微分方程式の解を，「積分演算」，「積分因子法」，「定数変化法」を用いて構成した．そこで，初期値問題の解の結果を表 4.1 にまとめて解の特徴を明らかにする．

この表より明らかなように線形非同次形微分方程式の初期値問題の解は，すでに第 1 章 1.4 節でも述べたように，初期値に関する項と非同次関数に関する項との和として与えられている．さらに，初期値に関する項では，初期値を除いた各関数：$1, e^{-ax}, e^{-\int_0^x a(t)dt}, x$，すなわち同次形微分方程式の "基本関数" が重要な役割を果たす一方，非同次関数の積分表現として与えられた項の中にも含まれていることがわかる．

この特徴を表 4.1 の 2 段目の線形 1 階定数係数非同次形微分方程式の初期値問題の解を例として詳しく見てみよう．すると解は，同次形微分方程式の「基本関数」e^{-ax} に注目することによって次のように表すことができる．

$$u(x) = u_0 G(x) + \int_0^x G(x-t)f(t)dt \tag{4.1}$$

ただし，

$$G(x) := e^{-ax}, \quad G(x-t) = e^{-a(x-t)} \tag{4.2}$$

表 4.1 初期値問題とその解

微分方程式	初期値問題	初期値問題の解
1 階定数係数 非同次形	$\dfrac{du}{dx}(x) = f(x)$ $u(0) = u_0$	$u(x) = u_0 + \displaystyle\int_0^x f(t)dt$
1 階定数係数 非同次形	$\dfrac{du}{dx}(x) + au(x) = f(x)$ $u(0) = u_0$	$u(x) = u_0 e^{-ax}$ $+ \displaystyle\int_0^x e^{-a(x-t)} f(t)dt$
1 階変数係数 非同次形	$\dfrac{du}{dx}(x) + a(x)u(x) = f(x)$ $u(0) = u_0$	$u(x) = u_0 e^{-\int_0^x a(t)dt}$ $+ \displaystyle\int_0^x e^{-\int_t^x a(s)ds} f(t)dt$
2 階定数係数 非同次形	$\dfrac{d^2 u}{dx^2}(x) = f(x)$ $u(0) = u_0, \ \dfrac{du}{dx}(0) = v_0$	$u(x) = u_0 + v_0 x$ $+ \displaystyle\int_0^x (x-t) f(t)dt$

解のこのような表現から，初期値問題の解は，同次形微分方程式の**基本関数**（この例では $G(x) = e^{-ax}$）が重要な役割を果たしていることがわかる．すなわち，上記の解 (4.1) は，初期値と基本関数との積と非同次関数と基本関数による定積分（この積分については，次節で詳しく述べる）の和として与えられる．解のこのような表現は，表 4.1 に示した各微分方程式の解に共通していることがわかる．そこで，解のこの表現が得られるような微分方程式の初期値問題の解法を考えることにする．

4.2　たたみ込み積分

初期値問題の解の表現 (4.1) に現れた基本関数と非同次関数との特別な定積分を明確にするには次のような定義が必要となる．

定義 4.1　　たたみ込み積分

2つの1変数関数 $u(x)$ と $v(x)$ とに対して，次の積分をもとにして与えられる関数，すなわち"積分関数"を $u(x) * v(x)$ または，$\{u(x)\}\{v(x)\}$ と書き，関数 u と v とのたたみ込み積分(convolution) とよぶ．

$$u(x) * v(x)(= \{u(x)\}\{v(x)\}) := \int_0^x u(x-t)v(t)dt \tag{4.3}$$

上記の定義に基づいて具体的な関数に対するたたみ込み積分を次の例で示す．

【例 4.1】　[たたみ込み積分]

1.　$u(x) = x, \quad v(x) = x^2$

$$\begin{aligned}u(x) * v(x) &= \int_0^x (x-t)t^2 dt \\ &= \left[\frac{x}{3}t^3 - \frac{1}{4}t^4\right]_0^x = \frac{x^4}{3} - \frac{x^4}{4} = \frac{x^4}{12}\end{aligned}$$

2.　$u(x) = x^2 + 2, \quad v(x) = 2x - 1$

$$\begin{aligned}u(x) * v(x) &= \int_0^x \{(x-t)^2 + 2\}(2t-1)dt \\ &= \left[x^2(t^2-t) - 2x\left(\frac{2}{3}t^3 - \frac{1}{2}t^2\right) + \frac{1}{2}t^4 - \frac{1}{3}t^3 + 2(t^2-t)\right]_0^x \\ &= \frac{1}{6}x^4 - \frac{1}{3}x^3 + 2x^2 - 2x\end{aligned}$$

3.　$u(x) = e^x, \quad v(x) = x$

$$u(x) * v(x) = \int_0^x e^{x-t} t\, dt$$
$$= \left[-e^{x-t} t\right]_0^x + \left[-e^{x-t}\right]_0^x = e^x - (1+x)$$

次に「たたみ込み積分」の性質をまとめて示す．

たたみ込み積分の性質

1. 可換性：

$$u(x) * v(x) = v(x) * u(x) \tag{4.4}$$

$$\frac{du}{dx}(x) * v(x) = v(x) * \frac{du}{dx}(x) \tag{4.5}$$

$$u(x) * \frac{dv}{dx}(x) = \frac{dv}{dx}(x) * u(x) \tag{4.6}$$

$$\frac{du}{dx}(x) * \frac{dv}{dx}(x) = \frac{dv}{du}(x) * \frac{du}{dx}(x) \tag{4.7}$$

2. 線形性：

$$(a_1 u_1(x) + a_2 u_2(x)) * v(x) = a_1(u_1(x) * v(x)) + a_2(u_2(x) * v(x)) \tag{4.8}$$

$$u(x) * (b_1 v_1(x) + b_2 v_2(x)) = b_1(u(x) * v_1(x)) + b_2(u(x) * v_2(x)) \tag{4.9}$$

3. 微分則：

$$\begin{aligned}\frac{d}{dx}(u(x) * v(x)) &= u(0)v(x) + \frac{du}{dx}(x) * v(x) \\ &= v(0)u(x) + \frac{dv}{dx}(x) * u(x) \\ &= \frac{d}{dx}(v(x) * u(x))\end{aligned} \tag{4.10}$$

4. 相反性：

$$\frac{du}{dx}(x) * v(x) = u(x)v(0) - u(0)v(x) + u(x) * \frac{dv}{dx}(x) \tag{4.11}$$

$$u(x) * \frac{dv}{dx}(x) = u(0)v(x) - u(x)v(0) + \frac{du}{dx}(x) * v(x) \quad (4.12)$$

上記の性質：1, 2, 4 が成り立つことは積分の変数変換を用いることによって証明することができるので演習問題とする．性質 3 については以下に証明しておく．

性質 3 の証明

$$\frac{d}{dx}(u(x) * v(x)) = \frac{d}{dx}\int_0^x u(x-t)v(t)dt$$

$$= \lim_{\Delta x \to 0} \frac{\int_0^{x+\Delta x} u(x+\Delta x - t)v(t)dt - \int_0^x u(x-t)v(t)dt}{\Delta x}$$

$$= \lim_{\Delta x \to 0} \frac{1}{\Delta x}\left\{\int_0^{x+\Delta x}\left(u(x-t) + \frac{du}{dx}(x-t)\Delta x\right.\right.$$

$$\left.\left.+ o(\Delta x^2)\right)v(t)dt - \int_0^x u(x-t)v(t)dt\right\}$$

$$= \lim_{\Delta x \to 0} \frac{1}{\Delta x}\left\{\int_x^{x+\Delta x} u(x-t)v(t)dt + \int_0^{x+\Delta x}\left(\frac{du}{dx}(x-t)\Delta x\right.\right.$$

$$\left.\left.+ o(\Delta x^2)\right)v(t)dt\right\}$$

$$= \lim_{\Delta x \to 0} \frac{1}{\Delta x}\left\{u(x-\zeta)v(\zeta)\Delta x + \Delta x\int_0^{x+\Delta x}\frac{du}{dx}(x-t)v(t)dt\right\}$$

$$(x \leq \zeta \leq x + \Delta x)$$

$$= u(x-x)v(x) + \int_0^x \frac{du}{dx}(x-t)v(t)dt$$

$$= u(0)v(x) + \frac{du}{dx}(x) * v(x)$$

たたみ込み積分の上記の性質について，次の例で具体的な関数を与えて確かめておく．

【例 4.2】 [たたみ込み積分の性質　$(u(x) = e^x, \quad v(x) = x - 1)$]

1. 可換性：

$$u(x) * v(x) = \int_0^x e^{x-t}(t-1)dt$$
$$= \left[-e^{x-t}(t-1)\right]_0^x + \left[-e^{x-t}\right]_0^x = -x$$
$$v(x) * u(x) = \int_0^x (x-t-1)e^t dt$$
$$= \left[e^t(x-t-1)\right]_0^x + \left[e^t\right]_0^x = -x$$
$$= u(x) * v(x)$$
$$\frac{du}{dx}(x) * v(x) = \int_0^x e^{x-t}(t-1)dt$$
$$= u(x) * v(x) = -x$$
$$v(x) * \frac{du}{dx}(x) = \int_0^x (x-t-1)e^t dt$$
$$= v(x) * u(x) = -x$$
$$= \frac{du}{dx}(x) * v(x)$$
$$\frac{du}{dx}(x) * \frac{dv}{dx}(x) = \int_0^x e^{x-t} 1 dt$$
$$= \left[-e^{x-t}\right]_0^x = -1 + e^x$$
$$\frac{dv}{dx}(x) * \frac{du}{dx}(x) = \int_0^x 1 e^t dt = \left[e^t\right]_0^x = e^x - 1$$
$$= \frac{du}{dx}(x) * \frac{dv}{dx}(x)$$

3. 微分則：

$$\frac{d}{dx}(u(x) * v(x)) = \frac{d}{dx}(-x) = -1$$
$$u(0)v(x) + \frac{du}{dx}(x) * v(x) = e^0(x-1) + (-x) = -1$$
$$v(0)u(x) + \frac{dv}{dx}(x) * u(x) = (-1)e^x + \int_0^x 1 e^t dt = -1$$
$$\downarrow$$

$$\frac{d}{dx}(u(x)*v(x)) = u(0)v(x) + \frac{du}{dx}(x)*v(x)$$
$$= v(0)u(x) + \frac{dv}{dx}(x)*u(x)$$
$$= \frac{d}{dx}(v(x)*u(x)) = -1$$

4. 相反性：

$$\frac{du}{dx}(x)*v(x) = -x$$
$$u(x)v(0) - u(0)v(x) + u(x)*\frac{dv}{dx}(x)$$
$$= e^x(-1) - e^0(x-1) + \int_0^x e^{x-t}dt$$
$$= -e^x - (x-1) + \left[-e^{x-t}\right]_0^x = -x$$
$$\downarrow$$
$$\frac{du}{dx}(x)*v(x) = u(x)v(0) - u(0)v(x) + u(x)*\frac{dv}{dx}(x)$$

4.3 たたみ込み積分法による解法

4.3.1 線形1階定数係数非同次形微分方程式

前節で導入した「たたみ込み積分」を用いると，すでに示した線形1階定数係数非同次形微分方程式の初期値問題の解 (4.1) は，次のように表現できることになる．

$$u(x) = u_0 G(x) + G(x)*f(x) \tag{4.13}$$

そこで，初期値問題のこのような解の表現において，右辺の関数 $G(x)$ と非同次関数 $f(x)$ とのたたみ込み積分項に注目すると，以下に述べるような初期値問題に対する解法を考えることができる．すなわち，与えられた非同次

形微分方程式の両辺に関数 $G(x)$ に関するたたみ込み積分を施し，たたみ込み積分の性質を適用して変形し，解の表現を導く．このような考え方で，初期値問題の解 (4.1) を導いてみよう．

線形 1 階定数係数非同次形微分方程式の両辺にある関数 $G(x)$ とのたたみ込み積分演算を施すと次式を得る．

$$G(x) * \left(\frac{du}{dx}(x) + au(x)\right) = G(x) * f(x) \tag{4.14}$$

上式にたたみ込み積分の性質 2, 4 を用いて変形すると，

$$G(0)u(x) - G(x)u(0) + \left(\frac{dG}{dx}(x) + aG(x)\right) * u(x) = G(x) * f(x) \tag{4.15}$$

となる．ここで，関数 $G(x)$ を，

$$\frac{dG}{dx}(x) + aG(x) = 0, \quad G(0) = 1 \tag{4.16}$$

を満たすように選ぶことにすると，式 (4.15) は，上記の解の表現 (4.13) と一致することがわかる．したがって，あとは関数 $G(x)$ をどのように定めたらよいのかを考えればよいことになる．それには，関数 $G(x)$ が満たすべき条件 (4.16) を考慮すればよい．この条件は，関数 $G(x)$ に関する線形 1 階定数係数同次形微分方程式の初期値問題を与えていることになる．すなわち，求める関数 $G(x)$ は，その初期値問題の解となる．その解は，第 2 章 2.3.1 項で述べた指数関数解として次のように与えられる．

$$G(x) = e^{-ax} \quad (G(x) = ce^{-ax}, \quad G(0) = c = 1) \tag{4.17}$$

この $G(x)$ を式 (4.13) に代入すると，すでに示した解の表現 (4.1), (4.2) と一致することになる．

なお，以上では，線形 1 階微分方程式として定数係数の微分方程式を対象に，たたみ込み積分を用いた初期値問題の解の構成について述べてきたが，変数係数の場合に対しても，全く同様にして，表 4.1 に示した解を導くことができる．

以上の結果をまとめると，線形 1 階非同次形微分方程式の初期値問題の解は，たたみ込み積分を用いることによって，対応する線形 1 階同次形微分方程式の初期値問題（初期条件：$G(0) = 1$）の解 $G(x)$ より与えられることになる．したがって，このような初期値問題の解の求め方を**たたみ込み積分法**(convolution method) とよぶことにする．

4.3.2　線形 2 階定数係数非同次形微分方程式

ここでは，次の線形 2 階定数係数非同次形微分方程式の初期値問題の解の表現を前述の「たたみ込み積分法」を用いて構成する．

$$\frac{d^2u}{dx^2}(x) - (a+b)\frac{du}{dx}(x) + abu(x) = f(x) \tag{4.18}$$

$$u(0) = u_0, \qquad \frac{du}{dx}(0) = v_0 \tag{4.19}$$

上式 (4.18) の両辺に関数 $G(x)$ のたたみ込み積分を施すと，

$$G(x) * \left(\frac{d^2u}{dx^2} - (a+b)\frac{du}{dx}(x) + abu(x)\right) = G(x) * f(x) \tag{4.20}$$

となる．ここで，たたみ込み積分の性質 2, 4 を用いて変形することによって次式を得る．

$$\begin{aligned}
& G(0)\frac{du}{dx}(x) - G(x)\frac{du}{dx}(0) + \frac{dG}{dx}(0)u(x) - \frac{dG}{dx}(x)u(0) \\
& - (a+b)(G(0)u(x) - G(x)u(0)) \\
& + \left(\frac{d^2G}{dx^2}(x) - (a+b)\frac{dG}{dx}(x) + abG(x)\right) * u(x) \\
& = G(x) * f(x)
\end{aligned} \tag{4.21}$$

さらに整理をすることによって次式を得る．

$$\begin{aligned}
& G(0)\frac{du}{dx}(x) - G(x)\frac{du}{dx}(0) + \left(\frac{dG}{dx}(0) - (a+b)G(0)\right)u(x) \\
& \qquad - \left(\frac{dG}{dx}(x) - (a+b)G(x)\right)u(0)
\end{aligned}$$

$$+ \left(\frac{d^2G}{dx^2}(x) - (a+b)\frac{dG}{dx}(x) + abG(x)\right) * u(x) = G(x) * f(x) \quad (4.22)$$

ここで，関数 $G(x)$ を次のような線形 2 階定数係数同次形微分方程式の初期値問題

$$\frac{d^2G}{dx^2}(x) - (a+b)\frac{dG}{dx}(x) + abG(x) = 0 \quad (4.23)$$

$$G(0) = 0, \qquad \frac{dG}{dx}(0) = 1 \quad (4.24)$$

を満たすように選ぶことにすると，式 (4.20) は，次のような解の表現を与えることになる．

$$\begin{aligned} u(x) &= \left(\frac{dG}{dx}(x) - (a+b)G(x)\right) u(0) + G(x)\frac{du}{dx}(0) + G(x) * f(x) \\ &= \left(\frac{dG}{dx}(x) - (a+b)G(x)\right) u_0 + G(x)v_0 + G(x) * f(x) \end{aligned}$$
$$(4.25)$$

この解の表現では，解 $u(x)$ が初期値問題 (4.18), (4.19) の既知量（初期値 u_0, v_0，および非同次関数 $f(x)$）によって表されていることを示している．ただし，この解の表現において，関数 $G(x)$ を上記の初期値問題 (4.23), (4.24) の解として定めなければならない．以下では，その解を具体的に定めることを考える．そのためには線形 2 階定数係数同次形微分方程式 (4.23) の基本関数を求めなければならないが，すでに第 3 章 3.2.4 項で示したように定数係数 a, b に対する次のような 3 つのケースが存在する．

1. $(a+b)^2 > 4ab$ 　　（特性根が相異なる 2 実根：$\lambda_1 = a, \quad \lambda_2 = b$）
   この場合の同次方程式の基本関数は，e^{ax}, e^{bx} であるから，一般解は未定係数を c_1, c_2 として次のように与えられる．

   $$G(x) = c_1 e^{ax} + c_2 e^{bx}$$

   この解が初期条件 (4.24) を満たさなければならないことから次式を得る．

$$G(x) = \frac{1}{a-b}(e^{ax} - e^{bx}) \tag{4.26}$$

この $G(x)$ を解の表現 (4.25) に代入して，次のような具体的な解を得る．

$$\begin{aligned}u(x) &= \frac{1}{a-b}(ae^{bx} - be^{ax})u_0 + \frac{1}{a-b}(e^{ax} - e^{bx})v_0 \\ &+ \frac{1}{a-b}\int_0^x (e^{a(x-t)} - e^{b(x-t)})f(t)dt\end{aligned} \tag{4.27}$$

2. $(a+b)^2 = 4ab$ （特性根が重根：$\lambda_1 = \lambda_2 = a$）

同次方程式の基本関数は，e^{ax}, xe^{ax} であるから，その線形結合

$$G(x) = c_1 e^{ax} + c_2 x e^{ax}$$

が求める一般解となる．この解が初期条件を満たすものとすると次式となる．

$$G(x) = xe^{ax} \tag{4.28}$$

したがって，この関数 $G(x)$ を用いることによって，次のような具体的な解を得る．

$$u(x) = (1-ax)e^{ax}u_0 + xe^{ax}v_0 + \int_0^x (x-t)e^{a(x-t)}f(t)dt \tag{4.29}$$

3. $(a+b)^2 < 4ab$ （特性根が共役な複素根：$\lambda_1 = \alpha + i\beta,\ \lambda_2 = \alpha - i\beta$）

この場合の同次方程式の基本関数は次のようになる．

$$e^{\lambda_1 x} = e^{\alpha x}(\cos(\beta x) + i\sin(\beta x)),\ e^{\lambda_2 x} = e^{\alpha x}(\cos(\beta x) - i\sin(\beta x))$$

$$\left(\alpha = \frac{a+b}{2},\ \beta = \frac{a-b}{2}\right)$$

この基本関数の線形結合として表された解において初期条件を満たす関数 $G(x)$ は次のようになる．

$$\begin{aligned}G(x) &= \frac{1}{2i\beta}e^{\alpha x}\{(\cos(\beta x) + i\sin(\beta x)) - (\cos(\beta x) - i\sin(\beta x))\} \\ &= \frac{1}{\beta}e^{\alpha x}\sin(\beta x)\end{aligned} \tag{4.30}$$

したがって，次のような具体的な解の表現を得る．

$$u(x) = \frac{1}{\beta}e^{\alpha x}(\beta\cos(\beta x) - \alpha\sin(\beta x))u_0 + \frac{1}{\beta}(e^{\alpha x}\sin(\beta x))v_0$$
$$+ \int_0^x \frac{1}{\beta}e^{\alpha(x-t)}\sin\{\beta(x-t)\}f(t)dt \tag{4.31}$$

4.4 初期値問題のグリーン関数

前節では，線形 1 階および 2 階定数係数非同次形微分方程式の初期値問題の解を求めるための「たたみ込み積分法」を説明した．その解の表現において，関数 $G(x)$ が重要な役割を演じることがわかった．この関数は，対応する同次形微分方程式の初期値問題の解として与えられることもわかった．したがって，線形定数係数非同次形微分方程式の初期値問題の解は，この関数 $G(x)$ が与えられるならば，完全に定められることになる．そこで，この特別な関数を線形非同次形微分方程式の初期値問題の**グリーン関数**とよぶことにする．なお，以下では，一般的に線形 n 階微分方程式に対する「グリーン関数」の定義を与えておく．

定義 4.2 線形 n 階定数係数非同次形微分方程式の初期値問題のグリーン関数

線形 n 階定数係数非同次形微分方程式の初期値問題：

$$\frac{d^n u}{dx^n}(x) + a_1\frac{d^{n-1}u}{dx^{n-1}}(x) + \cdots + a_n u(x) = f(x) \tag{4.32}$$

$$u(0) = u_0, \quad \frac{du}{dx}(0) = u_0^{(1)}, \quad \cdots, \quad \frac{d^{n-1}u}{dx^{n-1}}(0) = u_0^{(n-1)} \tag{4.33}$$

に対して，関数 $G(x)$ に関する線形 n 階定数係数同次形微分方程式の初期値問題：

$$\frac{d^n G}{dx^n}(x) + a_1\frac{d^{n-1}G}{dx^{n-1}}(x) + \cdots + a_n G(x) = 0 \tag{4.34}$$

$$G(0) = \frac{dG}{dx}(0) = \cdots = \frac{d^{n-2}G}{dx^{n-2}}(0) = 0, \quad \frac{d^{n-1}G}{dx^{n-1}}(0) = 1 \quad (4.35)$$

の解 $G(x)$ を，線形 n 階定数係数非同次形微分方程式の初期値問題 (4.32), (4.33) のグリーン関数 (Green function) とよぶ．

この定義に基づいた $n = 1, 2, 3, 4$ に対する「グリーン関数」と，それを用いた初期値問題の解の表現とを以下にまとめて示しておく．

1. 線形 1 階定数係数非同次形微分方程式の初期値問題 （$n = 1$）
   グリーン関数：
   $$\frac{dG}{dx}(x) + a_1 G(x) = 0, \quad G(0) = 1$$

   解の表現：
   $$u(x) = G(x)u_0 + G(x) * f(x)$$

2. 線形 2 階定数係数非同次形微分方程式の初期値問題 （$n = 2$）
   グリーン関数：
   $$\frac{d^2G}{dx^2}(x) + a_1 \frac{dG}{dx}(x) + a_2 G(x) = 0$$
   $$G(0) = 0, \quad \frac{dG}{dx}(0) = 1$$

   解の表現：
   $$u(x) = \left(\frac{dG}{dx}(x) + a_1 G(x)\right) u_0 + G(x)u_0^{(1)} + G(x) * f(x)$$

3. 線形 3 階定数係数非同次形微分方程式の初期値問題 （$n = 3$）
   グリーン関数：
   $$\frac{d^3G}{dx^3}(x) + a_1 \frac{d^2G}{dx^2}(x) + a_2 \frac{dG}{dx}(x) + a_3 G(x) = 0$$
   $$G(0) = \frac{dG}{dx}(0) = 0, \quad \frac{d^2G}{dx^2}(0) = 1$$

解の表現：

$$u(x) = \left(\frac{d^2G}{dx^2}(x) + a_1\frac{dG}{dx}(x) + a_2G(x)\right)u_0$$
$$+ \left(\frac{dG}{dx} + a_1G(x)\right)u_0^{(1)}$$
$$+ G(x)u_0^{(2)} + G(x)*f(x)$$

4. 線形 4 階定数係数非同次形微分方程式の初期値問題　$(n=4)$
グリーン関数：

$$\frac{d^4G}{dx^4}(x) + a_1\frac{d^3G}{dx^3}(x) + a_2\frac{d^2G}{dx^2} + a_3\frac{dG}{dx}(x) + a_4G(x) = 0$$
$$G(0) = \frac{dG}{dx}(0) = \frac{d^2G}{dx^2}(0) = 0, \quad \frac{d^3G}{dx^3}(0) = 1$$

解の表現：

$$u(x) = \left(\frac{d^3G}{dx^3}(x) + a_1\frac{d^2G}{dx^2}(x) + a_2\frac{dG}{dx}(x) + a_3G(x)\right)u_0$$
$$+ \left(\frac{d^2G}{dx^2}(x) + a_1\frac{dG}{dx}(x) + a_2G(x)\right)u_0^{(1)}$$
$$+ \left(\frac{dG}{dx}(x) + a_1G(x)\right)u_0^{(2)} + G(x)u_0^{(3)}$$
$$+ G(x)*f(x)$$

4.5　1 自由度系の振動現象の解析

4.5.1　強制振動解

4.3.2 項で示した線形 2 階定数係数非同次形微分方程式の初期値問題は，第 1 章 1.3 節で紹介した「単振動」の数理モデルである．そこで，得られた解 (4.27),(4.29),(4.31) を基にして振動現象の解析を行う（参考文献 [12], [22]）．

質量 m, 減衰定数 c, バネ定数 k を有する1自由度系の質点が, 外部から時間変数 t に依存する外力 $f(t)$ を受ける場合の運動方程式は, すでに第1章式 (1.10) で示した次の M-C-K 系で与えられる. ただし, 未知関数を時間変数 t に関する $u(t)$ とする.

$$m\frac{d^2 u}{dt^2}(t) + c\frac{du}{dt}(t) + ku(t) = f(t)$$

振動現象の解析では, 上式の係数を次のように修正した線形2階定数係数非同次形微分方程式が M-C-K 系モデルとして慣用されている.

$$\frac{d^2 u}{dt^2}(t) + 2\eta\omega_0 \frac{du}{dt}(t) + \omega_0^2 u(t) = \phi(t) \tag{4.36}$$

ただし, 各係数を次のように与えるものとする.

$$\omega_0 = \sqrt{\frac{k}{m}}, \quad \eta = \frac{c}{2\sqrt{km}}, \quad \phi(t) = \frac{1}{m}f(t) \tag{4.37}$$

なお, この ω_0 は, M-K 系 (すなわち, 減衰効果がない場合のモデル) の**固有角振動数**(natural angular frequency) を表すものとする. この系の運動については, 次のような初期条件 (初期変位と初速度) を与えることにする.

$$u(0) = u_0, \quad \frac{du}{dt}(0) \equiv v(0) = v_0 \tag{4.38}$$

以上によって, M-C-K 系が外部から時間依存の外力を受けて行う運動, すなわち, **強制振動**(forced vibration) の数理モデルを線形2階定数係数非同次形微分方程式の初期値問題 (4.36), (4.38) として構成できた. この問題の解を「グリーン関数を用いるたたみ込み積分法」を応用して求め, その解の性状を基にして振動現象の解析を行うことにする.

線形2階定数係数非同次形微分方程式の初期値問題の解については, その係数の与えられ方に対応して3ケースが存在することを 4.3.2 項で示した. その結果を参照することによって, M-C-K 系の解が以下に示すように与えられる.

まず始めに微分方程式 (4.18) と上記の M-C-K 系モデル (4.36) を比較すると, 係数の間に次のような関係がある.

$$a + b = -2\eta\omega_0, \quad ab = \omega_0^2 \tag{4.39}$$

$$a = -\eta\omega_0 + \omega_0\sqrt{\eta^2 - 1}, \quad b = -\eta\omega_0 - \omega_0\sqrt{\eta^2 - 1} \tag{4.40}$$

$$(a+b)^2 - 4ab = 4\omega_0^2(\eta^2 - 1) = 4\omega_0^2(\eta - 1)(\eta + 1) \tag{4.41}$$

この係数間の関係を考慮すると，対象としている M-C-K 系の初期値問題の解は，すでに与えた解 (4.25) より次のように書くことができる．

$$u(t) = \left(\frac{dG}{dt}(t) + 2\eta\omega_0 G(t)\right)u_0 + G(t)v_0 + G(t) * \phi(t) \tag{4.42}$$

この解の表現におけるグリーン関数 $G(t)$ は，非負 η の値に関して 4 ケースに分類できるので，各ケースに対して具体的に次のように表される．

1. $\eta > 1$ の場合　（**過減衰**(over damping)）
   グリーン関数：

   $$G(t) = \frac{1}{\omega_\eta}e^{-\eta\omega_0 t}\sinh(\omega_\eta t) \quad (\omega_\eta \equiv \omega_0\sqrt{\eta^2 - 1}) \tag{4.43}$$

   解の表現：

   $$\begin{aligned}u(t) = &\frac{1}{\omega_\eta}e^{-\eta\omega_0 t}\left(\eta\omega_0\sinh(\omega_\eta t) + \omega_\eta\cosh(\omega_\eta t)\right)u_0 \\ &+ \frac{1}{\omega_\eta}e^{-\eta\omega_0 t}\left(\sinh(\omega_\eta t)\right)v_0 + \int_0^t G(t-s)\phi(s)ds\end{aligned} \tag{4.44}$$

2. $\eta = 1$ の場合　（**臨界減衰**(critical damping)）
   グリーン関数：

   $$G(t) = te^{-\omega_0 t} \tag{4.45}$$

   解の表現：

   $$u(t) = (1 + \omega_0 t)e^{-\omega_0 t}u_0 + te^{-\omega_0 t}v_0 + \int_0^x G(t-s)\phi(s)ds \tag{4.46}$$

3. $\eta < 1$ の場合　（**減衰**(damping)）
   グリーン関数：

$$G(t) = \frac{1}{\omega_\eta} e^{-\eta\omega_0 t} \sin(\omega_\eta t) \quad (\omega_\eta \equiv \omega_0\sqrt{1-\eta^2}) \tag{4.47}$$

解の表現:

$$\begin{aligned}u(t) =& \frac{1}{\omega_\eta} e^{-\eta\omega_0 t} \left(\omega_\eta \cos(\omega_\eta t) + \eta\omega_0 \sin(\omega_\eta t)\right) u_0 \\ &+ \frac{1}{\omega_\eta} e^{-\eta\omega_0 t} \sin(\omega_\eta t) v_0 + \int_0^t G(t-s)\phi(s)ds \end{aligned} \tag{4.48}$$

4. $\eta = 0$ の場合 (**無減衰**(no damping))

グリーン関数:

$$G(t) = \frac{1}{\omega_0} \sin(\omega_0 t) \tag{4.49}$$

解の表現:

$$u(t) = (\cos(\omega_0 t))u_0 + \frac{1}{\omega_0}(\sin(\omega_0 t))v_0 + \int_0^t G(t-s)\phi(s)ds \tag{4.50}$$

4.5.2 自由振動解

上述の強制振動現象に対して，外力 $\phi(t)$ が加わらない場合，すなわち線形2階定数係数同次形微分方程式は，**自由振動**の現象を表すことになる．したがって，その微分方程式の解は，1自由度系の「自由振動解」を与えることになる．その場合の解は，式 (4.42) において，$\phi(t) = 0$ とおいた次式となる．

$$u(t) = g_u(t)u_0 + g_v(t)v_0 \tag{4.51}$$

ただし，

$$g_u(t) = \frac{dG}{dt}(t) + 2\eta\omega_0 G(t), \quad g_v(t) = G(t) \tag{4.52}$$

ここで，上記の関数 $g_u(t), g_v(t)$ はグリーン関数 $G(t)$ の性質から次のような性質を有することになる．

$$g_u(0) = 1, \quad \frac{dg_u}{dt}(0) = -\omega_0^2 G(0) = 0 \tag{4.53}$$

図 4.1 関数 $g_u(t)$ および $g_v(t)$

$$g_v(0) = 0, \quad \frac{dg_v}{dt}(0) = 1 \tag{4.54}$$

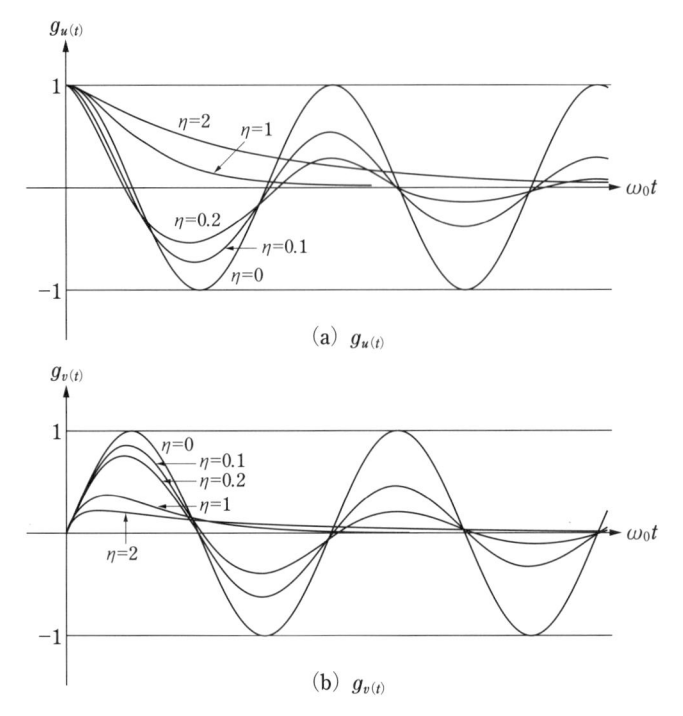

したがって，自由振動解 (4.51) は，上記の性質によって，初期変位が 1 で初速度が 0 となるような解 $g_u(t)$ と，初期変位が 0 で初速度が 1 となる解 $g_v(t)$ との線形結合として与えられることがわかる．この結果，1 自由度系の自由振動時の挙動は，基本的には 2 つの基本的な運動状態 $g_u(t)$ と $g_v(t)$ によって定められる．そこで，この 2 つの運動状態を表す関数 $g_u(t), g_v(t)$ のグラフを各 η の値に対して図 4.1 に示しておく．

4.5.3 強制振動解と応答

強制振動現象の解は，式 (4.42) で与えられた．そこで，前項で導入した関数 $g_u(t), g_v(t)$ を用いて書き換えると次のようになる．

$$u(t) = g_u(t)u_0 + g_v(t)v_0 + G(t) * \phi(t) \tag{4.55}$$

このような解の表現から，強制振動解は，自由振動解（自由振動解項）$g_u(t)u_0 + g_v(t)v_0$ に強制外力 $\phi(t)$ のグリーン関数 $G(t)$ によるたたみ込み積分項 $G(t) * \phi(t)$ を加えればよいことになる．自由振動解項については，前項で明らかにしたので，たたみ込み積分項を詳しく調べてみよう．その際，強制外力を以下に示す2つの特別な外力として与えることにする．

A. インパルス応答（衝撃応答，impulse response）

強制外力が衝撃力として与えられる場合を考える．衝撃力は数学的には，以下に示すようなディラックデルタ関数(Dirac delta function) として与えられる．すなわち，

$$\phi(t) \equiv \delta(t) \tag{4.56}$$

「ディラックデルタ関数」の定義とその性質を以下に示す．

$$\delta(t) = \begin{cases} 0 & (t \neq 0) \\ \infty & (t = 0) \end{cases} \tag{4.57}$$

$$\int_{-\infty}^{\infty} \delta(t)dt = 1, \quad \int_{-\infty}^{\infty} \phi(t)\delta(t)dt = \phi(0) \tag{4.58}$$

このような衝撃的外力に対するたたみ込み積分は，「（単位）インパルス応答」または，「（単位）インパルス応答関数」とよばれ，上記のデルタ関数の性質より次のように与えられる．

$$\begin{aligned} G(t) * \phi(t) &= G(t) * \delta(t) \\ &= \int_0^t G(t-s)\delta(s)ds = G(t-0) = G(t) \end{aligned} \tag{4.59}$$

この結果として，初期値問題のグリーン関数 $G(t)$ は，物理的には（単位）インパルス応答（関数）を意味することになる．すなわち，グリーン関数の物理的な意味が明らかにされた．なお，M-C-K系の各 η に対するグリーン関数はすでに 4.5.1 項で与えたので，それらの表現が実はインパルス応答を表すことになる．

B. ステップ応答(step response)

次に，強制外力を単位のステップ状の外力として与えることにする．このような外力の数学的表現は，次に示す**ヘヴィサイドステップ関数**(Heaviside step function) として表される．すなわち，

$$\phi(t) \equiv H(t) \tag{4.60}$$

「ヘヴィサイドステップ関数」を次のように定義する．

$$H(t) = \begin{cases} 0 & (t < 0) \\ 1 & (t > 0) \end{cases} \tag{4.61}$$

このような関数による外力は，$t=0$ から大きさ 1 の外力が継続して作用する状態を表しているので，「単位ステップ外力状態」とよばれている．このような外力に対するたたみ込み積分は，「単位ステップ応答」または，「インデシアル応答」(indecial response) とよばれ，次のように与えられる．

$$\begin{aligned} h(t) &= G(t) * H(t) \\ &= \int_0^t G(t-s)H(s)ds = \int_0^t G(t-s)ds \\ &= \int_0^t G(s)ds \end{aligned} \tag{4.62}$$

したがって，

$$\frac{dh}{dt}(t) = G(t) \tag{4.63}$$

この結果，単位ステップ外力に対するたたみ込み積分は，初期値問題のグリーン関数 $G(t)$ の $t=0$ から任意の t までの積分として表されることになり，それがステップ応答を与えることになる．また，その時間変数 t による導関数がグリーン関数に等しいこともわかる．そこで，各 η に対して定まるステップ関数を以下に示しておく．

1. $\eta > 1$ の場合　$(\omega_\eta = \omega_0\sqrt{\eta^2 - 1})$

$$h(t) = \frac{1}{\omega_0^2}\left\{1 - e^{-\eta\omega_0 t}\left(\cosh(\omega_\eta t) - \frac{\eta\omega_0}{\omega_\eta}\sinh(\omega_\eta t)\right)\right\} \tag{4.64}$$

(a) $\phi(t)=\delta(t)$

(b) インパルス応答 $G(t)$　（$\eta=0$）
$\omega_0 G(t)=\sin(\omega_0 t)$

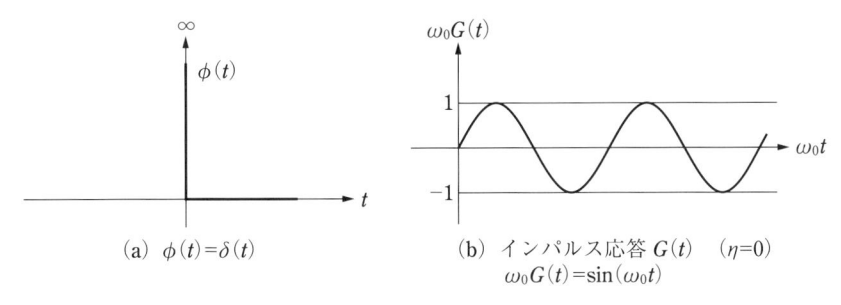

図 **4.2**　$\delta(t)$ と $G(t)$

(a) $\phi(t)=H(t)$

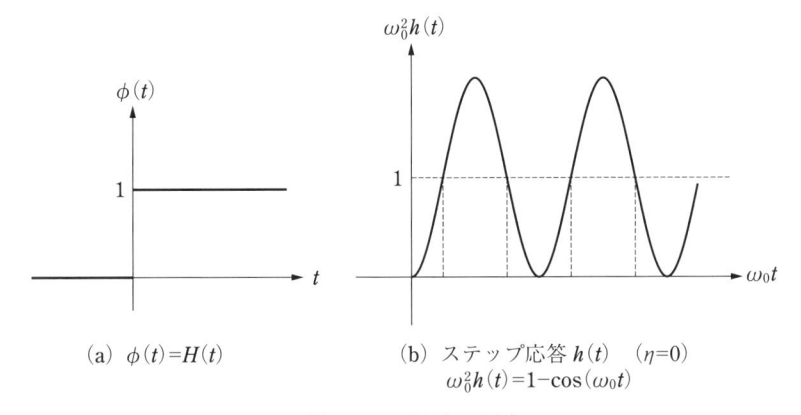

(b) ステップ応答 $h(t)$　（$\eta=0$）
$\omega_0^2 h(t)=1-\cos(\omega_0 t)$

図 **4.3**　$H(t)$ と $h(t)$

2. $\eta=1$ の場合

$$h(t) = \frac{1}{\omega_0^2}\{1 - e^{-\omega_0 t}(1+\omega_0 t)\} \tag{4.65}$$

3. $\eta<1$ の場合　$(\omega_\eta = \omega_0\sqrt{1-\eta^2})$

$$h(t) = \frac{1}{\omega_0^2}\left\{1 - e^{-\eta\omega_0 t}\left(\cos(\omega_\eta t) + \frac{\eta\omega_0}{\omega_\eta}\sin(\omega_\eta t)\right)\right\} \tag{4.66}$$

4. $\eta=0$ の場合

$$h(t) = \frac{1}{\omega_0^2}(1 - \cos(\omega_0 t)) \tag{4.67}$$

以上より得られたインパルス応答とステップ応答とを対応する外力（単位衝撃力と単位ステップ力）と共に図 4.2 と 4.3 に示しておく．

4.5.4 一般の応答

4.5.1 項で与えた任意の強制外力 $\phi(t)$ に対する強制振動解 (4.42) は，上述の「インパルス応答」$G(t)$ と「ステップ応答」$h(t)$ とを用いることによって次のように表現することもできる．

A. インパルス応答による表現

式 (4.42) 中のグリーン関数 $G(t)$ は式 (4.59) より明らかなようにインパルス応答を与えることになるので，式 (4.42) はインパルス応答による強制振動解と見ることができる．なお，初期値が共に零の場合，すなわち $u_0 = v_0 = 0$ の場合には，強制振動解は次のようにインパルス応答と強制外力とのたたみ込み積分として表される．

$$u(t) = G(t) * \phi(t) = \int_0^t G(t-s)\phi(s)ds \tag{4.68}$$

B. ステップ応答による表現

強制振動解 (4.42) 中のグリーン関数（インパルス応答）$G(t)$ を式 (4.63) で与えられたステップ応答 $h(t)$ によって表現し，たたみ込み積分の性質 (4.11) を用いることによって強制振動解は次式のように表現することができる．

$$\begin{aligned}
u(t) &= \left(\frac{d^2 h}{dt^2}(t) + 2\eta\omega_0 \frac{dh}{dt}(t)\right)u_0 + \frac{dh}{dt}(t)v_0 + \frac{dh}{dt}(t) * \phi(t) \\
&= \left(\frac{d^2 h}{dt^2}(t) + 2\eta\omega_0 \frac{dh}{dt}(t)\right)u_0 + \frac{dh}{dt}(t)v_0 \\
&\quad + h(t)\phi(0) + h(t) * \frac{d\phi}{dt}(t)
\end{aligned} \tag{4.69}$$

ここで，初期値が共に零の場合，上記の強制振動解は，次のようになる．

$$\begin{aligned}
u(t) &= h(t)\phi(0) + h(t) * \frac{d\phi}{dt}(t) \\
&= h(0)\phi(0) + \int_0^t h(t-s)\frac{d\phi}{ds}(s)ds
\end{aligned} \tag{4.70}$$

強制振動解のこのようなステップ応答による表現は，**デュアメル積分** (Duhamel integral) とよばれている．したがって，強制振動解は，基本的

にはステップ応答と強制外力の導関数とのたたみ込み積分として表されることになる．

4.5.5 調和応答

次に強制外力が周期的な関数，たとえば，三角関数で表されるような場合を考える．そのような外力として，振幅 F，角振動数 ω の余弦関数として次のように与える．

$$\phi(t) = \frac{F}{m}\cos(\omega t) \tag{4.71}$$

このような特別な強制外力に対して，4.5.1 項で示した各 η に対する強制振動解が求められる．その際にグリーン関数，すなわち衝撃応答と上記の強制外力との次のたたみ込み積分計算が必要となる．

$$G(t) * \phi(t) = \int_0^t G(t-s)\frac{F}{m}\cos(\omega s)ds \tag{4.72}$$

この積分の計算法について次のように考えることができる．

強制外力 (4.71) に対する振動方程式は，次の 2 階非同次形微分方程式となる．

$$\frac{d^2u}{dt^2}(t) + 2\eta\omega_0\frac{du}{dt}(t) + \omega_0^2 u(t) = \frac{F}{m}\cos(\omega t) \tag{4.73}$$

ここで，三角関数の性質を考慮することによって，この非同次形微分方程式の特解 $u_p(t)$ を三角関数の線形結合として次のように定めるものとする．

$$u_p(t) = c_1\cos(\omega t) + c_2\sin(\omega t) \tag{4.74}$$

この特解の表現を振動方程式 (4.73) に代入し，未定係数 c_1, c_2 を定めることによって求める特解は次のようになる．

$$\begin{aligned}u_p(t) &= \frac{1-p^2}{(1-p^2)^2 + 4\eta^2 p^2}\frac{F}{k}\cos(\omega t) + \frac{2\eta p}{(1-p^2)^2 + 4\eta^2 p^2}\frac{F}{k}\sin(\omega t) \\ &= \frac{1}{\sqrt{(1-p^2)^2 + 4\eta^2 p^2}}\frac{F}{k}\{\cos(\omega t) - \theta\}\end{aligned} \tag{4.75}$$

ただし，

$$p = \frac{\eta}{\omega_0}, \quad 2\eta p = \frac{c\eta}{k}, \quad \theta = \tan^{-1}\left(\frac{2\eta p}{1-p^2}\right) \tag{4.76}$$

さらに，整理して次のように書き換える．

$$u_p(t) = u_s\{A_1\cos(\omega t) + A_2\sin(\omega t)\} = u_s A\cos(\omega t - \theta) \tag{4.77}$$

ただし，$u_s \equiv \dfrac{F}{k}$ とおき，係数 A_1, A_2, A を次のように与える．なお，この u_s は，強制外力が時間変数に無関係な場合，すなわち大きさ F の静的外力が作用した場合の M-C-K 系の変位を表すことになるので，**静的変位**(static displacement) とよばれている．

$$A_1 \equiv \frac{1-p^2}{(1-p^2)^2 + 4\eta^2 p^2}, \quad A_2 \equiv \frac{2\eta p}{(1-p^2)^2 + 4\eta^2 p^2},$$

$$A \equiv \frac{1}{\sqrt{(1-p^2)^2 + 4\eta^2 p^2}} \tag{4.78}$$

さらに，このような特解の表現 (4.77) から次のような 3 つの関係式を得る．

$$\frac{u_p(t)}{u_s} = A_1\cos(\omega t) + A_2\sin(\omega t) = A\cos(\omega t - \theta) \tag{4.79}$$

$$\left(\frac{F}{\sqrt{mk}}\right)^{-1}\frac{du_p}{dt}(t) = -Ap\sin(\omega t - \theta) = -A_v\sin(\omega t - \theta) \tag{4.80}$$

$$\left(\frac{F}{m}\right)^{-1}\frac{d^2 u_p}{dt^2}(t) = -Ap^2\cos(\omega t - \theta) = -A_a\cos(\omega t - \theta) \tag{4.81}$$

この 3 つの関係式から，振幅 A は，動的変位 (u_p) と静的変位 (u_s) との比を表すことになるので，**変位応答係数**(displacement response factor) または，**変位倍率**(displacement amplification factor)，同様に，$A_v \equiv Ap$ を**速度応答係数**(velocity response factor)，$A_a \equiv Ap^2$ を**加速度応答係数**(acceleration response factor) とよんでいる．

ところで，式 (4.77) において，$t = 0$ とおくと，$u_p(0) = u_s A_1$，$\dfrac{du_p}{dt}(0) = u_s A_2 \omega$ となるので，初期値問題における特解の条件 $u_p(0) = 0$，$\dfrac{du_p}{dt}(0) = 0$ を満たしていないことがわかる．したがって，強制振動解 (4.55) は，ここで採用した特解 (4.75) を用いるならば，次のように表現しなければならない．

$$\begin{aligned}
u(t) &= g_u(t)(u_0-u_sA_1)+g_v(t)(v_0-u_sA_2\omega)+u_s\left\{A_1\cos(\omega t)+A_2\sin(\omega t)\right\} \\
&= g_u(t)(u_0-u_sA_1)+g_v(t)(v_0-u_sA_2\omega)+u_sA\cos(\omega t-\theta) \\
&= g_u(t)u_0+g_v(t)v_0+u_sA_1\left\{\cos(\omega t)-g_u(t)\right\}+u_sA_2\left\{\sin(\omega t)-\omega g_v(t)\right\}
\end{aligned} \tag{4.82}$$

ここで得られた解の表現を強制振動解(4.55)と比較することによって，グリーン関数と強制外力とのたたみ込み積分項は次のように与えられることになる．

$$\begin{aligned}
G(t)*\phi(t) &= G(t)*\frac{F}{m}\cos(\omega t) \\
&= u_sA_1\left\{\cos(\omega t)-g_u(t)\right\}+u_sA_2\left\{\sin(\omega t)-\omega g_v(t)\right\}
\end{aligned} \tag{4.83}$$

以上により，角振動数 ω の単一な余弦関数(4.71)で表されるような強制外力が作用する場合の強制振動解が式(4.82)として表された．このような解を**調和応答**(harmonic response)とよぶ．この表現では，たたみ込み積分項が式(4.83)で与えられたように積分を実行することなく計算できることを意味している．

なお，$\eta=0$ の場合を除いて，$g_u(t), g_v(t)$ のグラフはすでに図4.1に示したように減衰効果により，十分な時間の経過にしたがって零になっていく．式(4.82)より明らかなように，初期段階では，固有振動数 ω_0 を有する振動と角振動数 ω を有する強制外力による振動とが共存しているが，最終的には強制外力による振動，すなわち，$u_sA\cos(\omega t-\theta)$ のみの振動となる．

強制外力 $f(t)$ がある周期 T を有する周期関数である場合には，正弦関数および余弦関数によって，次のような「フーリエ級数」(Fourier series)で表現できる．

$$f(t)=\frac{a_0}{2}+\sum_{j=1}^{\infty}\left\{a_j\cos(j\omega t)+b_j\sin(j\omega t)\right\} \tag{4.84}$$

ただし，a_0, a_j, b_j はフーリエ係数とし，$\omega=\dfrac{2\pi}{T}$ とする．

このような強制外力が作用した場合のM-C-K系の強制振動解は，すでに求めた調和応答(4.82)に対応する j 次の高調波 $\cos(j\omega t)$ に関する解を求め，

それらの解を重ね合わせることによって求められる．このような解法の詳細は，参考文献 [12], [22] を参照されたい．

演習問題

1. たたみ込み積分の次の性質を証明せよ．
   a. $u(x) * v(x) = v(x) * u(x)$
   b. $\dfrac{du}{dx}(x) * v(x) = v(x) * \dfrac{du}{dx}(x)$
   c. $(a_1 u_1(x) + a_2 u_2(x)) * v(x) = a_1(u_1 * v(x)) + a_2(u_2(x) * v(x))$
   d. $\dfrac{du}{dx}(x) * v(x) = u(x)v(0) - u(0)v(x) + u(x) * \dfrac{dv}{dx}(x)$

2. 次の2つの関数に対して，たたみ込み積分の性質1, 3, 4を計算により確かめよ．
$$u(x) = x^2 + 2x, \quad v(x) = 2x^2 - 1$$

3. 関数 $v(x)$ と2階導関数 $\dfrac{d^2 u}{dx^2}(x)$ とのたたみ込み積分に対して，以下の問いに答えよ．

   a. 次の等式が成り立つことを証明せよ．
$$v(x) * \dfrac{d^2 u}{dx^2}(x) = v(0)\dfrac{du}{dx}(x) - v(x)\dfrac{du}{dx}(0) + \dfrac{dv}{dx}(0)u(x)$$
$$- \dfrac{dv}{dx}(x)u(0) + \dfrac{d^2 v}{dx^2}(x) * u(x)$$

   b. 次の2つの関数に対して上記の等式が成り立つことを直接計算により確かめよ．
$$u(x) = x^3 + 2x^2, \quad v(x) = 3x^3 - x$$

4. 次の微分方程式の初期値問題の解をたたみ込み積分法を用いて求めよ．
   a. $\dfrac{d^2 u}{dx^2}(x) - \dfrac{du}{dx}(x) - 6u(x) = 2, \quad u(0) = 1, \quad \dfrac{du}{dx}(0) = 0$
   b. $\dfrac{d^2 u}{dx^2}(x) + \dfrac{du}{dx}(x) = x^2 + 2x, \quad u(0) = 4, \quad \dfrac{du}{dx}(0) = -2$
   c. $\dfrac{d^2 u}{dx^2}(x) - 2\dfrac{du}{dx}(x) + u(x) = e^x, \quad u(0) = 1, \quad \dfrac{du}{dx}(0) = 2$
   d. $\dfrac{d^2 u}{dx^2}(x) - 4\dfrac{du}{dx}(x) + 4u(x) = x^2 e^{3x}, \quad u(0) = \dfrac{du}{dx}(0) = 1$

第5章

境界値問題の解法

5.1 弦の釣合い曲線に関する境界値問題

5.1.1 たたみ込み積分法による解法

本節では，すでに第1章1.3節と1.4節で紹介したように，弦の釣合い曲線を求めるための数理モデルとして与えた線形2階定数係数非同次形微分方程式の境界値問題の解法を述べる．微分方程式の境界値問題の解法として，5.3節で述べる「グリーン関数法」が用いられているが，本節では，前章で詳述した「たたみ込み積分法」を用いた解法を紹介する．

その境界値問題は，次に与える分布外力 $f(x)$ を受ける弦（ただし，$T=1$）が3種類の支持条件のもとで示す釣合い曲線を決定する問題である．

微分方程式：
$$\frac{d^2 u}{dx^2}(x) + f(x) = 0 \quad (0 < x < 1) \tag{5.1}$$

境界条件：

$$1. \quad u(0) = u_0, \quad u(1) = u_1 \tag{5.2}$$

$$2. \quad u(0) = u_0, \quad \frac{du}{dx}(1) = v_1 \tag{5.3}$$

$$3. \quad \frac{du}{dx}(0) = v_0, \quad u(1) = u_1 \qquad (5.4)$$

上記の 3 種類の境界条件において，ケース 1 は「ディリクレ条件」，ケース 2, 3 は「混合条件」とよばれている．普通，弦の問題では，両端が支持されていて $u_0 = u_1 = 0$ として与えられる．一方，混合条件は，関数値とその導関数値が両端において与えられるような支持を表している．

微分方程式 (5.1) に対し，関数 $G(x)$ を用いて次のようなたたみ込み積分を行う．

$$G(x) * \left(\frac{d^2 u}{dx^2}(x) + f(x) \right) = G(x) * 0 = 0$$

上式にたたみ込み積分の性質（第 4 章演習問題 3.a）を適用することによって次式を得る．

$$\frac{d^2 G}{dx^2}(x) * u(x) + G(0)\frac{du}{dx}(x) - G(x)\frac{du}{dx}(0)$$
$$+ \frac{dG}{dx}(0)u(x) - \frac{dG}{dx}(x)u(0) = -G(x) * f(x)$$

ここで，関数 $G(x)$ として，

$$\frac{d^2 G}{dx^2}(x) = 0, \quad G(0) = 0, \quad \frac{dG}{dx}(0) = 1 \qquad (5.5)$$

を満たす関数，すなわち，第 4 章 4.4 節で定義したように微分方程式 (5.1) の初期値問題のグリーン関数をとると，次式を得る．

$$u(x) = \frac{dG}{dx}(x)u(0) + G(x)\frac{du}{dx}(0) - G(x) * f(x) \qquad (5.6)$$

この式は，関数 $u(x)$ が境界値 $u(0)$, $\frac{du}{dx}(0)$ および非同次関数 $f(x)$ によって表現されているが，$x = 1$ における境界値が含まれていないので，境界値問題の完全な解とはなっていないことに注意を要する．そこで，上式の両辺を x について微分し，たたみ込み積分の微分則 (4.10) と条件 (5.5) とを考慮することによって，導関数に関する次式を得る．

$$\begin{aligned}\frac{du}{dx}(x) &= \frac{d^2G}{dx^2}(x)u(0) + \frac{dG}{dx}(x)\frac{du}{dx}(0) - \frac{d}{dx}(G(x)*f(x))\\ &= \frac{dG}{dx}(x)\frac{du}{dx}(0) - \left(G(0)f(x) + \frac{dG}{dx}(x)*f(x)\right) \quad (5.7)\\ &= \frac{dG}{dx}(x)\frac{du}{dx}(0) - \frac{dG}{dx}(x)*f(x)\end{aligned}$$

ここで得られた 2 つの関係式 (5.6) と (5.7) を用いることによって, すでに示した 3 種類の境界条件を満たすような解を求めることにする.

ケース 1(ディリクレ条件)

この境界値問題では, 境界において 2 つの関数値 $u(0), u(1)$ が与えられているので, 式 (5.6) に含まれている $\frac{du}{dx}(0)$ を定めなければならない. そこで, 式 (5.6) に $x=1$ とおいて境界条件を考慮すると,

$$u(1) = \frac{dG}{dx}(1)u(0) + G(1)\frac{du}{dx}(0) - (G(x)*f(x))_{x=1} = u_1$$

となり, 未知数 $\frac{du}{dx}(0)$ が次のように定められる.

$$\frac{du}{dx}(0) = G(1)^{-1}\left(u(1) - \frac{dG}{dx}(1)u(0) + (G(x)*f(x))_{x=1}\right)$$

ただし,

$$(G(x)*f(x))_{x=1} = \left(\int_0^x G(x-t)f(t)dt\right)_{x=1} = \int_0^1 G(1-t)f(t)dt$$

これらの結果を式 (5.6) に代入して整理することによって, 次式を得る.

$$\begin{aligned}u(x) =& \frac{dG}{dx}(x)u(0) + G(x)G(1)^{-1}\left(u(1) - \frac{dG}{dx}(1)u(0)\right.\\ &\left. + (G(x)*f(x))_{x=1}\right) - G(x)*f(x)\\ =& \left(\frac{dG}{dx}(x) - G(x)G(1)^{-1}\frac{dG}{dx}(1)\right)u(0) + G(x)G(1)^{-1}u(1)\\ &+ G(x)G(1)^{-1}\int_0^1 G(1-t)f(t)dt - \int_0^x G(x-t)f(t)dt\end{aligned}$$
$$(5.8)$$

したがって，ディリクレ条件の問題の解は，関数 $G(x)$ が具体的に与えられれば完全に表現できる．この $G(x)$ はすでに式 (4.28) の $a=0$ に対するグリーン関数として，

$$G(x) = x, \quad \frac{dG}{dx}(x) = 1 \quad (\,G(1)=1,\ \frac{dG}{dx}(1)=1\,) \tag{5.9}$$

で与えられるので，式 (5.8) は次のように書き換えられて，ディリクレ条件に対する境界値問題の解を与えることになる．

$$\begin{aligned}
u(x) &= (1-x)u(0) + xu(1) + \int_0^1 x(1-t)f(t)dt - \int_0^x (x-t)f(t)dt \\
&= (1-x)u(0) + xu(1) + \int_0^x \{x(1-t) - (x-t)\}f(t)dt \\
&\quad + \int_x^1 x(1-t)f(t)dt \\
&= (1-x)u(0) + xu(1) + \int_0^1 G(x,t)f(t)dt
\end{aligned} \tag{5.10}$$

ただし，

$$G(x,t) = \begin{cases} t(1-x) & (\,0<t<x\,) \\ x(1-t) & (\,x<t<1\,) \end{cases} \tag{5.11}$$

ここで，上式で与えられた 2 変数 x,t に依存する関数 $G(x,t)$ は次に示すような性質を有することが直接計算することによってわかるのでまとめておく．

a. $G(x,t) = G(t,x)$ （対称性） $\hfill (5.12)$

b. $G(x,x) = x(1-x)$ （$x=t$ における連続性） $\hfill (5.13)$

c. $G(0,t) = 0(1-t) = 0$ （$x=0$ における同次境界条件を満たす）
$$\tag{5.14}$$

$G(1,t) = t(1-1) = 0$ （$x=1$ における同次境界条件を満たす）
$$\tag{5.15}$$

d. $\dfrac{dG}{dx}(x,t) = \begin{cases} -t & (\ 0 < t < x\ ) \\ 1-t & (\ x < t < 1\ ) \end{cases}$ (5.16)

$\left(\dfrac{dG}{dx}(0,t) = 1-t,\quad \dfrac{dG}{dx}(1,t) = -t\right)$

$\left[\dfrac{dG}{dx}(x,t)\right]_{x=t-\epsilon}^{x=t+\epsilon} = \dfrac{dG}{dx}(t+\epsilon,t) - \dfrac{dG}{dx}(t-\epsilon,t)$

$= (-t) - (1-t) = -1 \quad (x = t における導関数の不連続性)$ (5.17)

e. $\dfrac{d^2 G}{dx^2}(x,t) = 0 \quad (同次形微分方程式の解)$ (5.18)

なお，上記の解 (5.10) に対して，境界条件を $u(0) = u(1) = 0$ とするならば，1.3 節で述べた弦の釣合い曲線を与える以下のような解が得られたことになる．

$$u(x) = \int_0^1 G(x,t)f(t)dt \qquad (5.19)$$

ケース 2（混合境界条件 A）

次に，混合境界条件 (5.3) に対する解を求める．与えられた導関数に関する境界条件に対応するために，式 (5.7) において $x = 1$ とおくと，

$$\dfrac{du}{dx}(1) = \dfrac{dG}{dx}(1)\dfrac{du}{dx}(0) - \left(\dfrac{dG}{dx}(x) * f(x)\right)_{x=1} = v_1$$

であるから，

$$\dfrac{du}{dx}(0) = \left(\dfrac{dG}{dx}(1)\right)^{-1}\left\{\dfrac{du}{dx}(1) + \left(\dfrac{dG}{dx} * f(x)\right)_{x=1}\right\}$$

となり，これを式 (5.6) に代入して整理し，式 (5.9) を用いて次式を得る．

$$\begin{aligned}
u(x) &= \frac{dG}{dx}(x)u(0) + G(x)\left(\frac{dG}{dx}(1)\right)^{-1}\left\{\frac{du}{dx}(1) + \left(\frac{dG}{dx}(x)*f(x)\right)_{x=1}\right\} \\
&\quad - G(x)*f(x) \\
&= \frac{dG}{dx}(x)u(0) + G(x)\left(\frac{dG}{dx}(1)\right)^{-1}\left\{\frac{du}{dx}(1) + \int_0^1 \frac{dG}{dx}(1-t)f(t)dt\right\} \\
&\quad - \int_0^x G(x-t)f(t)dt \\
&= u(0) + x\frac{du}{dx}(1) + \int_0^1 xf(t)dt - \int_0^x (x-t)f(t)dt \\
&= u(0) + x\frac{du}{dx}(1) + \int_0^x tf(t)dt + \int_x^1 xf(t)dt \\
&= u(0) + x\frac{du}{dx}(1) + \int_0^1 G(x,t)f(t)dt \tag{5.20}
\end{aligned}$$

ただし，2 変数関数 $G(x,t)$ を次のように与える．

$$G(x,t) = \begin{cases} t & (\ 0 < t < x\ ) \\ x & (\ x < t < 1\ ) \end{cases} \tag{5.21}$$

この関数 $G(x,t)$ も上述した 5 つの「性質 a, b, c, d, e」を有することが容易に確かめられる．

ケース 3（混合境界条件 B）

最後に，境界条件 (5.4) に対する解を求める．上記のケースと同じようにして，式 (5.6) より未知数 $u(0)$ が次のように定まる．

$$u(0) = \left(\frac{dG}{dx}(1)\right)^{-1}\left(u(1) - G(1)\frac{du}{dx}(0) + (G(x)*f(x))_{x=1}\right)$$

この結果を式 (5.6) に代入して整理し，式 (5.9) を用いると次のような解を得る．

$$u(x) = u(1) + (x-1)\frac{du}{dx}(0) + \int_0^1 G(x,t)f(t)dt \tag{5.22}$$

ただし，

$$G(x,t) = \begin{cases} 1-x & (\ 0<t<x\ ) \\ 1-t & (\ x<t<1\ ) \end{cases} \tag{5.23}$$

以上によって，弦の釣合い曲線に対する境界値問題 (5.1) – (5.4) の解の表現を「たたみ込み積分法」を適用して構成できた．この解の表現において，「性質 a, b, c, d, e」を有する 2 変数関数 $G(x,t)$ が重要な役割を果たすことがわかる．とくに，解の中でも非同次関数 $f(x)$ によって与えられる特解を表現している．

【例 5.1】 [弦の釣合い曲線の表現]

1. ディリクレ問題の解

   弦の両端が動かない場合の境界条件 $u(0) = u(1) = 0$，外力 $f(x) = p$（大きさ p の一様な分布力）に関する解は，式 (5.19) より次のように求められる．

$$u(x) = \int_0^1 G(x,t)f(t)dt = p\left(\int_0^x t(1-x)dt + \int_x^1 x(1-t)dt\right)$$
$$= p\left(\left[\frac{t^2}{2}(1-x)\right]_0^x + \left[x\left(t-\frac{t^2}{2}\right)\right]_x^1\right) = \frac{p}{2}x(1-x)$$

2. 混合境界値問題の解

   （同次）混合境界条件 A：$u(0) = \dfrac{du}{dx}(1) = 0$，外力 $f(x) = p$ に関する解は，式 (5.20), (5.21) より次のように求められる．

$$u(x) = \int_0^1 G(x,t)f(t)dt = p\left(\int_0^x tdt + \int_x^1 xdt\right)$$
$$= \frac{p}{2}x(2-x)$$

5.1.2 弦の境界値問題のグリーン関数

前項で述べた 2 変数関数 $G(x,t)$ が境界値問題で重要な役割を果たしていることがわかったので，ここで改めてこの関数に対して次の定義を与えておく．

定義 5.1　弦の釣合い曲線の境界値問題のグリーン関数

弦の釣合い曲線（線形 2 階定数係数非同次形微分方程式）の境界値問題 (5.1) – (5.4) に対して，次の 5 つの性質を有する 2 変数に依存した関数 $G(x,t)$ を弦の釣合い曲線の境界値問題のグリーン関数とよぶ．

a. $G(x,t) = G(t,x)$（変数 x, t についての対称性）．

b. $G(x,t)$ は $x = t$ において連続．

c. $G(x,t)$ と $\dfrac{dG}{dx}(x,t)$ とは，境界 $x = 0, 1$ において同次境界条件を満たす．

d. $\dfrac{dG}{dx}(x,t)$ は $x = t$ において不連続，その点における不連続値は -1，すなわち
$$\left[\frac{dG}{dx}(x,t)\right]_{x=t-\epsilon}^{x=t+\epsilon} = -1$$

e. $\dfrac{d^2 G}{dx^2}(x,t) = 0$（同次形微分方程式の解）

なお，境界値問題のグリーン関数 $G(x,t)$ はたたみ込み積分演算を行うことによって，対応する初期値問題のグリーン関数 $G(x)$ から構成することができた．前項で示してきた境界値問題に関する解の表現，グリーン関数とそのグラフとを表 5.1 に示しておく．

以上において弦の釣合い曲線を求めるための線形 2 階定数係数非同次形微分方程式の境界値問題 (5.1) – (5.4) の解をグリーン関数を基にして構成できることを示した．そこで，このグリーン関数による解の表現から「グリーン関数の物理的意味」について考えてみよう．

解 (5.19) は両端固定の弦が外力 $f(x)$ を受けて釣合い状態にあるときの弦の任意の点における鉛直変位を与える．そこで，図 5.1 に示すように，ある任意の位置 t に単位の大きさを有する集中力を作用させたときのある位置 x の鉛直変位を求める．図 5.1 を参照して，弦に働く集中力と弦の張力（$T \equiv 1$

表 5.1 2 階微分方程式の境界値問題の解とグリーン関数

	ディリクレ問題	混合問題	
境界条件	$u(0)=u_0, u(1)=u_1$	$u(0)=u_0, \dfrac{du}{dx}(1)=v_1$	$\dfrac{du}{dx}(0)=v_0, u(1)=u_1$
解の表現	$u(x)=(1-x)u_0+xu_1$ $+\displaystyle\int_0^1 G(x,t)f(t)dt$	$u(x)=u_0+xv_1$ $+\displaystyle\int_0^1 G(x,t)f(t)dt$	$u(x)=(x-1)v_0+u_1$ $+\displaystyle\int_0^1 G(x,t)f(t)dt$
グリーン関数	$G(x,t)=\begin{cases} t(1-x) & (t<x) \\ x(1-t) & (x<t) \end{cases}$	$G(x,t)=\begin{cases} t & (t<x) \\ x & (x<t) \end{cases}$	$G(x,t)=\begin{cases} 1-x & (t<x) \\ 1-t & (x<t) \end{cases}$
$G(x,t)$			
$\dfrac{dG}{dx}(x,t)$			

とする）との間には次のような鉛直方向の釣合い式が成り立たなければならない．

$$T\sin\theta(0)+T\sin\theta(1)=f(x)\equiv 1 \quad\rightarrow\quad \sin\theta(0)+\sin\theta(1)=1$$

ただし，$\theta(0),\theta(1)$ は，図 5.1 に示すように弦の両端における釣合い曲線の角度とする．ここで，弦の変形が微小だとすると，次のような幾何学的関係が成り立つことになる．

$$\sin\theta(0)\approx\frac{u(t)}{t},\quad \sin\theta(1)\approx\frac{u(t)}{1-t}$$

釣合い式にこの幾何学的関係を代入することによって，集中力の作用する点における変位は次のようになる．

$$u(t)=t(1-t)$$

この変位を用いることによって，弦の任意の位置 x における変位 $u(x)$ は図 5.1 を参照して次のように 2 つの場合に対して与えられる．

```
          │
  0   t   ▼       x    θ(1)  1
  ├──┬────────────────────┬──→ x
   θ(0)╲                 ╱
        ╲   u(t)   u(x) ╱
         ╲   │     │   ╱
          ╲  ▼     ▼  ╱
           ╲        ╱
            ╲      ╱
             ╲    ╱
              ╲  ╱
               ╲╱
```

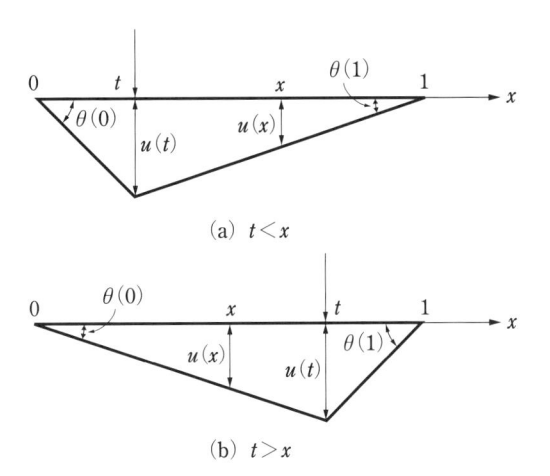

(a) $t<x$

(b) $t>x$

図 **5.1** 集中外力を受ける弦の変形

a. $t<x$:　$u(x) = \dfrac{1-x}{1-t}u(t) = t(1-x)$ 　　(5.24)

b. $t>x$:　$u(x) = \dfrac{x}{t}u(t) = x(1-t)$ 　　(5.25)

ここで得られた上記の変位の表現は，すでに与えたグリーン関数 (5.11) と一致することがわかる．したがって，この場合のグリーン関数は，ある点 t (外力の作用点) に単位の大きさを有する集中外力が作用した場合，任意の点 x (変位の観測点) における変位を表している．すなわち，「グリーン関数とは，ある点に単位の大きさの原因を与えたときに任意の点に生じる結果を表す」．そこで，グリーン関数のことを**影響関数**(influence function) とよぶこともある．このような物理的な意味を有するグリーン関数を表すには，2 つの変数 x, t が必要となり，$G(x,t)$ と表す．

なお，グリーン関数の変数に関する対称性 $G(x,t) = G(t,x)$ は，次のように解釈することができる．ある点 t に単位の大きさの原因を与えたとき点 x における結果（影響）を $G(x,t)$ とすると，逆に点 x に単位の大きさの原因を与えて点 t で結果を観測すると $G(t,x)$ となる．弦の物理的性質が一様ならば，両変位は同じでなければならない．すなわち，$G(x,t) = G(t,x)$ となる．

単位の大きさの集中力の数学的表現は，すでに第 4 章 4.5 節で導入した

「ディラックデルタ関数」によって表されることになるので，上述した考え方をディラックデルタ関数を用いて表現することができる．弦のディリクレ問題の解の表現 (5.19) における外力 $f(x)$ として，点 t に集中力 $\delta(x-t)$ を与えることにすると，その場合の解（弦の変位）は次のようになる．

$$u(x) = \int_0^1 G(x,s)\delta(s-t)ds = G(x,t) \tag{5.26}$$

すなわち，グリーン関数は，非同次関数（外力）がディラックデルタ関数として与えられた場合の解（変位）を表すことがわかる．やはりこの場合にも，グリーン関数は，集中的な原因に対する結果または応答を意味することになる．

5.2　弾性梁の釣合い曲線に関する境界値問題

5.2.1　たたみ込み積分法による解法

前節では，分布外力を受けて釣合い状態にある弦の変形曲線を求めるための数理モデルである線形2階定数係数非同次形微分方程式の境界値問題の解を「たたみ込み積分法」を用いて構成した．本節では，曲げ剛性を有する弾性梁の変形曲線を求めるための数理モデルである線形4階定数係数非同次形微分方程式の境界値問題の解を求めることを考える．その数理モデルはすでに，第1章1.3節の式 (1.15) で与えた．ここでは，簡単のために，曲げ剛性 $EI = 1$ とおいた次の線形4階定数係数非同次形微分方程式を対象とすることにする．

$$\frac{d^4u}{dx^4}(x) - f(x) = 0 \quad (\,0 < x < 1\,) \tag{5.27}$$

この微分方程式に対する梁の両端 $x = 0, x = 1$ で与える支持条件（境界条件）としては，図5.2に示すように梁をどのように支えるのかによって次の6種類の境界条件の与え方が存在する．しかし，基本的には次に与えるような4種類の条件に対する境界値問題を考えればよいことになる．

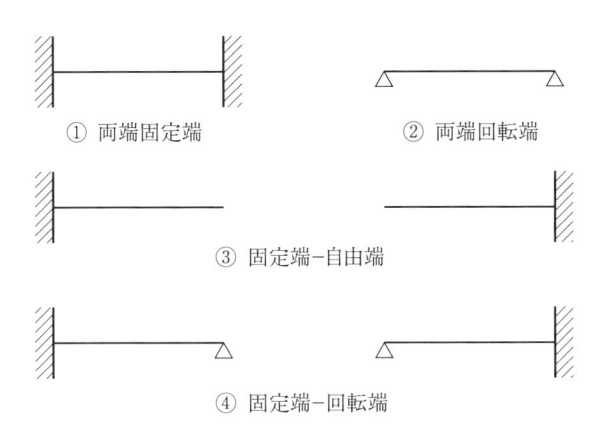

図 **5.2** 梁の支持（境界条件）

1. 両端固定梁

$$u(0) = \frac{du}{dx}(0) = 0, \quad u(1) = \frac{du}{dx}(1) = 0 \tag{5.28}$$

2. 両端回転梁

$$u(0) = \frac{d^2u}{dx^2}(0) = 0, \quad u(1) = \frac{d^2u}{dx^2}(1) = 0 \tag{5.29}$$

3. 片持梁

    3.1 固定端－自由端

$$u(0) = \frac{du}{dx}(0) = 0, \quad \frac{d^2u}{dx^2}(1) = \frac{d^3u}{dx^3}(1) = 0 \tag{5.30}$$

    3.2 自由端－固定端

$$\frac{d^2u}{dx^2}(0) = \frac{d^3u}{dx^3}(0) = 0, \quad u(1) = \frac{du}{dx}(1) = 0 \tag{5.31}$$

4. 固定－回転梁

    4.1 固定端－回転端

$$u(0) = \frac{du}{dx}(0) = 0, \quad u(1) = \frac{d^2u}{dx^2}(1) = 0 \tag{5.32}$$

5.2 弾性梁の釣合い曲線に関する境界値問題

4.2 回転端－固定端

$$u(0) = \frac{d^2u}{dx^2}(0) = 0, \quad u(1) = \frac{du}{dx}(1) = 0 \tag{5.33}$$

上記の境界値問題の解を「たたみ込み積分法」を用いて求めてみよう．弾性梁の微分方程式 (5.27) に対して，次のように関数 $G(x)$ とのたたみ込み積分を行う．

$$G(x) * \left(\frac{d^4u}{dx^4}(x) - f(x)\right) = 0$$

たたみ込み積分の性質を考慮して整理すると次式を得る．

$$G(0)\frac{d^3u}{dx^3}(x) - G(x)\frac{d^3u}{dx^3}(0) + \frac{dG}{dx}(0)\frac{d^2u}{dx^2}(x) - \frac{dG}{dx}(x)\frac{d^2u}{dx^2}(0)$$
$$+ \frac{d^2G}{dx^2}(0)\frac{du}{dx}(x) - \frac{d^2G}{dx^2}(x)\frac{du}{dx}(0) + \frac{d^3G}{dx^3}(0)u(x) - \frac{d^3G}{dx^3}(x)u(0)$$
$$+ \frac{d^4G}{dx^4}(x) * u(x) - G(x) * f(x) = 0$$

ここで，関数 $G(x)$ として，

$$\frac{d^4G}{dx^4}(x) = 0, \tag{5.34}$$

$$G(0) = \frac{dG}{dx}(0) = \frac{d^2G}{dx^2}(0) = 0, \quad \frac{d^3G}{dx^3}(0) = 1 \tag{5.35}$$

を満たす．すなわち，線形 4 階定数係数同次形微分方程式 (5.34) の初期条件 (5.35) に関する初期値問題のグリーン関数を選ぶことにすると，上式は弾性梁の境界値問題をたたみ込み積分法を用いて解くために基本的な次の関係式となる．

$$\begin{aligned}u(x) &= \frac{d^3G}{dx^3}(x)u(0) + \frac{d^2G}{dx^2}(x)\frac{du}{dx}(0) + \frac{dG}{dx}(x)\frac{d^2u}{dx^2}(0) \\ &\quad + G(x)\frac{d^3u}{dx^3}(0) + G(x) * f(x)\end{aligned} \tag{5.36}$$

上式に含まれるグリーン関数とその導関数とを定めるために，上記の関数 $G(x)$ に関する初期値問題 (5.34), (5.35) を解く．同次微分方程式 (5.34) の

解は，4階導関数が零だから，3次関数として次のように与えられる（第1章演習問題 1.d. 参照）．

$$G(x) = c_1 + c_2 x + c_3 x^2 + c_4 x^3$$

ただし，c_1, c_2, c_3, c_4 は未定係数とする．ここで，初期条件 (5.35) を考慮すると，$c_1 = c_2 = c_3 = 0, \ c_4 = \dfrac{1}{6}$ となるので，グリーン関数とその導関数は次のように与えられる．

$$G(x) = \frac{1}{6}x^3 \quad \left(\frac{dG}{dx}(x) = \frac{1}{2}x^2, \ \frac{d^2 G}{dx^2}(x) = x, \ \frac{d^3 G}{dx^3}(x) = 1 \right) \quad (5.37)$$

この表現を式 (5.36) に代入することによって，次のような解の基本的な関係式を得る．

$$\begin{aligned}
u(x) = {}& u(0) + x \frac{du}{dx}(0) + \frac{1}{2}x^2 \frac{d^2 u}{dx^2}(0) + \frac{1}{6}x^3 \frac{d^3 u}{dx^3}(0) \\
& + \int_0^x \frac{1}{6}(x-t)^3 f(t) dt
\end{aligned} \quad (5.38)$$

さらに両辺を変数 x で微分することによって，次のような導関数に関する表現を得る．

$$\frac{du}{dx}(x) = \frac{du}{dx}(0) + x \frac{d^2 u}{dx^2}(0) + \frac{x^2}{2} \frac{d^3 u}{dx^3}(0) + \int_0^x \frac{1}{2}(x-t)^2 f(t) dt \quad (5.39)$$

$$\frac{d^2 u}{dx^2}(x) = \frac{d^2 u}{dx^2}(0) + x \frac{d^3 u}{dx^3}(0) + \int_0^x (x-t) f(t) dt \quad (5.40)$$

$$\frac{d^3 u}{dx^3}(x) = \frac{d^3 u}{dx^3}(0) + \int_0^x f(t) dt \quad (5.41)$$

以下では，ここで導いた基本関係式 (5.38)–(5.41) を用いて梁の各支持条件に対する解を求める．

1. 両端固定梁

   式 (5.38) に含まれる未知数 $\dfrac{d^2 u}{dx^2}(0), \ \dfrac{d^3 u}{dx^3}(0)$ を求めるために，式 (5.38) と (5.39) に $x = 1$ を代入し，与えられた境界条件 (5.28) を適用すると次式を得る．

$$u(1) = \frac{1}{2}\frac{d^2u}{dx^2}(0) + \frac{1}{6}\frac{d^3u}{dx^3}(0) + \int_0^1 \frac{1}{6}(1-t)^3 f(t)dt = 0$$

$$\frac{du}{dx}(1) = \frac{d^2u}{dx^2}(0) + \frac{1}{2}\frac{d^3u}{dx^3}(0) + \int_0^1 \frac{1}{2}(1-t)^2 f(t)dt = 0$$

これより未知数が次のように定まる．

$$\frac{d^2u}{dx^2}(0) = \int_0^1 (1-t)^2 t f(t)dt$$

$$\frac{d^3u}{dx^3}(0) = -\int_0^1 (1-t)^2 (1+2t) f(t)dt$$

この結果を式 (5.38) に代入して整理すると次のような解を得る．

$$\begin{aligned}
u(x) &= \frac{1}{2}x^2 \int_0^1 (1-t)^2 t f(t)dt - \frac{x^3}{6}\int_0^1 (1-t)^2(1+2t)f(t)dt \\
&\quad + \int_0^x \frac{1}{6}(x-t)^3 f(t)dt \\
&= \int_0^x \frac{t^2}{6}(1-x)^2\{-(1+2x)+3x\}f(t)dt \\
&\quad + \int_x^1 \frac{x^2}{6}(1-t)^2\{-x(1+2t)+3t\}f(t)dt \\
&= \int_0^1 G(x,t)f(t)dt \quad\quad\quad\quad\quad\quad\quad\quad (5.42)
\end{aligned}$$

ただし，

$$G(x,t) = \begin{cases} \dfrac{t^2}{6}(1-x)^2\{-t(1+2x)+3x\} & (\ 0 < t < x\ ) \\[2mm] \dfrac{x^2}{6}(1-t)^2\{-x(1+2t)+3t\} & (\ x < t < 1\ ) \end{cases} \quad (5.43)$$

この 2 変数に依存した関数 $G(x,t)$ の性質を以下にまとめておく．

a. $G(x,t) = G(t,x)$
b. $G(x,x) = \dfrac{x^3}{3}(1-x)^3$

c. $G(0,t) = 0$, $G(1,t) = 0$, $\dfrac{dG}{dx}(0,t) = 0$, $\dfrac{dG}{dx}(1,t) = 0$

d. $\dfrac{dG}{dx}(x,t) = \begin{cases} \dfrac{t^2}{2}(1-x)(-3x+1+2tx) & (\ 0 < t < x\ ) \\ \dfrac{(1-t)^2}{2}x\{2t - x(1+2t)\} & (\ x < t < 1\ ) \end{cases}$

$\dfrac{dG}{dx}(x,x) = \dfrac{(1-x)^2}{2}x^2(-2x+1)$

$\dfrac{d^2G}{dx^2}(x,t) = \begin{cases} t^2\{-2+t-x(2t-3)\} & (\ 0 < t < x\ ) \\ (1-t)^2\{-x(1+2t)+t\} & (\ x < t < 1\ ) \end{cases}$

$\dfrac{d^2G}{dx^2}(x,x) = -2x^2(1-x)^2$

$\dfrac{d^3G}{dx^3}(x,t) = \begin{cases} t^2(3-2t) & (\ 0 < t < x\ ) \\ -(1-t)^2(1+2t) & (\ x < t < 1\ ) \end{cases}$

$\left[\dfrac{d^3G}{dx^3}(x,t)\right]_{x=t-\epsilon}^{x=t+\epsilon} = \dfrac{d^3G}{dx^3}(t+\epsilon,t) - \dfrac{d^3G}{dx^3}(t-\epsilon,t)$
$= t^2(3-2t) + (1-t)^2(1+2t) = 1$

e. $\dfrac{d^4G}{dx^4}(x,t) = 0$

ここで示した関数 $G(x,t)$ の性質の中で，3 階導関数 $\dfrac{d^3G}{dx^3}(x,t)$ が $x = t$ で不連続性を有することがわかる．これは，弾性梁が「面外せん断力 $Q(x)$ の不連続性」という構造力学的性質を有することを意味している．

2. 両端回転端

次に，両端が回転支持されている梁の境界値問題を考える．式 (5.38) に含まれる未知数 $\dfrac{du}{dx}(0)$, $\dfrac{d^3u}{dx^3}(0)$ を定めるために，式 (5.38) と (5.40) に $x = 1$ を代入し，与えられた境界条件 (5.29) を適用すると次式を得る．

$$u(1) = \dfrac{du}{dx}(0) + \dfrac{1}{6}\dfrac{d^3u}{dx^3}(0) + \int_0^1 \dfrac{1}{6}(1-t)^3 f(t) dt = 0$$

$$\frac{d^2u}{dx^2}(1) = \frac{d^3u}{dx^3}(0) + \int_0^1 (1-t)f(t)dt = 0$$

これより，未知数が次のように定まる．

$$\begin{aligned}\frac{du}{dx}(0) &= -\int_0^1 \frac{1}{6}(1-t)^3 f(t)dt + \int_0^1 \frac{1}{6}(1-t)f(t)dt \\ &= -\int_0^1 \frac{1}{6}(1-t)(t^2-2t)f(t)dt\end{aligned}$$

$$\frac{d^3u}{dx^3}(0) = -\int_0^1 (1-t)f(t)dt$$

この表現を式 (5.38) に代入して整理すると，次のような解を得る．

$$\begin{aligned}u(x) &= -x\int_0^1 \frac{1}{6}(1-t)(t^2-2t)f(t)dt - \frac{x^3}{6}\int_0^1 (1-t)f(t)dt \\ &\quad + \int_0^x \frac{1}{6}(x-t)^3 f(t)dt \\ &= \int_0^x \frac{t}{6}(1-x)(-x^2+2x-t^2)f(t)dt \\ &\quad + \int_x^1 \frac{x}{6}(1-t)(-t^2+2t-x^2)f(t)dt \\ &= \int_0^1 G(x,t)f(t)dt \end{aligned} \quad (5.44)$$

ただし，2 変数関数 $G(x,t)$ を次のように与えるものとする．

$$G(x,t) = \begin{cases} \dfrac{t}{6}(1-x)(-x^2+2x-t^2) & (\ 0 < t < x\ ) \\[2mm] \dfrac{x}{6}(1-t)(-t^2+2t-x^2) & (\ x < t < 1\ ) \end{cases} \quad (5.45)$$

なお，この関数についても，すでに 1. 両端固定端の場合に示した同様な性質 a–e を有することが容易に確かめられる．

3. 片持梁

ここでは左端が固定端で右端が自由端として与えられる片持梁を考

える．式 (5.38) に含まれる未知数 $\dfrac{d^2u}{dx^2}(0)$, $\dfrac{d^3u}{dx^3}(0)$ を定めるために式 (5.40) と (5.41) に $x=1$ を代入し，与えられた境界条件 (5.30) を考慮することによって次式を得る．

$$\frac{d^2u}{dx^2}(1) = \frac{d^2u}{dx^2}(0) + \frac{d^3u}{dx^3}(0) + \int_0^1 (1-t)f(t)dt = 0$$

$$\frac{d^3u}{dx^3}(1) = \frac{d^3u}{dx^3}(0) + \int_0^1 f(t)dt = 0$$

これより，未知数が次のように与えられる．

$$\frac{d^2u}{dx^2}(0) = -\int_0^1 (1-t)f(t)dt + \int_0^1 f(t)dt = \int_0^1 tf(t)dt$$

$$\frac{d^3u}{dx^3}(0) = -\int_0^1 f(t)dt$$

この表現を式 (5.38) に代入し整理すると次のような解を得る．

$$\begin{aligned}
u(x) &= \frac{1}{2}x^2 \int_0^1 tf(t)dt - \frac{1}{6}x^3 \int_0^1 f(t)dt + \int_0^x \frac{1}{6}(x-t)^3 f(t)dt \\
&= \int_0^x \frac{t^2}{6}(3x-t)f(t)dt + \int_x^1 \frac{x^2}{6}(3t-x)f(t)dt \\
&= \int_0^1 G(x,t)f(t)dt \tag{5.46}
\end{aligned}$$

ただし，

$$G(x,t) = \begin{cases} \dfrac{t^2}{6}(3x-t) & (\ 0 < t < x\ ) \\ \dfrac{x^2}{6}(3t-x) & (\ x < t < 1\ ) \end{cases} \tag{5.47}$$

ここで得られた関数についても上述と同様な性質を有することを各自確かめられたい．

4. 固定端－回転端

ここでは左端が回転端で右端が固定端として与えられる梁の境界値問

題を考える．この場合の式 (5.38) に含まれる未知数は，$\dfrac{du}{dx}(0)$, $\dfrac{d^3u}{dx^3}(0)$ であるから，式 (5.38) と (5.39) に $x=1$ を代入し，与えられた境界条件 (5.32) を考慮することによって次式を得る．

$$u(1) = \frac{du}{dx}(0) + \frac{1}{6}\frac{d^3u}{dx^3}(0) + \int_0^1 \frac{1}{6}(1-t)^3 f(t)dt = 0$$

$$\frac{du}{dx}(1) = \frac{du}{dx}(0) + \frac{1}{2}\frac{d^3u}{dx^3}(0) + \int_0^1 \frac{1}{2}(1-t)^2 f(t)dt = 0$$

これより未知数が次のように定まる．

$$\frac{du}{dx}(0) = \frac{1}{4}\int_0^1 (1-t)^2 t f(t)dt$$

$$\frac{d^3u}{dx^3}(0) = -\frac{1}{2}\int_0^1 (1-t)^2 (2+t) f(t)dt$$

これを式 (5.38) に代入し整理すると次のような解を得る．

$$\begin{aligned}
u(x) &= \frac{x}{4}\int_0^1 (1-t)^2 t f(t)dt - \frac{x^3}{12}\int_0^1 (1-t)^2(2+t)f(t)dt \\
&\quad + \int_0^x \frac{1}{6}(x-t)^3 f(t)dt \\
&= \int_0^x \frac{t}{12}(1-x)^2(-2t^2 - t^2 x + 3x)f(t)dt \\
&\quad + \int_x^1 \frac{x}{12}(1-t)^2(-2x^2 - x^2 t + 3t)f(t)dt \\
&= \int_0^1 G(x,t)f(t)dt
\end{aligned} \tag{5.48}$$

ただし，

$$G(x,t) = \begin{cases} \dfrac{t}{12}(1-x)^2(-2t^2 - t^2 x + 3x) & (\,0 < t < x\,) \\[2mm] \dfrac{x}{12}(1-t)^2(-2x^2 - x^2 t + 3t) & (\,x < t < 1\,) \end{cases} \tag{5.49}$$

上記の関数も上述と同様な性質を有することになる．

5.2.2　弾性梁の境界値問題のグリーン関数

以上，弾性梁の 4 種類の支持条件に対する境界値問題の解をたたみ込み積分法を用いて求めることができた．ここで示した支持条件以外の境界値問題の解については，まったく同様にして求めることができるので演習問題として与えておく．ここで，得られた結果から，弾性梁の境界値問題の解において重要な関数 $G(x,t)$ に対する次の定義を与えることにする．

定義 5.2　弾性梁の境界値問題のグリーン関数

弾性梁の境界値問題 (5.27)–(5.33) に対して，以下の性質 a–e を満たす 2 変数に依存する関数 $G(x,t)$ を**弾性梁の境界値問題のグリーン関数**とよぶ．

a. $G(x,t) = G(t,x)$　（変数 x, t についての対称性）

b. $G(x,t), \dfrac{dG}{dx}(x,t), \dfrac{d^2 G}{dx^2}(x,t)$ は $x = t$ において連続．

c. $G(x,t), \dfrac{dG}{dx}(x,t), \dfrac{d^2 G}{dx^2}(x,t), \dfrac{d^3 G}{dx^3}(x,t)$ は対応する同次境界条件を満たす．

d. $\dfrac{d^3 G}{dx^3}(x,t)$ は $x = t$ において不連続となり，その不連続値は 1 となる．

e. $\dfrac{d^4 G}{dx^4}(x,t) = 0$　（$G(x,t)$ は同次形微分方程式の解）

なお，参考のために弾性梁の 6 種類の境界値問題に対するグリーン関数（演習問題の解答を含む）を以下の表 5.2 にまとめて示しておく．表 5.2 を参照することによって，梁に作用する外力が一様な分布荷重 $f(x) = p$ に対する梁の鉛直変位（撓み）が種々の支持条件のもとで次の例のように与えられる．

表 5.2 線形 4 階微分方程式の境界値問題のグリーン関数

名称	境界条件	グリーン関数
両端－固定梁	$u(0)=\dfrac{du}{dx}(0)=0$ $u(1)=\dfrac{du}{dx}(1)=0$	$G(x,t)=\begin{cases}\dfrac{t^2}{6}(1-x)^2\{3x-t(1+2x)\} & (t<x)\\ \dfrac{x^2}{6}(1-t)^2\{3t-x(1+2t)\} & (x<t)\end{cases}$
両端－回転梁	$u(0)=\dfrac{d^2u}{dx^2}(0)=0$ $u(1)=\dfrac{d^2u}{dx^2}(1)=0$	$G(x,t)=\begin{cases}\dfrac{t}{6}(1-x)(2x-x^2-t^2) & (t<x)\\ \dfrac{x}{6}(1-t)(2t-t^2-x^2) & (x<t)\end{cases}$
片持梁	$u(0)=\dfrac{du}{dx}(0)=0$ $\dfrac{d^2u}{dx^2}(1)=\dfrac{d^3u}{dx^3}(1)=0$	$G(x,t)=\begin{cases}\dfrac{t^2}{6}(3x-t) & (t<x)\\ \dfrac{x^2}{6}(3t-x) & (x<t)\end{cases}$
	$\dfrac{d^2u}{dx^2}(0)=\dfrac{d^3u}{dx^3}(0)=0$ $u(1)=\dfrac{du}{dx}(1)=0$	$G(x,t)=\begin{cases}\dfrac{1}{6}(1-x)^2(2+x-3t) & (t<x)\\ \dfrac{1}{6}(1-t)^2(2+t-3x) & (x<t)\end{cases}$
固定－回転梁	$u(0)=\dfrac{d^2u}{dx^2}(0)=0$ $u(1)=\dfrac{du}{dx}(1)=0$	$G(x,t)=\begin{cases}\dfrac{t}{12}(1-x)^2\{3x-t^2(2+x)\} & (t<x)\\ \dfrac{x}{12}(1-t)^2\{3t-x^2(2+t)\} & (x<t)\end{cases}$
	$u(0)=\dfrac{du}{dx}(0)=0$ $u(1)=\dfrac{d^2u}{dx^2}(1)=0$	$G(x,t)=\begin{cases}\dfrac{t^2}{12}(1-x)\{3x(2-x)+t(x^2-2x-2)\} & (t<x)\\ \dfrac{x^2}{12}(1-t)\{3t(2-t)+x(t^2-2t-2)\} & (x<t)\end{cases}$

【例 5.2】 ［一様な分布荷重を受ける片持弾性梁の撓み］

$$u(x) = \int_0^1 G(x,t)f(t)dt = \int_0^1 G(x,t)p\,dt$$
$$= p\left(\int_0^x \frac{t^2}{6}(3x-t)dt + \int_x^1 \frac{x^2}{6}(3t-x)dt\right)$$
$$= \frac{p}{24}x^2(x^2-4x+6)$$

【例 5.3】 ［一様な分布荷重を受ける両端回転端梁の撓み］

$$\begin{aligned}
u(x) &= \int_0^1 G(x,t)f(t)dt = \int_0^1 G(x,t)pdt \\
&= -p\left\{\int_0^x \frac{1-x}{6}(x^2t-2xt+t^3)dt + \int_x^1 \frac{x(1-t)}{6}(t^2-2t+x^2)dt\right\} \\
&= -p\left\{\frac{1-x}{6}\left(\frac{3x^4}{4}-x^3\right) + \frac{x}{6}\left(-\frac{1}{4}+\frac{3x^2}{2}-2x^3+\frac{3x^4}{4}\right)\right\} \\
&= \frac{p}{24}x(x^3-2x^2+1)
\end{aligned}$$

5.3　グリーン関数法

5.1, 5.2 節で微分方程式の境界値問題の解に対して，グリーン関数を用いた表現を導くことができた．その解の表現は，非同次関数（外力）の積分項を含んでいるので，具体的な非同次関数が与えられるならば，例 5.1–5.3 に示したように積分計算を行うことによって解が定められることになる．このように解は，グリーン関数によって表現できることになる（参考文献 [7],[16]）．そこで，グリーン関数を用いて解を構成する解法を「境界値問題のグリーン関数法 (Green function method)」とよぶ．

「境界値問題のグリーン関数法」では，定義 5.1 および 5.2 で与えたように，対象とする微分方程式に対応して，グリーン関数の性質 a–e を有する 2 変数に依存する関数としてグリーン関数を構成し，境界値問題の解を求めることになる．

本書では，このグリーン関数を「たたみ込み積分法」を用いて境界値問題の微分方程式に対応する初期値問題のグリーン関数から容易に構成できることを示してきた．したがって，「たたみ込み積分」を用いれば微分方程式の初期値問題および境界値問題とをそれらに対するグリーン関数を用いて解を構成できるという統合的な解法を展開することができた．そこで，本節ではグリーン関数法との関係を明らかにしておこう．

グリーン関数法では，まず始めに上記のグリーン関数の定義より，性質a–eを満たすような関数を構成し，それを用いて境界値問題の解を求めることになる．そこで，5.1節で述べた微分方程式のディリクレ問題 (5.1), (5.2) を対象としてグリーン関数を構成してみることにする．

グリーン関数の定義 5.1 の性質 e を考慮すると，グリーン関数は，微分方程式 (5.1) の同次形微分方程式の解でなければならないことから，x の 1 次関数として，$G(x,t) = ax + b$ で表されるので次のようにおく．

$$G(x,t) = \begin{cases} a_1 x + b_1 & (\ 0 < t < x\ ) \\ a_2 x + b_2 & (\ x < t < 1\ ) \end{cases}$$

ここで，上記のグリーン関数に含まれる 4 つの未定係数 a_1, a_2, b_1, b_2 は以下のようにグリーン関数が満たさなければならない他の性質を用いることによって，次のように定められる．

・性質 c（同次境界条件を満たす）：

$$G(0,t) = b_2 = 0, \quad G(1,t) = a_1 + b_1 = 0 \quad \rightarrow \quad b_2 = 0, \quad b_1 = -a_1$$

・性質 d（導関数値の不連続性）：

$$\left[\frac{dG}{dx}(x,t)\right]_{x=t-\epsilon}^{x=t+\epsilon} = a_1 - a_2 \quad \rightarrow \quad a_2 = a_1 + 1 = -b_1 + 1$$

・性質 b（連続性）：

$$a_1 t + b_1 = a_2 t + b_2 \quad \rightarrow \quad a_1(t-1) = (a_1 + 1)t \quad \rightarrow \quad a_1 = -t$$

以上の結果より未定係数が次のように定められる．

$$a_1 = -t, \quad b_1 = t, \quad a_2 = 1 - t, \quad b_2 = 0$$

したがって，上記のグリーン関数は次のように書き換えられることになる．

$$G(x,t) = \begin{cases} -tx + t = t(1-x) & (\ 0 < t < x\ ) \\ (1-t)x + 0 = x(1-t) & (\ x < t < 1\ ) \end{cases}$$

ここで構成されたグリーン関数は，すでに5.1節において対応する初期値問題のグリーン関数から「たたみ込み積分法」を用いて得られたグリーン関数 (5.11) と一致する.

境界値問題に対する「グリーン関数法」は，上述したようにグリーン関数の定義に基づき2変数に依存する関数をまず始めに構成して解の表現を与える方法である.

5.4　グリーン関数と基本解

本節では，これまで述べてきた微分方程式の境界値問題のグリーン関数と大変関連の深い「関数」について触れておくことにする．そこで，対象とするグリーン関数としては，表5.1に示されている2階微分方程式の境界値問題のグリーン関数を取り上げることにする.

ディリクレ問題と混合問題のグリーン関数を第4章4.5.3項で導入した「ヘヴィサイドステップ関数」を用いることによって書き換えることを考える.

・ディリクレ問題：

$$G(x,t) = t(1-x)H(x-t) + x(1-t)H(t-x)$$
$$= \frac{t(1-x) + x(1-t)}{2} - \frac{1}{2}|x-t| \quad (5.50)$$
$$= \left(\frac{t+x}{2} - tx\right) - \frac{1}{2}|x-t|$$

・混合問題：

$$G(x,t) = tH(x-t) + xH(t-x)$$
$$= \left(\frac{t+x}{2}\right) - \frac{1}{2}|x-t| \quad (5.51)$$

$$G(x,t) = (1-x)H(x-t) + (1-t)H(t-x)$$
$$= \frac{1-x+1-t}{2} - \frac{1}{2}|x-t| \qquad (5.52)$$
$$= \left(-\frac{x+t}{2} + 1\right) - \frac{1}{2}|x-t|$$

上記の各境界値問題に対するグリーン関数のヘヴィサイドステップ関数による表現から，グリーン関数は2つの項から表されていることがわかる．すなわち，各グリーン関数に共通して存在する $x-t$ の絶対値 $|x-t|$ とそれ以外の項の和である．そこで，この絶対値の項を改めて2変数に依存した関数として次のように表すことにする．

$$u^*(x,t) = -\frac{1}{2}|x-t| \qquad (5.53)$$

ここでこの関数について調べると，次のような性質を有することがわかる．

a. $u^*(x,t) = u^*(t,x)$ （対称性） $\qquad (5.54)$

b. $u^*(x,t):\quad x=t$ で連続 $\qquad (5.55)$

c. $\dfrac{du^*}{dx}(x,t) = -\dfrac{1}{2}\mathrm{sgn}(x-t) \qquad (5.56)$

$\left[\dfrac{du^*}{dx}(x,t)\right]_{x=t-\epsilon}^{x=t+\epsilon} = -\dfrac{1}{2}\{\mathrm{sgn}(\epsilon) - \mathrm{sgn}(-\epsilon)\} = -1 \qquad (5.57)$

d. $\dfrac{d^2 u^*}{dx^2}(x,t) = -\dfrac{1}{2}\dfrac{d}{dx}\mathrm{sgn}(x-t) = -\delta(x-t) \qquad (5.58)$

ただし，sgn x は**符号関数**(signum function)とよばれ次のように定義する．

$$\mathrm{sgn}\, x := \begin{cases} 1 & (\ x > 0\ ) \\ -1 & (\ x < 0\ ) \end{cases} \qquad (5.59)$$

ここで示した関数 $u^*(x,t)$ の有する性質は，グリーン関数の定義5.1と比べると，同次境界条件と同次形微分方程式を満たすという性質に違いがあることがわかる．とくに，上記の性質dとは顕著な違いがある．この性質は，「関数 $u^*(x,t)$ が1点 $x=t$ を除いて同次形微分方程式を満たしている」こと

を表している．さらに，関数 $u^*(x,t)$ は同次境界条件も満たしていない．そこで，この関数をグリーン関数と区別することにして次のように定義する．

定義 5.3　2 階微分作用素の基本解

線形 2 階微分方程式 (5.1) に関連して，次の（特異）線形 2 階定数係数微分方程式の解を基本解，または，2 階微分作用素 $\dfrac{d^2}{dx^2}$ の基本解とよび，$u^*(x,t)$ で表す．すなわち，

$$\frac{d^2 u^*}{dx^2}(x,t) = -\delta(x-t) \tag{5.60}$$

ただし，$\delta(x-t)$ は $x=t$ で特異性を示すディラックデルタ関数とする．

基本解のこのような定義から，グリーン関数 $G(x,t)$ は $x=t$ で特異性を持たない項と基本解との和として表されることになる．式 (5.53) で与えた基本解とその導関数のグラフを図 5.3 に示しておく．

(a) $u^*(x,t)$

(b) $\dfrac{du^*}{dx}(x,t)$

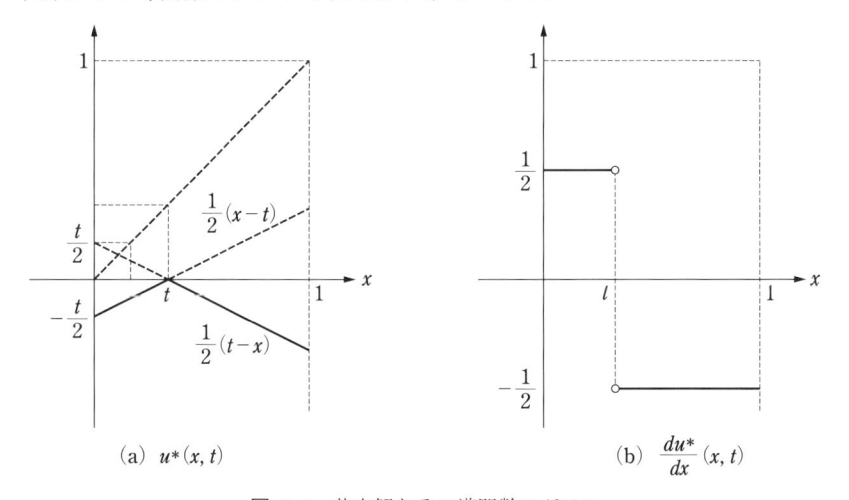

図 **5.3**　基本解とその導関数のグラフ

微分方程式の境界値問題はグリーン関数の代わりに，ここで定義した「基本解」を用いて解くこともできる．基本解を基にして問題を解く解法は，「境界型解法」と考えられる．この境界型解法の代表的なものは「境界積分方程式

法」(boundary integral equation method) およびその近似解法である「境界要素法」(boundary element method) である．これらの解法については，参考文献 [13],[14] を参照されたい．

演習問題

1. 次の混合境界値問題に関する以下の問いに答えよ．

   $$\frac{d^2u}{dx^2}(x) + f(x) = 0 \ (\ 0 < x < 1\ ), \quad \frac{du}{dx}(0) = v_0, \quad u(1) = u_1$$

   a. 上記の境界値問題の解の表現を求めよ．
   b. 次のような具体的な非同次関数に対する解を定めよ．

   $$f(x) = p \quad (p \text{ は定数}), \quad f(x) = x$$

2. 次の混合境界値問題の解の表現を導け．

   $$\frac{d^2u}{dx^2}(x) - k^2 u(x) + f(x) = 0 \quad (k \text{ は零でない定数})$$

   a. $u(0) = u_0, \quad u(1) = u_1$
   b. $u(0) = u_0, \quad \dfrac{du}{dx}(1) = v_1$
   c. $\dfrac{du}{dx}(0) = v_0, \quad u(1) = u_1$

3. 次の微分方程式の境界値問題に関する以下の問いに答えよ．

   $$\frac{d^4u}{dx^4}(x) = f(x) \quad (\ 0 < x < 1\ )$$

   a. $\dfrac{d^2u}{dx^2}(0) = \dfrac{d^3u}{dx^3}(0) = 0, \quad u(1) = \dfrac{du}{dx}(1) = 0$ に対する解を求めよ．
   b. $u(0) = \dfrac{du}{dx}(0) = 0, \quad u(1) = \dfrac{d^2u}{dx^2}(1) = 0$ に対する解を求めよ．
   c. 上記の2つの問題に対して，次の各非同次関数に対する具体的な解を求めよ．

   $$f(x) = p \quad (p : \text{定数}), \quad f(x) = x$$

第6章

固有値問題の解法

6.1 固有角振動数

本章では,「微分方程式の固有値問題」とよばれている問題の解を「たたみ込み積分法」を用いて解くことを考える.まず始めに固有値問題とは何かについて説明する.すでに,第 4 章において,M-C-K 系の運動を解析する際に「固有角振動数」という係数 ω_0 を導入した.この固有角振動数について考える.

M-C-K 系の運動は,すでに示したように次の線形 2 階定数係数非同次形微分方程式で与えられる.

$$\frac{d^2u}{dt^2}(t) + 2\eta\omega_0\frac{du}{dt}(t) + \omega_0^2 u(t) = f(t) \tag{6.1}$$

この中の係数である ω_0 を減衰効果がない場合,すなわち,M-K 系 ($\eta = 0$) の固有角振動数として与えた.したがって,この固有角振動数は,上式において $\eta = 0$, $f(t) = 0$ とおいた次の線形 2 階定数係数同次形微分方程式の解から明らかにすることができる.

$$\frac{d^2u}{dt^2}(t) + \omega_0^2 u(t) = 0 \tag{6.2}$$

この微分方程式の一般解は,2 つの特性根 $\lambda = \pm i\omega_0$ によって次のように

与えられる．

$$
\begin{aligned}
u(t) &= C_1 e^{i\omega_0 t} + C_2 e^{-i\omega_0 t} \\
&= C_1\{\cos(\omega_0 t) + i\sin(\omega_0 t)\} + C_2\{\cos(\omega_0 t) - i\sin(\omega_0 t)\} \\
&= D_1 \cos(\omega_0 t) + D_2 \sin(\omega_0 t) \\
&= A\cos(\omega_0 t - \theta)
\end{aligned}
\quad (6.3)
$$

なお，初期条件 $u(0) = u_0$, $\dfrac{du}{dt}(0) = v_0$ を考慮すると，各係数は次のように与えられる．

$$ D_1 = C_1 + C_2 = u_0, \quad D_2 = i(C_1 - C_2) = \frac{v_0}{\omega_0} $$

$$ A^2 = D_1^2 + D_2^2 = u_0^2 + \left(\frac{v_0}{\omega_0}\right)^2, \quad \tan\theta = \frac{D_2}{D_1} = \frac{v_0}{u_0 \omega_0} \quad (6.4) $$

この解の表現から，運動 $u(t)$ は振幅 A の余弦関数として表されるので，周期運動であることがわかり，その周期は $\dfrac{2\pi}{\omega_0}$ となり，固有振動数は $\dfrac{\omega_0}{2\pi}$ で与えられる．なお，固有角振動数 ω_0 は，定義から，M-K 系の質量 m とバネ定数 k との比 $\sqrt{\dfrac{k}{m}}$ によって表されるので，この系に対して"固有"となる．

6.2 弦の固有値問題

6.2.1 弦の固有振動問題

次に，弦や弾性梁を対象としたときに考えられる固有値問題を考える．弦や弾性梁の場合は，M-C-K 系の運動とは異なり，その質量が集中的に存在しているのではなく，長さ方向（x 軸方向）に一様に分布している．そこで，前者を**集中質量系**，後者を**分布質量系**とよび区別している．本節では，分布質量系としての弦の固有値問題を解くことにする．

弦の静的な釣合い曲線については，すでに第 5 章 5.2 節で詳述した．ここでは，弦の動的な挙動を考える．そのためには，弦の運動方程式を構成しな

ければならない．単位長さ，断面積 A を有する質量密度 ρ の弦の運動方程式は，弦の鉛直変位を $u(x,t)$ とすると，次のような偏微分方程式として与えられる．

$$\rho A \frac{\partial^2 u}{\partial t^2}(x,t) = T \frac{\partial^2 u}{\partial x^2}(x,t) + f(x,t) \tag{6.5}$$

この偏微分方程式の左辺は，弦の質量と加速度の積を表し，右辺は，弦に作用する力（張力 T と分布外力 $f(x,t)$）の鉛直方向成分である．偏微分方程式の未知関数 $u(x,t)$ は 2 変数関数であるから，解として空間変数 x および時間変数 t に関する関数の積として表現することにする．このような解の表現を「変数分離型解」とよぶ．このとき，時間変数に関する関数は，前節の M-K 系の解 (6.3) を考慮すると，$e^{i\omega t}$ とおくことができるので，解を次のように仮定する．

$$u(x,t) = U(x)e^{i\omega t} \tag{6.6}$$

この解の表現を微分方程式 (6.5) に代入する．いま，弦の固有の運動を考えているので，外力を零とおくことによって，次のような未知関数 $U(x)$ に関する常微分方程式を得る．

$$\left(\rho A \omega^2 U(x) + T \frac{d^2 U}{dx^2}(x) \right) e^{i\omega t} = 0 \quad \to \quad \frac{d^2 U}{dx^2}(x) + \mu^2 U(x) = 0 \tag{6.7}$$

ただし，

$$\mu^2 = \frac{\rho A \omega^2}{T} \tag{6.8}$$

上式は未知関数 $U(x)$ に関する線形 2 階定数係数同次形微分方程式である．そこで，この微分方程式を弦の支持条件 $U(0) = U(1) = 0$ のもとで解くことによって，両端が支持されている弦が無荷重状態のとき示す運動が明らかになる．したがって，解くべき問題は，弦の固有角振動数 ω を次のような微分方程式の境界値問題として定めることになる．

$$\frac{d^2 U}{dx^2}(x) + \mu^2 U(x) = 0 \quad (\ 0 < x < 1\ ) \tag{6.9}$$

$$U(0) = U(1) = 0 \tag{6.10}$$

この境界値問題は，微分方程式 (6.9) および境界条件 (6.10) が共に右辺が零，すなわち「同次形」として与えられていることに特徴を有している．そのためにこの境界値問題の解として，どのような係数 μ に対してもつねに解 $U(x) \equiv 0$，すなわち「零値関数」が存在することになる．このような $U(x)$ に対して，偏微分方程式 (6.5) の同次形の解 $u(x,t)$ はやはり $u(x,t) \equiv 0$ となる．したがって，このような解は弦の運動状態を表していないので，$U(x) \not\equiv 0$ となる解を求めなければならない．なお，$U(x) \equiv 0$ となる解は，**自明な解**(trivial solution) とよばれている．

与えられた上記の境界値問題を解くことにしよう．まず始めに同次形微分方程式 (6.9) の解を求める．その特性根は，$\lambda = \pm i\mu$ であるから基本関数 $e^{i\mu x}$ と $e^{-i\mu x}$ とを用いて次のようになる．

$$\begin{aligned} U(x) &= C_1 e^{i\mu x} + C_2 e^{-i\mu x} \\ &= D_1 \cos(\mu x) + D_2 \sin(\mu x) \end{aligned} \quad (6.11)$$

この解の表現に対して，同次境界条件 (6.10) を考慮すると，

$$U(0) = D_1 = 0 \quad (6.12)$$

$$U(1) = D_1 \cos \mu + D_2 \sin \mu = D_2 \sin \mu = 0 \quad (6.13)$$

となり，

$$D_2 = 0 \quad \text{または} \quad \sin \mu = 0$$

とならなければならない．ここで，$D_2 = 0$ を選ぶと解は $U(x) = 0$ となり，自明な解となるので，非自明な解としては，

$$f(\mu) \equiv \sin \mu = 0 \quad (6.14)$$

を満たすような μ に対して与えられることになる．この条件を満たす μ は次のように表される．

$$\mu_n = n\pi \quad (\ n = 1, 2, \cdots\ ) \quad (6.15)$$

このような μ を用いると，両端支持された弦の固有角振動数が式 (6.8) より次のように定められる．

$$\omega^2 = \frac{T}{\rho A}(n\pi)^2 \quad \rightarrow \quad \omega = \sqrt{\frac{T}{\rho A}}(n\pi) \tag{6.16}$$

なお，このような固有角振動数に対する解の空間変数 x に関する形状，すなわち弦の鉛直変位 $U_n(x)$ は，D_2 が未定のままで次のように表される．

$$U_n(x) = D_2 \sin(n\pi x) \tag{6.17}$$

この関数形 $\sin(n\pi x)$ を固有振動における**固有振動モード**(eigen mode) とよぶ．図 6.1 に弦の固有角振動数と対応する固有振動モードを示す．

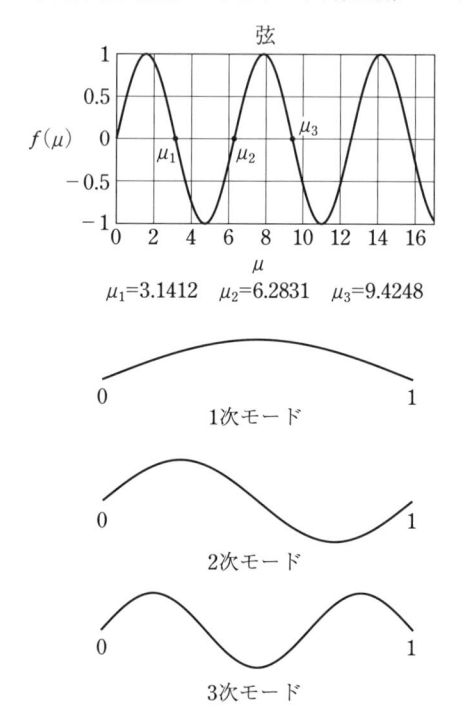

図 6.1 弦の固有角振動解（固有振動数と固有振動モード）

以上より，線形同次形微分方程式に含まれる未知係数を同次境界条件のもとで決定する問題，すなわち特別な境界値問題を**固有値問題**(eigenvalue problem) とよぶ．

なお，同次形微分方程式 (6.9) を式 (5.1) と比べることによって $f(x)$ を $\mu^2 U(x)$ とするならば，固有値問題 (6.9), (6.10) の解は式 (5.19) よりグリーン関数 (5.11) を用いて，

$$U(x) = \int_0^1 G(x,t)(\mu^2 U(t))dt$$

と表すこともできる．この表現は右辺の積分の中に未知関数を含んでいる．この積分表現はフレードホルム (Fredholm) 型同次積分方程式とよばれている（参考文献 [8]）．

同次形微分方程式 (6.9) とこの積分方程式を次のように書き換える．

$$\frac{d^2 U}{dx^2}(x) = -\mu^2 U(x)$$
$$\int_0^1 G(x,t)U(t)dt = \frac{1}{\mu^2}U(x)$$

すると，これらの表現は線形代数学におけるベクトル $\boldsymbol{u}$ の行列（線形写像）$\boldsymbol{A}$ の固有値問題

$$\boldsymbol{Au} = \lambda \boldsymbol{u}$$

に対応しているので，上式を用いて μ^2（固有値）と $U(x)$（固有関数）とを定める問題は「固有値問題」である．

6.2.2 たたみ込み積分法による解法

次に，この固有値問題を「たたみ込み積分法」を用いて解いてみよう．

微分方程式 (6.9) の両辺に関数 $G(x)$ をたたみ込み積分すると，次のようになる．

$$G(x) * \left(\frac{d^2 U}{dx^2}(x) + \mu^2 U(x) \right) = 0 \tag{6.18}$$

上式にたたみ込み積分の性質を適用すると次のようになる．

$$U(x) = G(x)\frac{dU}{dx}(0) + \frac{dG}{dx}(x)U(0) \tag{6.19}$$

ただし，関数 $G(x)$ は次式を満たすような解として与えられる．

$$G(x) = \frac{1}{\mu}\sin(\mu x) : \frac{d^2 G}{dx^2}(x) + \mu^2 G(x) = 0, \quad G(0) = 0, \quad \frac{dG}{dx}(0) = 1$$

ここで，解の表現 (6.19) に同次境界条件を適用する．条件 $U(0) = 0$ は明らかであるから，他の条件 $U(1) = 0$ を考えると，

$$U(1) = G(1)\frac{dU}{dx}(0) = \left(\frac{1}{\mu}\sin\mu\right)\frac{dU}{dx}(0) = 0 \quad (6.20)$$

さらに，$\frac{dU}{dx}(0) \neq 0$ であるから，$\sin\mu = 0$，すなわち式 (6.14) が得られたことになる．このような μ に対する解 (6.19)，すなわち弦の鉛直変位形状は固有振動モードを用いて次のように表される．

$$U_n(x) = \frac{1}{n\pi}\sin(n\pi x)\frac{dU}{dx}(0) = \left(\frac{dU}{dx}(0)\frac{1}{n\pi}\right)\sin(n\pi x) \quad (6.21)$$

なお，すでに式 (6.17) で表された固有振動形の未定係数 D_2 は，この表現から $\frac{dU}{dx}(0)$ の $\frac{1}{n\pi}$ 倍を意味することがわかる．

6.3 弾性梁の固有値問題

6.3.1 弾性梁の固有振動問題

次に種々の支持条件を有する弾性梁の固有振動問題を考える．単位長さ，断面積 A，密度 ρ を有する弾性梁の運動方程式は，梁の鉛直変位，すなわち撓み $u(x,t)$ に関する次の偏微分方程式で与えられる．

$$\rho A\frac{\partial^2 u}{\partial t^2}(x,t) = -EI\frac{\partial^4 u}{\partial x^4}(x,t) + f(x,t) \quad (6.22)$$

弦の固有振動解の場合と全く同様にして，解を変数分離解 (6.6) とすると，無荷重状態 $f(x,t) = 0$ に対して梁の鉛直変位の形状を与える次のような常微分方程式を得る．

$$\left(EI\frac{d^4U}{dx^4}(x) - \rho A\omega^2 U(x)\right)e^{i\omega t} = 0 \quad \to \quad \frac{d^4U}{dx^4}(x) - \beta^4 U(x) = 0 \quad (6.23)$$

ただし，係数 β を次のようにおく．

$$\beta^4 = \frac{\rho A}{EI}\omega^2 \quad (6.24)$$

以上のように弾性梁の固有振動問題は，線形 4 階定数係数同次形微分方程式 (6.23) と梁の各種の支持条件に対応する同次境界条件によって与えられる固有値問題となる．上記の 4 階微分方程式の解は，特性方程式 $\lambda^4 - \beta^4 = 0$ の根 $\lambda = \pm\beta, \pm i\beta$ を用いることによって次のように与えられる．

$$\begin{aligned}
U(x) &= C_1 e^{\beta x} + C_2 e^{-\beta x} + C_3 e^{i\beta x} + C_4 e^{-i\beta x} \\
&= D_1 \cos(\beta x) + D_2 \sin(\beta x) + D_3 \cosh(\beta x) + D_4 \sinh(\beta x)
\end{aligned} \quad (6.25)$$

上記の解に含まれる積分定数 C_1, C_2, C_3, C_4 または D_1, D_2, D_3, D_4 は以下に示すように梁の支持条件によって定まる．その支持条件を考慮するために必要な導関数を以下に示しておく．

$$\frac{dU}{dx}(x) = \beta\{-D_1 \sin(\beta x) + D_2 \cos(\beta x) + D_3 \sinh(\beta x) + D_4 \cosh(\beta x)\} \quad (6.26)$$

$$\frac{d^2U}{dx^2}(x) = \beta^2\{-D_1 \cos(\beta x) - D_2 \sin(\beta x) + D_3 \cosh(\beta x) + D_4 \sinh(\beta x)\} \quad (6.27)$$

$$\frac{d^3U}{dx^3}(x) = \beta^3\{D_1 \sin(\beta x) - D_2 \cos(\beta x) + D_3 \sinh(\beta x) + D_4 \cosh(\beta x)\} \quad (6.28)$$

A. 両端回転梁 $\left(U(0) = \dfrac{d^2U}{dx^2}(0) = 0, \quad U(1) = \dfrac{d^2U}{dx^2}(1) = 0\right)$

$$U(0) = D_1 + D_3 = 0 \quad (6.29)$$

$$\frac{d^2U}{dx^2}(0) = \beta^2(-D_1 + D_3) = 0 \quad (6.30)$$

$$U(1) = D_1 \cos\beta + D_2 \sin\beta + D_3 \cosh\beta + D_4 \sinh\beta = 0 \quad (6.31)$$

$$\frac{d^2 U}{dx^2}(1) = \beta^2(-D_1 \cos\beta - D_2 \sin\beta + D_3 \cosh\beta + D_4 \sinh\beta) = 0 \quad (6.32)$$

この同次境界条件より，$D_1 = D_3 = 0$ および，

$$D_2 \sin\beta + D_4 \sinh\beta = 0$$

$$-D_2 \sin\beta + D_4 \sin\beta = 0$$

を得る．ここで，係数 D_2, D_4 が共に零でないための次のような条件

$$\begin{vmatrix} \sin\beta & \sinh\beta \\ -\sin\beta & \sinh\beta \end{vmatrix} = 0 \quad \rightarrow \quad \sin\beta \sinh\beta = 0 \quad (6.33)$$

から，$\sinh\beta \neq 0$ を考慮すると次のような結果を得る．

$$f(\beta) \equiv \sin\beta = 0 \quad \rightarrow \quad \beta_n = n\pi \quad (n = 1, 2, \cdots) \quad (6.34)$$

なお，この結果に対する両端回転梁の固有振動モードは次のように表される．

$$U_n(x) = D_2 \sin(n\pi x) + D_4 \sinh(n\pi x) \quad (6.35)$$

B. 両端固定梁 $\left(U(0) = \dfrac{dU}{dx}(0) = 0, \quad U(1) = \dfrac{dU}{dx}(1) = 0 \right)$

$$U(0) = D_1 + D_3 = 0 \quad (6.36)$$

$$\frac{dU}{dx}(0) = \beta(D_2 + D_4) = 0 \quad (6.37)$$

$$U(1) = D_1 \cos\beta + D_2 \sin\beta + D_3 \cosh\beta + D_4 \sinh\beta = 0 \quad (6.38)$$

$$\frac{dU}{dx}(1) = \beta(-D_1 \sin\beta + D_2 \cos\beta + D_3 \sinh\beta + D_4 \cosh\beta) = 0 \quad (6.39)$$

この条件より，$D_3 = -D_1, \quad D_4 = -D_2$ および，

$$D_1(\cos\beta - \cosh\beta) + D_2(\sin\beta - \sinh\beta) = 0$$

$$-D_1(\sin\beta + \sinh\beta) + D_2(\cos\beta - \cosh\beta) = 0$$

を得る．ここで，係数 D_1, D_2 が共に零ではないための次の条件

$$\begin{vmatrix} \cos\beta - \cosh\beta & \sin\beta - \sinh\beta \\ -(\sin\beta + \sinh\beta) & \cos\beta - \cosh\beta \end{vmatrix} = 0 \quad (6.40)$$

から，次のような β が満たすべき方程式を得る．

$$f(\beta) \equiv \cos\beta\cosh\beta - 1 = 0 \quad \to \quad \cos\beta\cosh\beta = 1 \quad (6.41)$$

なお，この方程式を満たすような β に対して，両端固定梁の固有振動モードが次のように与えられる．

$$U_n(x) = D_1\{\cos(\beta_n x) - \cosh(\beta_n x)\} + D_2\{\sin(\beta_n x) - \sinh(\beta_n x)\} \quad (6.42)$$

ただし，β_n は上記の方程式を満たすような n 番目の β を表すものとする．この方程式の根は A. 両端回転梁の場合とは異なり近似的または，数値的に解かなければならない．

C. 片持梁 $\left(U(0) = \dfrac{dU}{dx}(0) = 0, \ \dfrac{d^2U}{dx^2}(1) = \dfrac{d^3U}{dx^3}(1) = 0\right)$

$$U(0) = D_1 + D_3 = 0 \quad (6.43)$$

$$\frac{dU}{dx}(0) = \beta(D_2 + D_4) = 0 \quad (6.44)$$

$$\frac{d^2U}{dx^2}(1) = \beta^2(-D_1\cos\beta - D_2\sin\beta + D_3\cosh\beta + D_4\sinh\beta) = 0 \quad (6.45)$$

$$\frac{d^3U}{dx^3}(1) = \beta^3(D_1\sin\beta - D_2\cos\beta + D_3\sinh\beta + D_4\cosh\beta) = 0 \quad (6.46)$$

この条件より，係数 $D_3 = -D_1$, $D_4 = -D_2$ および，

$$-D_1(\cos\beta + \cosh\beta) - D_2(\sin\beta + \sinh\beta) = 0$$

$$D_1(\sin\beta - \sinh\beta) - D_2(\cos\beta + \cosh\beta) = 0$$

を得る．ここで，係数 D_1, D_2 が共に零でないための条件として次式を得る．

$$\begin{vmatrix} \cos\beta + \cosh\beta & \sin\beta + \sinh\beta \\ \sin\beta - \sinh\beta & -(\cos\beta + \cosh\beta) \end{vmatrix} = 0 \quad (6.47)$$

この条件式より β に関する次の方程式を得る．

$$f(\beta) \equiv \cos\beta\cosh\beta + 1 = 0 \quad \rightarrow \quad \cos\beta\cosh\beta = -1 \quad (6.48)$$

さらに，この方程式の根 β を β_n とするとき，片持梁の固有振動モードは次のようになる．

$$U_n(x) = D_1\{\cos(\beta_n x) - \cosh(\beta_n x)\} + D_2\{\sin(\beta_n x) - \sinh(\beta_n x)\} \quad (6.49)$$

以上，3種類の支持条件に対する弾性梁の固有値問題の解を示した．さらに，固定－回転梁，回転－自由梁，両端自由梁が考えられる．これらの梁の固有値問題については，上述した解法に基づいて解くことができるので，各自の演習問題とする．なお，各支持条件に対する結果（固有方程式，固有振動モード形，固有値）をまとめて図 6.2–6.4 に示しておく．

なお，図 6.4 には他の梁の場合とは異なり，梁の曲げ変形（弾性変形）モードの外に剛体的変位（剛体モード）が含まれている．

6.3.2 たたみ込み積分法による解法

弾性梁の固有値問題を「たたみ込み積分法」を用いて解いてみよう．梁の同次形微分方程式 (6.23) の両辺に関数 $G(x)$ によるたたみ込み積分を行う．

$$G(x) * \left(\frac{d^4 U}{dx^4}(x) - \beta^4 U(x)\right) = 0 \quad (6.50)$$

上式にたたみ込み積分の性質を用いることによって，次の表現を得る．

両端回転梁　　　　　　　　両端固定梁

$\beta_1=3.1425$　$\beta_2=6.2831$　$\beta_3=9.4248$　　　$\beta_1=4.7300$　$\beta_2=7.8532$　$\beta_3=10.9956$

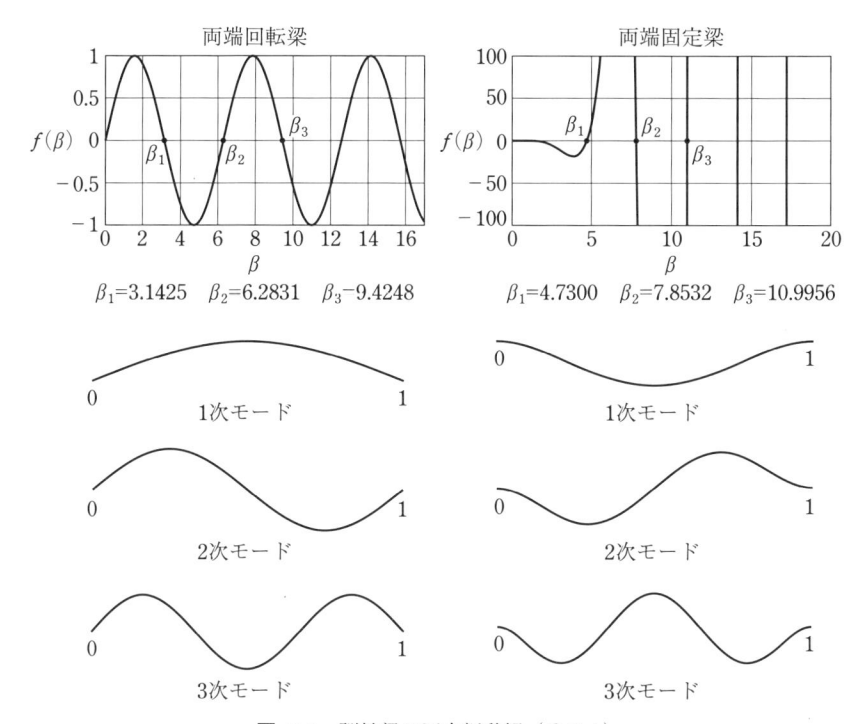

1次モード　　　　　　　　1次モード

2次モード　　　　　　　　2次モード

3次モード　　　　　　　　3次モード

図 **6.2**　弾性梁の固有振動解（その 1）

$$U(x) = \frac{d^3G}{dx^3}(x)U(0) + \frac{d^2G}{dx^2}(x)\frac{dU}{dx}(0) + \frac{dG}{dx}(x)\frac{d^2U}{dx^2}(0) + G(x)\frac{d^3U}{dx^3}(0) \tag{6.51}$$

ただし，関数 $G(x)$ として次式を満たすような関数を選んでいる．

$$\frac{d^4G}{dx^4}(x) - \beta^4 G(x) = 0 \tag{6.52}$$

$$G(0) = \frac{dG}{dx}(0) = \frac{d^2G}{dx^2}(0) = 0, \quad \frac{d^3G}{dx^3}(0) = 1 \tag{6.53}$$

この条件を満たす関数 $G(x)$ は 4 階同次形微分方程式の解であり，すでに式 (6.25) で与えられている．すなわち，

$$G(x) = D_1 \cos(\beta x) + D_2 \sin(\beta x) + D_3 \cosh(\beta x) + D_4 \sinh(\beta x) \tag{6.54}$$

片持梁　　　　　　　　　　　固定−回転梁

$\beta_1=1.8751\quad \beta_2=4.6941\quad \beta_3=-7.8548$　　　　　$\beta_1=3.9265\quad \beta_2=7.0683\quad \beta_3=10.2106$

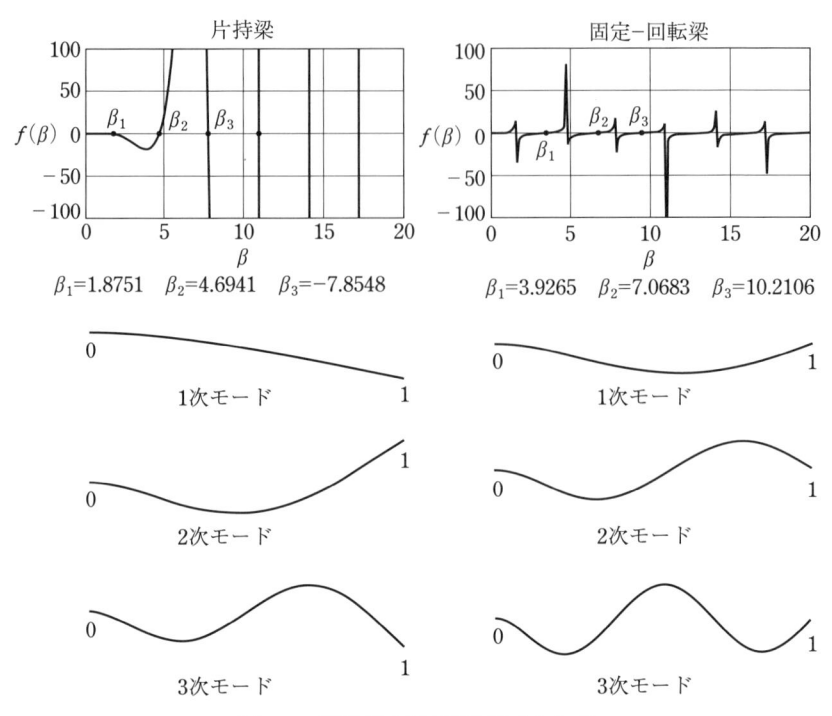

1次モード　　　　　　　　　　　　1次モード

2次モード　　　　　　　　　　　　2次モード

3次モード　　　　　　　　　　　　3次モード

図 **6.3**　弾性梁の固有振動解（その 2）

　この表現が条件を満たすためには，$D_1 = D_3 = 0$，$D_4 = -D_2 = \dfrac{1}{2\beta^3}$ となるので，求める関数 $G(x)$ は次のように与えられる．

$$G(x) = -\frac{1}{2\beta^3}\{\sin(\beta x) - \sinh(\beta x)\} \tag{6.55}$$

この結果，関数 $U(x)$ およびその導関数は次のようになる．

$$\begin{aligned}
U(x) =& \frac{1}{2}\{\cos(\beta x) + \cosh(\beta x)\}U(0) + \frac{1}{2\beta}\{\sin(\beta x) + \sinh(\beta x)\}\frac{dU}{dx}(0) \\
& - \frac{1}{2\beta^2}\{\cos(\beta x) - \cosh(\beta x)\}\frac{d^2U}{dx^2}(0) \\
& - \frac{1}{2\beta^3}\{\sin(\beta x) - \sinh(\beta x)\}\frac{d^3U}{dx^3}(0)
\end{aligned} \tag{6.56}$$

回転-自由梁	自由-自由梁
$\beta_1=0$ $\beta_2=3.927$ $\beta_3=7.0683$ $\beta_4=10.2099$	$\beta_1=\beta_2=0$ $\beta_3=4.7300$ $\beta_4=7.8532$ $\beta_5=10.9956$
1次モード（剛体モード）	1次モード（剛体対称モード）
2次モード	2次モード（剛体反対称モード）
3次モード	3次モード
4次モード	4次モード
	5次モード

図 **6.4**　弾性梁の固有振動解（その 3）

$$\frac{dU}{dx}(x) = \frac{\beta}{2}\{-\sin(\beta x)+\sinh(\beta x)\}U(0)+\frac{1}{2}\{\cos(\beta x)+\cosh(\beta x)\}\frac{dU}{dx}(0)$$
$$+\frac{1}{2\beta}\{\sin(\beta x)+\sinh(\beta x)\}\frac{d^2 U}{dx^2}(0)$$
$$-\frac{1}{2\beta^2}\{\cos(\beta x)-\cosh(\beta x)\}\frac{d^3 U}{dx^3}(0) \tag{6.57}$$

$$\frac{d^2 U}{dx^2}(x) = \frac{\beta^2}{2}\{-\cos(\beta x)+\cosh(\beta x)\}U(0)+\frac{\beta}{2}\{-\sin(\beta x)+\sinh(\beta x)\}\frac{dU}{dx}(0)$$
$$+\frac{1}{2}\{\cos(\beta x)+\cosh(\beta x)\}\frac{d^2 U}{dx^2}(0)+\frac{1}{2\beta}\{\sin(\beta x)+\sinh(\beta x)\}\frac{d^3 U}{dx^3}(0) \tag{6.58}$$

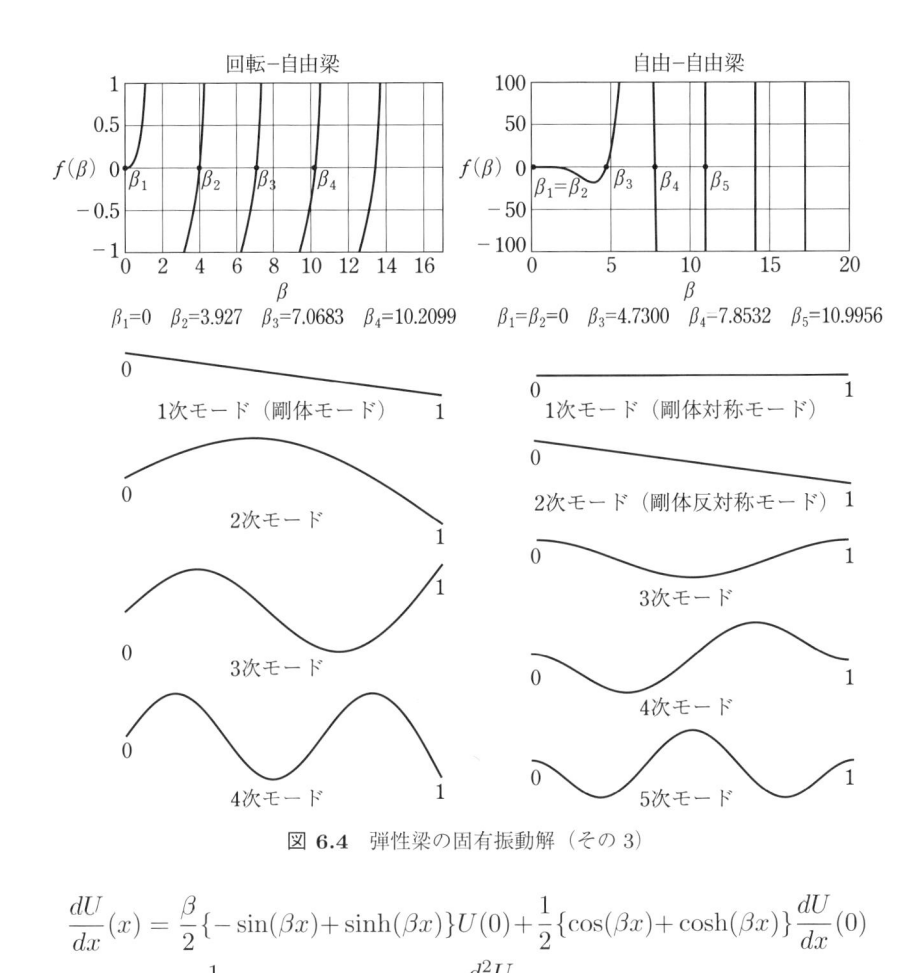

$$\frac{d^3U}{dx^3}(x) = \frac{\beta^3}{2}\{\sin(\beta x)+\sinh(\beta x)\}U(0)+\frac{\beta^2}{2}\{-\cos(\beta x)+\cosh(\beta x)\}\frac{dU}{dx}(0)$$
$$+\frac{\beta}{2}\{-\sin(\beta x)+\sinh(\beta x)\}\frac{d^2U}{dx^2}(0)+\frac{1}{2}\{\cos(\beta x)+\cosh(\beta x)\}\frac{d^3U}{dx^3}(0)$$
(6.59)

以上で与えた解とその導関数の表現を用いることによって前項で与えた3種類の条件を有する梁の固有値問題を解いてみよう．

A. 両端回転梁

上記の解とその導関数の表現に境界条件を考慮することによって次式を得る．

$$U(x)=\frac{1}{2\beta}\{\sin(\beta x)+\sinh(\beta x)\}\frac{dU}{dx}(0)-\frac{1}{2\beta^3}\{\sin(\beta x)-\sinh(\beta x)\}\frac{d^3U}{dx^3}(0)$$
(6.60)

$$\frac{dU}{dx}(x)=\frac{1}{2}\{\cos(\beta x)+\cosh(\beta x)\}\frac{dU}{dx}(0)-\frac{1}{2\beta^2}\{\cos(\beta x)-\cosh(\beta x)\}\frac{d^3U}{dx^3}(0)$$
(6.61)

$$\frac{d^2U}{dx^2}(x)=\frac{\beta}{2}\{-\sin(\beta x)+\sinh(\beta x)\}\frac{dU}{dx}(0)+\frac{1}{2\beta}\{\sin(\beta x)+\sinh(\beta x)\}\frac{d^3U}{dx^3}(0)$$
(6.62)

$$\frac{d^3U}{dx^3}(x)=\frac{\beta^2}{2}\{-\cos(\beta x)+\cosh(\beta x)\}\frac{dU}{dx}(0)+\frac{1}{2}\{\cos(\beta x)+\cosh(\beta x)\}\frac{d^3U}{dx^3}(0)$$
(6.63)

さらに境界条件を考慮して次式を得る．

$$U(1)=\frac{1}{2\beta}(\sin\beta+\sinh\beta)\frac{dU}{dx}(0)-\frac{1}{2\beta^3}(\sin\beta-\sinh\beta)\frac{d^3U}{dx^3}(0)=0$$
(6.64)

$$\frac{d^2U}{dx^2}(1)=\frac{\beta}{2}(-\sin\beta+\sinh\beta)\frac{dU}{dx}(0)+\frac{1}{2\beta}(\sin\beta+\sinh\beta)\frac{d^3U}{dx^3}(0)=0$$
(6.65)

この 2 つの関係式において，その係数としての $\dfrac{dU}{dx}(0)$, $\dfrac{d^3U}{dx^3}(0)$ が共に零ではない条件として次式を得ることになる．

$$\begin{vmatrix} \dfrac{1}{2\beta}(\sin\beta + \sinh\beta) & -\dfrac{1}{2\beta^3}(\sin\beta - \sinh\beta) \\ \dfrac{\beta}{2}(-\sin\beta + \sinh\beta) & \dfrac{1}{2\beta}(\sin\beta + \sinh\beta) \end{vmatrix} = 0 \tag{6.66}$$

この条件式から次のような固有方程式と固有値を得る．

$$\sin\beta \sinh\beta = 0 \quad \rightarrow \quad \sin\beta = 0 \quad \rightarrow \quad \beta = n\pi \equiv \beta_n \tag{6.67}$$

次に，この β_n を用いて固有振動モードは次のように表される．

$$\begin{aligned} U_n(x) = &\dfrac{1}{2n\pi}\{\sin(n\pi x) + \sinh(n\pi x)\}\dfrac{dU}{dx}(0) \\ &- \dfrac{1}{2(n\pi)^3}\{\sin(n\pi x) - \sinh(n\pi x)\}\dfrac{d^3U}{dx^3}(0) \end{aligned} \tag{6.68}$$

なお，条件 $\dfrac{d^2U}{dx^2}(1) = 0$ から，

$$\dfrac{d^3U}{dx^3}(0) = \dfrac{\beta^2}{\sin\beta + \sinh\beta}(\sin\beta - \sinh\beta)\dfrac{dU}{dx}(0) = -\beta^2 \dfrac{dU}{dx}(0) \tag{6.69}$$

を求めて上記の固有振動モードを表現すると次のように簡単に書くこともできる．

$$U_n(x) = \dfrac{1}{n\pi}\dfrac{dU}{dx}(0)\sin(n\pi x) \tag{6.70}$$

B. 両端固定梁

解と導関数の表現に固定境界条件 $U(0) = \dfrac{dU}{dx}(0) = 0$ を考慮すると，次式を得る．

$$U(x) = -\dfrac{1}{2\beta^2}\{\cos(\beta x) - \cosh(\beta x)\}\dfrac{d^2U}{dx^2}(0)$$

$$-\frac{1}{2\beta^3}\{\sin(\beta x)-\sinh(\beta x)\}\frac{d^3U}{dx^3}(0) \tag{6.71}$$

$$\frac{dU}{dx}(x)=\frac{1}{2\beta}\{\sin(\beta x)+\sinh(\beta x)\}\frac{d^2U}{dx^2}(0)-\frac{1}{2\beta^2}\{\cos(\beta x)-\cosh(\beta x)\}\frac{d^3U}{dx^3}(0) \tag{6.72}$$

上式に境界条件 $U(1) = \dfrac{dU}{dx}(1) = 0$ を適用すると，次式を得る．

$$U(1) = -\frac{1}{2\beta^2}(\cos\beta - \cosh\beta)\frac{d^2U}{dx^2}(0) - \frac{1}{2\beta^3}(\sin\beta - \sinh\beta)\frac{d^3U}{dx^3}(0) = 0 \tag{6.73}$$

$$\frac{dU}{dx}(1) = \frac{1}{2\beta}(\sin\beta + \sinh\beta)\frac{d^2U}{dx^2}(0) - \frac{1}{2\beta^2}(\cos\beta - \cosh\beta)\frac{d^3U}{dx^3}(0) = 0 \tag{6.74}$$

ここで，上記の関係式の係数 $\dfrac{d^2U}{dx^2}(0)$, $\dfrac{d^3U}{dx^3}(0)$ が共に零でない条件として次式を得る．

$$\begin{vmatrix} -\dfrac{1}{2\beta^2}(\cos\beta - \cosh\beta) & -\dfrac{1}{2\beta^3}(\sin\beta - \sinh\beta) \\ \dfrac{1}{2\beta}(\sin\beta + \sinh\beta) & -\dfrac{1}{2\beta^2}(\cos\beta - \cosh\beta) \end{vmatrix} = 0 \tag{6.75}$$

この条件式より，次の固有値を決定するための方程式を得る．

$$\cos\beta \cosh\beta = 1 \tag{6.76}$$

固有振動モードについては，上式を満たす β を β_n として，次のように表される．

$$\begin{aligned} U_n(x) = &-\frac{1}{2\beta_n^2}\{\cos(\beta_n x) - \cosh(\beta_n x)\}\frac{d^2U}{dx^2}(0) \\ &- \frac{1}{2\beta_n^3}\{\sin(\beta_n x) - \sinh(\beta_n x)\}\frac{d^3U}{dx^3}(0) \end{aligned} \tag{6.77}$$

または，境界条件 $U(1) = 0$ から得られる次の関係

$$\frac{d^3U}{dx^3}(0) = -\frac{\beta(\cos\beta - \cosh\beta)}{\sin\beta - \sinh\beta}\frac{d^2U}{dx^2}(0) \tag{6.78}$$

を用いて次のように表現することもできる．

$$U_n(x) = \frac{1}{2\beta_n^2}\frac{d^2U}{dx^2}(0)\left[\frac{\cos\beta_n - \cosh\beta_n}{\sin\beta_n - \sinh\beta_n}\{\sin(\beta_n x) - \sinh(\beta_n x)\}\right.$$
$$\left. - \{\cos(\beta_n x) - \cosh(\beta_n x)\}\right]$$
$$\tag{6.79}$$

C. 片持梁

解と導関数の表現に固定境界条件 $U(0) = \dfrac{dU}{dx}(0) = 0$ を考慮することによって次式を得る．

$$U(x) = -\frac{1}{2\beta^2}\{\cos(\beta x) - \cosh(\beta x)\}\frac{d^2U}{dx^2}(0)$$
$$- \frac{1}{2\beta^3}\{\sin(\beta x) - \sinh(\beta x)\}\frac{d^3U}{dx^3}(0) \tag{6.80}$$

$$\frac{dU}{dx}(x) = \frac{1}{2\beta}\{\sin(\beta x) + \sinh(\beta x)\}\frac{d^2U}{dx^2}(0) - \frac{1}{2\beta^2}\{\cos(\beta x) - \cosh(\beta x)\}\frac{d^3U}{dx^3}(0)$$
$$\tag{6.81}$$

$$\frac{d^2U}{dx^2}(x) = \frac{1}{2}\{\cos(\beta x) + \cosh(\beta x)\}\frac{d^2U}{dx^2}(0) + \frac{1}{2\beta}\{\sin(\beta x) + \sinh(\beta x)\}\frac{d^3U}{dx^3}(0)$$
$$\tag{6.82}$$

$$\frac{d^3U}{dx^3}(x) = \frac{\beta}{2}\{-\sin(\beta x) + \sinh(\beta x)\}\frac{d^2U}{dx^2}(0) + \frac{1}{2}\{\cos(\beta x) + \cosh(\beta x)\}\frac{d^3U}{dx^3}(0)$$
$$\tag{6.83}$$

次に残りの境界条件（自由端条件）$\dfrac{d^2U}{dx^2}(1) = \dfrac{d^3U}{dx^3}(1) = 0$ を適用することによって次式を得る．

$$\frac{d^2U}{dx^2}(1) = \frac{1}{2}(\cos\beta + \cosh\beta)\frac{d^2U}{dx^2}(0) + \frac{1}{2\beta}(\sin\beta + \sinh\beta)\frac{d^3U}{dx^3}(0) = 0$$
$$\tag{6.84}$$

$$\frac{d^3U}{dx^3}(1) = \frac{\beta}{2}(-\sin\beta + \sinh\beta)\frac{d^2U}{dx^2}(0) + \frac{1}{2}(\cos\beta + \cosh\beta)\frac{d^3U}{dx^3}(0) = 0 \tag{6.85}$$

上式に含まれる係数 $\dfrac{d^2U}{dx^2}(0)$, $\dfrac{d^3U}{dx^3}(0)$ が共に零ではない条件として次式を得る．

$$\begin{vmatrix} \dfrac{1}{2}(\cos\beta + \cosh\beta) & \dfrac{1}{2\beta}(\sin\beta + \sinh\beta) \\ \dfrac{\beta}{2}(-\sin\beta + \sinh\beta) & \dfrac{1}{2}(\cos\beta + \cosh\beta) \end{vmatrix} = 0 \tag{6.86}$$

この結果として，β に関する次の方程式を得る．

$$\cos\beta \cosh\beta = -1 \tag{6.87}$$

この方程式を満たす β を β_n とすると，固有振動モードは次のように表される．

$$\begin{aligned}
U_n(x) = &-\frac{1}{2\beta_n^2}\{\cos(\beta_n x) - \cosh(\beta_n x)\}\frac{d^2U}{dx^2}(0) \\
&-\frac{1}{2\beta_n^3}\{\sin(\beta_n x) - \sinh(\beta_n x)\}\frac{d^3U}{dx^3}(0)
\end{aligned} \tag{6.88}$$

さらに，係数の間の次のような関係

$$\frac{d^2U}{dx^2}(0) = -\frac{1}{\beta}\left(\frac{\sin\beta + \sinh\beta}{\cos\beta + \cosh\beta}\right)\frac{d^3U}{dx^3}(0) \tag{6.89}$$

を考慮することによって次のような表現も得られる．

$$\begin{aligned}
U_n(x) = \frac{1}{2\beta_n^3}\frac{d^3U}{dx^3}(0)\Bigl[&\{-\sin(\beta_n x) + \sinh(\beta_n x)\} \\
&+ \frac{\sin\beta_n + \sinh\beta_n}{\cos\beta_n + \sinh\beta_n}\{\cos(\beta_n x) - \cosh(\beta_n x)\}\Bigr]
\end{aligned} \tag{6.90}$$

以上3種類の支持条件を有する弾性梁の固有値問題の解を「たたみ込み積分法」によって求めてきた．得られた固有値を定めるための方程式は前項6.3.1で導いた方程式と完全に一致した．しかし，固有振動モードに関しては，未定係数の与え方によって表現が異なることになった．

6.4 弾性棒の固有値問題

6.4.1 弾性棒の座屈問題

まっすぐな棒（1次元の弾性体）がその軸方向に圧縮荷重を受けて変形する場合を考える．この荷重が小さいときには，棒は軸方向に縮む（これを軸圧縮変形とよぶ）．ところが，この圧縮荷重をだんだんと大きくすると，ある大きさの荷重のとき，突然外側に曲がり（これを曲げ変形とよぶ）始める．さらに荷重を大きくすると曲げ変形はどんどん大きくなる．このように弾性棒が軸圧縮荷重を受ける場合，ある大きさの荷重においてそれまでの軸変形から突然外側に曲がり始めるような現象を**座屈**(buckling)とよび，そのときの軸圧縮荷重を**座屈荷重**(buckling load)とよんでいる．この座屈現象の典型的な例を図6.5に示す．

さまざまな支持条件を有する1次元の弾性棒の座屈荷重を定める問題は，以下に示すように微分方程式の固有値問題として定式化できる．まず始めに，

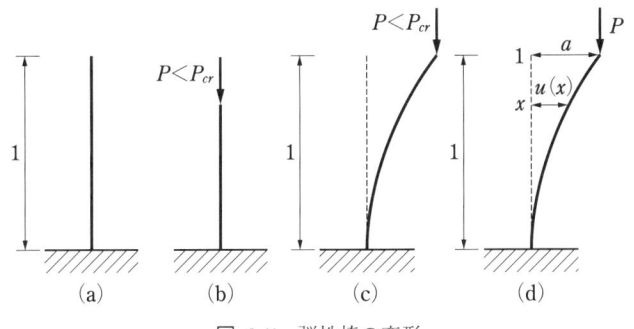

図 6.5 弾性棒の変形

図 6.5 に示されている下端が固定され上端に圧縮荷重を受ける弾性棒の座屈問題を考えることにする．

長さ 1，曲げ剛性 EI の弾性棒が上端に大きさ P の軸圧縮荷重を受けて，図 6.5(d) に示すような曲げ変形状態として釣合い状態にあるものとする．すると，棒の任意の点 x において圧縮力 P によるモーメントの釣合いから次式を得る．

$$M(x) = -EI\frac{d^2u}{dx^2}(x) = -P(a - u(x)) \quad \rightarrow \quad \frac{d^2u}{dx^2}(x) - \kappa^2(a - u(x)) = 0 \tag{6.91}$$

ただし，

$$\kappa^2 = \frac{P}{EI} \tag{6.92}$$

上式の両辺を x で微分することによって，棒の先端の撓み $a \equiv u(1)$ が消去でき，次のような同次形微分方程式を得る．

$$\frac{d^3u}{dx^3}(x) + \kappa^2 \frac{du}{dx}(x) = 0 \tag{6.93}$$

さらに，上式を微分して，次のような 4 階同次形微分方程式を得る．

$$\frac{d^4u}{dx^4}(x) + \kappa^2 \frac{d^2u}{dx^2}(x) = 0 \tag{6.94}$$

ここで，上記の 3 種類の微分方程式の解の表現から座屈荷重を求めてみよう．

1. 2 階非同次形微分方程式の解を用いる場合

   微分方程式 (6.91) の解は，特解が $u_p(x) = a$ で与えられることに注意して次のようになる．

   $$u(x) = C_1 e^{i\kappa x} + C_2 e^{-i\kappa x} + u_p(x) \tag{6.95}$$

   $$= D_1 \cos(\kappa x) + D_2 \sin(\kappa x) + a \tag{6.96}$$

   この解の表現に棒の境界条件 $u(0) = \dfrac{du}{dx}(0) = 0, \quad u(1) = a$ を適用すると，次のような条件式を得る．

   $$u(0) = D_1 + a = 0 \quad \rightarrow \quad D_1 = -a$$

$$\frac{du}{dx}(0) = \kappa D_2 = 0 \quad \rightarrow \quad D_2 = 0$$

$$u(1) = D_1 \cos \kappa + D_2 \sin \kappa + a = a \quad \rightarrow \quad \cos \kappa = 0$$

したがって，上記の条件 $\cos \kappa = 0$ から次のような κ の値を得る．

$$\kappa = \frac{2n+1}{2}\pi \equiv \kappa_n \quad (n = 0, 1, 2, \cdots) \tag{6.97}$$

このような κ_n に対して，上記の解の表現は次のようになる．

$$u(x) = D_1 \cos(\kappa_n x) + a = a(1 - \cos(\kappa_n x)) \equiv u_n(x) \tag{6.98}$$

以上より，各 κ_n に対して曲げ変形が先端の撓み a を未定として $u_n(x)$ で表され，そのモード形は，$1 - \cos(\kappa_n x)$ で与えられる．なお，最低次の $n = 0$ の場合に対する κ_0 から定まる臨界的な圧縮荷重をこの弾性棒の座屈荷重（または，オイラーの座屈荷重）とよび，次のように表される．

$$P_{cr} = \frac{EI\pi^2}{4} \tag{6.99}$$

2. 3 階同次形微分方程式の解を用いる場合

微分方程式 (6.93) の解は次のように与えられる．

$$u(x) = C_1 + C_2 e^{i\kappa x} + C_3 e^{-i\kappa x} \tag{6.100}$$

$$= C_1 + D_2 \cos(\kappa x) + D_3 \sin(\kappa x) \tag{6.101}$$

この解の表現に上記の境界条件および $\dfrac{d^2 u}{dx^2}(1) = 0$ を適用すると次式を得る．

$$u(0) = C_1 + D_2 = 0 \quad \rightarrow \quad D_2 = -C_1$$

$$\frac{du}{dx}(0) = \kappa D_3 = 0 \quad \rightarrow \quad D_3 = 0$$

$$u(1) = C_1 + D_2 \cos \kappa = a$$

$$\frac{d^2 u}{dx^2}(1) = -\kappa^2 D_2 \cos \kappa - \kappa^2 D_3 \sin \kappa = 0 \quad \rightarrow \quad \cos \kappa = 0$$

したがって，上述した 1. の場合と同じ結果が得られることがわかる．なお，この場合は，3 階同次形微分方程式の同次境界条件に関する固有値問題となっている．

3. 4 階同次形微分方程式の解を用いる場合

微分方程式 (6.94) の解は次のように与えられる．

$$u(x) = C_1 + C_2 x + C_3 e^{i\kappa x} + C_4 e^{-i\kappa x} \tag{6.102}$$

$$= C_1 + C_2 x + D_3 \cos(\kappa x) + D_4 \sin(\kappa x) \tag{6.103}$$

この解の表現に対して上記の境界条件および棒の上端におけるせん断力と荷重との釣合い条件 $\dfrac{d^3 u}{dx^3}(1) + \kappa^2 \dfrac{du}{dx}(1) = 0$（式 (6.105) 参照）を適用すると次式を得る．

$$u(0) = C_1 + D_3 = 0 \quad \rightarrow \quad D_3 = -C_1$$

$$\frac{du}{dx}(0) = C_2 + \kappa D_4 = 0$$

$$\frac{d^2 u}{dx^2}(1) = -\kappa^2 D_3 \cos \kappa - \kappa^2 D_4 \sin \kappa = 0$$

$$u(1) = C_1 + C_2 + D_3 \cos \kappa = a$$

$$\frac{d^3 u}{dx^3}(1) + \kappa^2 \frac{du}{dx}(1) = \kappa^3 (D_3 \sin \kappa - D_4 \cos \kappa)$$

$$+ \kappa^2 (C_2 - \kappa D_3 \sin \kappa + \kappa D_4 \cos \kappa)$$

$$= \kappa^2 C_2 = 0 \quad \rightarrow \quad C_2 = 0$$

これらの条件から，次のような結果が得られる．

$$C_1 = a, \quad C_2 = 0, \quad D_3 = -C_1 = -a, \quad D_4 = 0, \quad \cos \kappa = 0$$

したがって，すでに示した座屈荷重を与える κ_n およびそれに対する曲げ変形形状 $u_n(x)$ が得られた．

以上の結果，弾性棒の荷重と変形との関係は図 6.6 に示されるようになる．軸圧縮荷重 P に対して，$P < P_{cr}$ の場合は棒の軸変形状態となり，$P > P_{cr}$

の場合には曲げ変形が生じることになる．ただし，図 6.6 のグラフに示されているようにその曲げ変形は，棒の右側または左側になる．また，$P > P_{cr}$ の荷重に対しては，軸変形と曲げ変形という 2 つの状態が存在するが，実際の現象としては，曲げ変形，すなわち座屈が生じることになる．

このように，1 つの荷重に対して 3 つの変形状態が存在するが，実際に生じる状態は唯一つである．このような棒の変形状態に対して，軸変形状態は，「不安定状態」といい，曲げ変形（座屈）状態は，「安定状態」という．なお，このような解の状態を，軸変形状態を表す不安定な解から曲げ変形を表す安定な解に**分岐**(bifurcation) したとよんでいる．

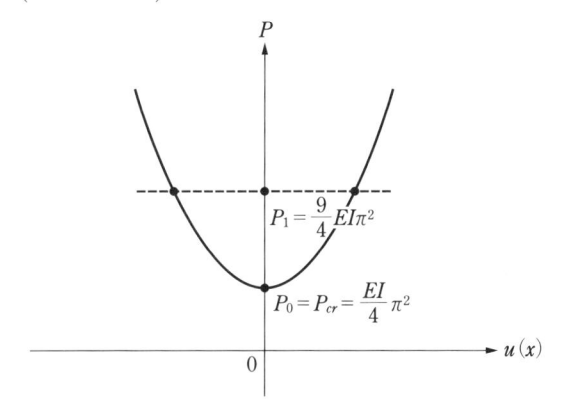

図 6.6 弾性棒の荷重－変形曲線（解の分岐）

ここで，弾性棒が他の支持条件を有する場合の軸圧縮荷重に対する座屈荷重の算定を考えることにしよう．そこで，上述したような問題の定式化と異なる定式化を考える．すなわち，軸圧縮荷重を受ける棒（1 次元弾性体）の曲げ変形に対する釣合い式を構成し，両端の支持条件を満たすような解を求めることから座屈問題を解く．図 6.7 を参照すると，棒の任意の点 x に生じる曲げモーメント $M(x)$，せん断力 $Q(x)$，および軸力 $N(x)$ と軸圧縮荷重 P とに関して次のような釣合い式が成立する．

$$N(x)\cos\theta(x) = N\cos\theta(x) = P \quad \to \quad N \approx P \tag{6.104}$$

$$N\sin\theta(x) \approx N\theta(x) \approx P\theta(x) = P\frac{du}{dx}(x) = Q(x) \tag{6.105}$$

6.4 弾性棒の固有値問題

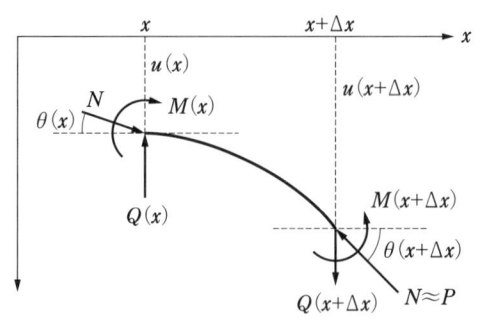

図 **6.7** 軸力を受ける弾性棒の釣合い

$$Q(x+\Delta x) - Q(x) - N\sin\theta(x+\Delta x) + N\sin\theta(x) = 0 \tag{6.106}$$

$$\downarrow$$

$$\frac{dQ}{dx}(x) - N\frac{d\theta}{dx}(x) \approx \frac{dQ}{dx}(x) - P\frac{d\theta}{dx}(x) = 0 \tag{6.107}$$

$$M(x+\Delta x) - M(x) - Q(x)\Delta x = 0 \tag{6.108}$$

$$\downarrow$$

$$Q(x) = \frac{dM}{dx}(x) = -EI\frac{d^3u}{dx^3}(x) \tag{6.109}$$

これらの式から，すでに示した次のような横方向変位 $u(x)$ に関する 4 階同次形微分方程式 (6.94) を得る．

$$\frac{d^4u}{dx^4}(x) + \kappa^2 \frac{d^2u}{dx^2}(x) = 0 \quad \left(\kappa^2 = \frac{P}{EI}\right)$$

この微分方程式の解とその導関数は次のように与えられる．

$$\begin{aligned} u(x) &= C_1 + C_2 x + C_3 e^{i\kappa x} + C_4 e^{-i\kappa x} \\ &= C_1 + C_2 x + D_3 \cos(\kappa x) + D_4 \sin(\kappa x) \end{aligned} \tag{6.110}$$

$$\frac{du}{dx}(x) = C_2 - D_3\kappa\sin(\kappa x) + D_4\kappa\cos(\kappa x) \tag{6.111}$$

$$\frac{d^2u}{dx^2}(x) = -D_3\kappa^2\cos(\kappa x) - D_4\kappa^2\sin(\kappa x) \tag{6.112}$$

$$\frac{d^3u}{dx^3}(x) = D_3\kappa^3\sin(\kappa x) - D_4\kappa^3\cos(\kappa x) \tag{6.113}$$

各種の支持条件を有する弾性棒の座屈荷重を上記の 4 階同次形微分方程式の固有値問題から求めてみよう.

A. 両端回転

上記の解と導関数とに対して支持条件 $u(0) = u(1) = \dfrac{d^2u}{dx^2}(0) = \dfrac{d^2u}{dx^2}(1) = 0$ を適用することによって次式を得る.

$$u(0) = C_1 + D_3 = 0$$

$$\frac{d^2u}{dx^2}(0) = -D_3\kappa^2 = 0$$

$$u(1) = C_1 + C_2 + D_3 \cos\kappa + D_4 \sin\kappa = 0$$

$$\frac{d^2u}{dx^2}(1) = -D_3\kappa^2 \cos\kappa - D_4\kappa^2 \sin\kappa = 0$$

これらの条件より次のような結果を得る.

$$C_1 = D_3 = C_2 = 0, \quad \sin\kappa = 0 \tag{6.114}$$

したがって, $\kappa \equiv \kappa_n = n\pi \ (n = 1, 2, \cdots)$ となり, 座屈変形は D_4 を未定として次のように表される.

$$u_n(x) = D_4 \sin(\kappa_n x) \tag{6.115}$$

また, 最低次の座屈荷重は $n = 1$ に対して次のように与えられる.

$$P_{cr} \equiv P_1 = EI\pi^2 \tag{6.116}$$

B. 両端固定

上記の解 (6.110) とその導関数とに対して固定条件 $u(0) = u(1) = \dfrac{du}{dx}(0) = \dfrac{du}{dx}(1) = 0$ を適用すると次式を得る.

$$u(0) = C_1 + D_3 = 0$$

$$\frac{du}{dx}(0) = C_2 + D_4\kappa = 0$$

$$u(1) = C_1 + C_2 + D_3 \cos \kappa + D_4 \sin \kappa = 0$$

$$\frac{du}{dx}(1) = C_2 - D_3 \kappa \sin \kappa + D_4 \kappa \cos \kappa = 0$$

ここで，係数 C_1, C_2, D_3, D_4 がすべて零とならないためには，上記の 4 元同次連立方程式の係数行列の行列式が零でなければならない．すなわち，

$$\begin{vmatrix} 1 & 0 & 1 & 0 \\ 0 & 1 & 0 & \kappa \\ 1 & 1 & \cos \kappa & \sin \kappa \\ 0 & 1 & -\kappa \sin \kappa & \kappa \cos \kappa \end{vmatrix} = 2\kappa(1 - \cos \kappa) - \kappa^2 \sin \kappa = 0 \quad (6.117)$$

上式を書き換えることによって，次のような方程式を得る．

$$2 - 2\cos \kappa - \kappa \sin \kappa = 4 \sin \frac{\kappa}{2} \left(\sin \frac{\kappa}{2} - \frac{\kappa}{2} \cos \frac{\kappa}{2} \right) = 0 \quad (6.118)$$

したがって，次のような条件から κ を定めることができる．

$$\sin \frac{\kappa}{2} = 0 \quad \rightarrow \quad \kappa = 2n\pi \quad (6.119)$$

$$\sin \frac{\kappa}{2} - \frac{\kappa}{2} \cos \frac{\kappa}{2} = 0 \quad \rightarrow \quad \tan \frac{\kappa}{2} = \frac{\kappa}{2} \quad (6.120)$$

上記の条件から座屈荷重を定めるには，最低次の n に対する κ の比較が必要となり，各々，次のようになる．

$$\frac{\kappa}{2} = \begin{cases} \pi & \left(\sin \frac{\kappa}{2} = 0 \right) \\ 4.494 & \left(\tan \frac{\kappa}{2} = \frac{\kappa}{2} \right) \end{cases} \quad (6.121)$$

この結果，求める座屈荷重 P_{cr} は κ の低いほうの値 $\kappa = 2\pi \equiv \kappa_1$ を選ぶことによって，次のように与えられる．

$$P_{cr} = 4\pi^2 EI \quad (6.122)$$

このような κ_1 に対して係数 D_4 は零となり，棒の座屈変形形状は未定な D_3 を用いて次のように表される．

$$u_1(x) = D_3\{\cos(2\pi x) - 1\} \tag{6.123}$$

C. 一端固定－他端回転

上記の解 (6.110) とその導関数に，次の支持条件 $u(0) = \dfrac{du}{dx}(0) = 0$, $u(1) = \dfrac{d^2u}{dx^2}(1) = 0$ を適用することによって次式を得る．

$$u(0) = C_1 + D_3 = 0$$
$$\frac{du}{dx}(0) = C_2 + \kappa D_4 = 0$$
$$u(1) = C_1 + C_2 + D_3 \cos\kappa + D_4 \sin\kappa = 0$$
$$\frac{d^2u}{dx^2}(1) = -\kappa^2 D_3 \cos\kappa - \kappa^2 D_4 \sin\kappa = 0$$

この 4 元同次連立方程式の解が，すべて零にはならないための条件として次式を得る．

$$\begin{vmatrix} 1 & 0 & 1 & 0 \\ 0 & 1 & 0 & \kappa \\ 1 & 1 & \cos\kappa & \sin\kappa \\ 0 & 0 & -\kappa^2\cos\kappa & -\kappa^2\sin\kappa \end{vmatrix} = -\kappa^2(\kappa\cos\kappa - \sin\kappa) = 0 \tag{6.124}$$

この条件から κ を定めるための方程式として次式を得る．

$$\tan\kappa = \kappa \tag{6.125}$$

この方程式を満たす最低次の根，さらに座屈荷重は，前ケース B の根を参考にして次のように与えられる．

$$\kappa = 4.494 \equiv \kappa^* \quad \rightarrow \quad P_{cr} = 20.19EI = 2.046\pi^2 EI \tag{6.126}$$

このような κ^* に対して，係数が $C_1 = \kappa^* D_4$, $C_2 = -\kappa^* D_4$, $D_3 = -\kappa^* D_4$ となるので，座屈変形形状は未定な D_4 を用いて次のように表される．

$$u(x) = D_4\{\kappa^* - \kappa^* x - \kappa^* \cos(\kappa^* x) + \sin(\kappa^* x)\} \tag{6.127}$$

なお，上記の座屈変形形状は複雑な形式を有しているが，$x = 0$ を回転端とし，$x = 1$ を固定端とすると，次のように簡単な形式で表されることになるので確かめられたい．

$$u(x) = D_4\{\sin(\kappa^* x) - x\sin\kappa^*\} \tag{6.128}$$

以上 4 種類の支持条件を有する弾性棒の座屈現象に対する座屈荷重とその変形形状を求めた．座屈荷重については次のようにまとめることができる．

$$P_{cr} = A\pi^2 EI \begin{cases} A = 1 & （両端回転） \\ A = 4 & （両端固定） \\ A = 2.046 \approx 2.0 & （一端固定－他端回転） \\ A = 0.25 & （一端固定－他端自由） \end{cases} \tag{6.129}$$

6.4.2 たたみ込み積分法による解法

前項で示した弾性棒の座屈問題を「たたみ込み積分法」を用いて解いてみよう．

4 階同次形微分方程式 (6.94) の両辺に対して次のように関数 $G(x)$ とのたたみ込み積分を行う．

$$G(x) * \left(\frac{d^4 u}{dx^4}(x) + \kappa^2 \frac{d^2 u}{dx^2}(x)\right) = 0 \tag{6.130}$$

上式にたたみ込み積分の性質を適用して整理をすると次式となる．

$$
\begin{aligned}
&G(0)\frac{d^3u}{dx^3}(x) - G(x)\frac{d^3u}{dx^3}(0) + \frac{dG}{dx}(0)\frac{d^2u}{dx^2}(x) - \frac{dG}{dx}(x)\frac{d^2u}{dx^2}(0) \\
&+ \left(\frac{d^2G}{dx^2}(0) + \kappa^2 G(0)\right)\frac{du}{dx}(x) - \left(\frac{d^2G}{dx^2}(x) + \kappa^2 G(x)\right)\frac{du}{dx}(0) \\
&+ \left(\frac{d^3u}{dx^3}(0) + \kappa^2\frac{dG}{dx}(0)\right)u(x) - \left(\frac{d^3G}{dx^3}(x) + \kappa^2\frac{dG}{dx}(x)\right)u(0) \\
&+ \left(\frac{d^4G}{dx^4}(x) + \kappa^2\frac{d^2G}{dx^2}(x)\right) * u(x) = 0
\end{aligned} \quad (6.131)
$$

ここで，関数 $G(x)$ として，

$$\frac{d^4G}{dx^4}(x) + \kappa^2\frac{d^2G}{dx^2}(x) = 0 \tag{6.132}$$

$$G(0) = \frac{dG}{dx}(0) = 0 \tag{6.133}$$

$$\frac{d^2G}{dx^2}(0) + \kappa^2 G(0) = 0 \quad \rightarrow \quad \frac{d^2G}{dx^2}(0) = 0 \tag{6.134}$$

$$\frac{d^3G}{dx^3}(0) + \kappa^2\frac{dG}{dx}(0) = 1 \quad \rightarrow \quad \frac{d^3G}{dx^3}(0) = 1 \tag{6.135}$$

を満たすものを選ぶことにすると，4 階同次形微分方程式の解の表現が次のように与えられる．

$$
\begin{aligned}
u(x) &= G(x)\frac{d^3u}{dx^3}(0) + \frac{dG}{dx}(x)\frac{d^2u}{dx^2}(0) + \left(\frac{d^2G}{dx^2}(x) + \kappa^2 G(x)\right)\frac{du}{dx}(0) \\
&+ \left(\frac{d^3G}{dx^3}(x) + \kappa^2\frac{dG}{dx}(x)\right)u(0)
\end{aligned} \quad (6.136)
$$

上記に示されているように，関数 $G(x)$ は 4 階同次形微分方程式 (6.132) の解であることから，次のように与えられる．

$$G(x) = C_1 + C_2 x + D_3 \cos(\kappa x) + D_4 \sin(\kappa x)$$

さらに，上記の条件 (6.133)–(6.135) を満たすものとして次式が成り立たねばならない．

$$G(0) = C_1 + D_3 = 0$$

$$\frac{dG}{dx}(0) = C_2 + \kappa D_4 = 0$$

$$\frac{d^2G}{dx^2}(0) + \kappa^2 G(0) = \kappa^2 C_1 = 0$$

$$\frac{d^3G}{dx^3}(0) + \kappa^2 \frac{dG}{dx}(0) = \kappa^2 C_2 = 1$$

この結果として，$C_1 = D_3 = 0$, $C_2 = \dfrac{1}{\kappa^2}$, $D_4 = -\dfrac{1}{\kappa^3}$ が得られるので関数 $G(x)$ およびその導関数が次のように決定する．

$$G(x) = \frac{1}{\kappa^3}\{\kappa x - \sin(\kappa x)\} \tag{6.137}$$

$$\frac{dG}{dx}(x) = \frac{1}{\kappa^2}\{1 - \cos(\kappa x)\} \tag{6.138}$$

$$\frac{d^2G}{dx^2}(x) = \frac{1}{\kappa}\sin(\kappa x) \tag{6.139}$$

$$\frac{d^3G}{dx^3}(x) = \cos(\kappa x) \tag{6.140}$$

以上の結果として，次のような解およびその導関数の表現を得る．

$$\left.\begin{aligned}
u(x) &= \frac{1}{\kappa^3}\{\kappa x - \sin(\kappa x)\}\frac{d^3u}{dx^3}(0) + \frac{1}{\kappa^2}\{1-\cos(\kappa x)\}\frac{d^2u}{dx^2}(0) \\
&\quad + x\frac{du}{dx}(0) + u(0) \\
\frac{du}{dx}(x) &= \frac{1}{\kappa^2}\{1-\cos(\kappa x)\}\frac{d^3u}{dx^3}(0) + \frac{1}{\kappa}\sin(\kappa x)\frac{d^2u}{dx^2}(0) + \frac{du}{dx}(0) \\
\frac{d^2u}{dx^2}(x) &= \frac{1}{\kappa}\sin(\kappa x)\,\frac{d^3u}{dx^3}(0) + \cos(\kappa x)\,\frac{d^2u}{dx^2}(0) \\
\frac{d^3u}{dx^3}(x) &= \cos(\kappa x)\,\frac{d^3u}{dx^3}(0) - \kappa\sin(\kappa x)\,\frac{d^2u}{dx^2}(0)
\end{aligned}\right\} \tag{6.141}$$

これらの解の表現を用いて各種の弾性棒の座屈問題を解いてみよう．

A. 両端回転

両端回転の支持条件を適用すると，$u(0) = \dfrac{d^2u}{dx^2}(0) = 0$ は満たしているので，他の 2 つの条件は次のようになる．

$$u(1) = \frac{1}{\kappa^3}(\kappa - \sin\kappa)\frac{d^3u}{dx^3}(0) + \frac{du}{dx}(0) = 0 \qquad (6.142)$$

$$\frac{d^2u}{dx^2}(1) = \frac{1}{\kappa}\sin\kappa\frac{d^3u}{dx^3}(0) = 0 \qquad (6.143)$$

この 2 つの条件式から未知数 $\dfrac{du}{dx}(0)$, $\dfrac{d^3u}{dx^3}(0)$ が共に零でないために，次の条件が必要となる．

$$\begin{vmatrix} \dfrac{1}{\kappa^3}(\kappa - \sin\kappa) & 1 \\ \\ \dfrac{1}{\kappa}\sin\kappa & 0 \end{vmatrix} = -\frac{1}{\kappa}\sin\kappa = 0 \qquad (6.144)$$

この条件から κ および座屈荷重は次のように与えられる．

$$\sin\kappa = 0 \quad \rightarrow \quad \kappa \equiv \kappa_n = n\pi, \quad P_{cr} = \pi^2 EI$$

このような κ_n を用いることによって，座屈変形形状は次のように与えられる．

$$u_n(x) = \left(\frac{1}{\kappa_n}\sin(\kappa_n x)\right)\frac{du}{dx}(0) \qquad (6.145)$$

B. 両端固定

両端固定の条件を適用する．解の表現は $x = 0$ での固定条件を満たしているので，$x = 1$ での固定条件のみを適用すると次式となる．

$$u(1) = \frac{1}{\kappa^3}(\kappa - \sin\kappa)\frac{d^3u}{dx^3}(0) + \frac{1}{\kappa^2}(1 - \cos\kappa)\frac{d^2u}{dx^2}(0) = 0 \quad (6.146)$$

$$\frac{du}{dx}(1) = \frac{1}{\kappa^2}(1 - \cos\kappa)\frac{d^3u}{dx^3}(0) + \frac{1}{\kappa}\sin\kappa\,\frac{d^2u}{dx^2}(0) = 0 \qquad (6.147)$$

この 2 つの条件から未知数 $\dfrac{d^2u}{dx^2}(0)$, $\dfrac{d^3u}{dx^3}(0)$ が共に零とはならないための条件として次式を得る．

$$\begin{vmatrix} \dfrac{1}{\kappa^3}(\kappa - \sin\kappa) & \dfrac{1}{\kappa^2}(1 - \cos\kappa) \\ \\ \dfrac{1}{\kappa^2}(1 - \cos\kappa) & \dfrac{1}{\kappa}\sin\kappa \end{vmatrix} = -\frac{4}{\kappa^4}\sin\frac{\kappa}{2}\left(\sin\frac{\kappa}{2} - \frac{\kappa}{2}\cos\frac{\kappa}{2}\right) = 0$$

$$(6.148)$$

この条件式よりすでに導いた κ に関する次式を得る.

$$\sin\frac{\kappa}{2} = 0 \quad \text{または} \quad \tan\frac{\kappa}{2} = \frac{\kappa}{2}$$

この条件を満たす最低次の κ はすでに示したように $\kappa_{cr} = 2\pi$ となり，この値に対する座屈変形形状は次のように与えられる.

$$u_1(x) = \frac{1}{\kappa_{cr}^2}\left\{(\kappa_{cr}x - \sin(\kappa_{cr}x))\frac{\cos\kappa_{cr} - 1}{\kappa_{cr} - \sin\kappa_{cr}} + (1 - \cos(\kappa_{cr}x))\right\}\frac{d^2u}{dx^2}(0)$$

$$= \frac{1}{\kappa_{cr}^2}(1 - \cos(\kappa_{cr}x))\frac{d^2u}{dx^2}(0) \tag{6.149}$$

C. 一端固定－他端自由

$x = 0$ が固定端で，$x = 1$ が自由端である場合を考える．この条件を式 (6.141) から考慮すると，$x = 0$ での固定条件を満たしているので，下記の $x = 1$ における自由端の条件が成り立たねばならない.

$$\frac{d^2u}{dx^2}(1) = \frac{1}{\kappa}\sin\kappa\,\frac{d^3u}{dx^3}(0) + \cos\kappa\,\frac{d^2u}{dx^2}(0) = 0 \tag{6.150}$$

$$\frac{d^3u}{dx^3}(1) + \kappa^2\frac{du}{dx}(1) = 1\,\frac{d^3u}{dx^3}(0) + 0\,\frac{d^2u}{dx^2}(0) = 0 \tag{6.151}$$

この同次連立方程式の解が定まるためには次のような条件が必要となる.

$$\begin{vmatrix} \frac{1}{\kappa}\sin\kappa & \cos\kappa \\ 1 & 0 \end{vmatrix} = -\cos\kappa = 0 \tag{6.152}$$

したがって，すでに導いた $\cos\kappa = 0$ を得るので κ は次のように与えられる.

$$\kappa \equiv \kappa_n = \frac{2n+1}{2}\pi \quad (n = 0, 1, \cdots)$$

このような κ_n に対する座屈変形形状は次のように表される.

$$u_n(x) = \frac{1}{\kappa_n^2}\left\{(1 - \cos(\kappa_n x)) - \frac{\cos\kappa_n}{\sin\kappa_n}(\kappa_n x - \sin(\kappa_n x))\right\}\frac{d^2u}{dx^2}(0)$$

$$= \frac{1}{\kappa_n^2}(1 - \cos(\kappa_n x))\frac{d^2u}{dx^2}(0) \tag{6.153}$$

D. 一端固定－他端回転

$x=0$ が固定で $x=1$ が回転である場合を考える．この支持条件を解の表現に適用すると，$u(0) = \dfrac{du}{dx}(0) = 0$ を満たしているので，次式が成り立たなければならない．

$$u(1) = \frac{1}{\kappa^3}(\kappa - \sin\kappa)\frac{d^3 u}{dx^3}(0) + \frac{1}{\kappa^2}(1 - \cos\kappa)\frac{d^2 u}{dx^2}(0) = 0 \tag{6.154}$$

$$\frac{d^2 u}{dx^2}(1) = \frac{1}{\kappa}\sin\kappa\,\frac{d^3 u}{dx^3}(0) + \cos\kappa\,\frac{d^2 u}{dx^2}(0) = 0 \tag{6.155}$$

この同次連立方程式の解が定まるためには次の条件が必要となる．

$$\begin{vmatrix} \dfrac{1}{\kappa^3}(\kappa - \sin\kappa) & \dfrac{1}{\kappa^2}(1 - \cos\kappa) \\ \dfrac{1}{\kappa}\sin\kappa & \cos\kappa \end{vmatrix} = \frac{1}{\kappa^3}(\kappa\cos\kappa - \sin\kappa) = 0 \tag{6.156}$$

したがって，すでに導いた $\tan\kappa = \kappa$ を得る．この式を満たす κ を κ_{cr} と書くことにすると $\kappa_{cr} = 4.494$ となる．この κ_{cr} に対する座屈変形形状は次のように表される．

$$\begin{aligned}
u(x) &= \frac{1}{\kappa_{cr}^3}\left\{(\kappa_{cr}x - \sin(\kappa_{cr}x)) - \frac{1 - \cos(\kappa_{cr}x)}{1 - \cos\kappa_{cr}}(\kappa_{cr} - \sin\kappa_{cr})\right\}\frac{d^3 u}{dx^3}(0) \\
&= \frac{1}{\kappa_{cr}^3}\left\{\kappa_{cr}(1-x) + \sin(\kappa_{cr}x) - \kappa_{cr}\cos(\kappa_{cr}x)\right\}\frac{d^2 u}{dx^2}(0) \equiv u_{cr}(x)
\end{aligned} \tag{6.157}$$

なお，$x=0$ が回転端で $x=1$ が固定端の場合は，$\kappa_{cr} = 4.494$ に対する座屈変形形状は次のように表されることになる．

$$u_{cr}(x) = \frac{1}{\kappa_{cr} - \sin\kappa_{cr}}\{\sin(\kappa_{cr}x) - x\sin\kappa_{cr}\}\frac{du}{dx}(0) \tag{6.158}$$

演習問題

1. 弾性梁の固有振動問題について，以下の各支持条件に対する固有方程式，モード形，固有値を求めよ．

   a. $u(0) = \dfrac{du}{dx}(0) = 0, \quad u(1) = \dfrac{d^2u}{dx^2}(1) = 0$
   b. $u(0) = \dfrac{d^2u}{dx^2}(0) = 0, \quad \dfrac{d^2u}{dx^2}(1) = \dfrac{d^3u}{dx^3}(1) = 0$
   c. $\dfrac{d^2u}{dx^2}(0) = \dfrac{d^3u}{dx^3}(0) = \dfrac{d^2u}{dx^2}(1) = \dfrac{d^3u}{dx^3}(1) = 0$

2. 両端に張力 $T > 0$ を受ける長さ 1 の両端支持弾性梁の固有振動現象の数理モデルである次の線形 4 階定数係数同次形微分方程式の固有値問題：

$$\frac{d^4u}{dx^4}(x) - \alpha^2 \frac{d^2u}{dx^2}(x) - \beta^4 u(x) = 0$$
$$u(0) = u(1) = 0, \quad \frac{d^2u}{dx^2}(0) = \frac{d^2u}{dx^2}(1) = 0$$

を解いて，固有値 β （または，固有角振動数 ω）を定めよ．ただし，$\alpha^2 = \dfrac{T}{EI}, \quad \beta^4 = \dfrac{\rho A}{EI}\omega^2$ とする．

3. 弾性棒の座屈問題について，次の支持条件に対する座屈荷重と座屈変形形状とを求めよ．

$$u(0) = \frac{d^2u}{dx^2}(0) = 0, \quad u(1) = \frac{du}{dx}(1) = 0$$

第7章

微分方程式の諸解法

7.1 微分方程式の解法

これまで，微分方程式およびその初期値問題，境界値問題，固有値問題の解法について述べてきた．その解法は，「たたみ込み積分」に基づいたものである．たたみ込み積分を用いることによって，初期値問題のグリーン関数から境界値問題のグリーン関数が構成できることを示した．その結果，微分方程式の解法について，統一的な視点を与えることができた．一方，微分方程式の解法には，さまざまな解法が用いられている（参考文献 [7], [11], [16], [21]）．そこで，本章では，微分方程式の代表的な解法を紹介して，その解法とたたみ込み積分法との関係を調べ，特徴等をまとめておく．

微分方程式の解法には，主として次のような4種類の解法が多用されている．

1. 微分演算子法（D法）
2. ラプラス変換法
3. ミクシンスキー演算子法
4. グリーン関数法

なお，微分演算子法は，微分方程式の一般解を求める際に使用されている．初期値問題の解法には，初期条件の処理に有効であるラプラス変換法が多用

されている．同様にミクシンスキー演算子法も用いられている．境界値問題や固有値問題の解法には，すでに第 5 章で述べたようにグリーン関数法が用いられている．たたみ込み積分法とグリーン関数法との関係については，5.3 節で述べたので，次節以降では，上記の解法 1–3 を説明した上で，たたみ込み積分法との関係を調べることにする．

7.2 微分演算子法

7.2.1 微分演算子法

微分演算子法（differential operator method，D 法）では，関数に対する微分演算，すなわち関数からその導関数を導く次のような演算（写像）

$$\frac{d}{dx}: \quad u(x) \quad \rightarrow \quad \frac{du}{dx}(x)$$

に対して，写像 $\frac{d}{dx}$ を記号 D と書くことにする．すると，関数 $u(x)$ の導関数 $\frac{du}{dx}(x)$ は次のように書くことができる．

$$\frac{du}{dx}(x) = \frac{d}{dx}u(x) \equiv Du(x) \tag{7.1}$$

すなわち，関数 $u(x)$ の導関数 $\frac{du}{dx}(x)$ は，関数 $u(x)$ に微分演算子 D を施すことによって表されることになる．すると，関数 $u(x)$ の高階の導関数は次のように微分演算子 D の積（冪乗）D^n として表される．

$$\frac{d^2u}{dx^2}(x) = \frac{d}{dx}\frac{du}{dx}(x) = D\Big(\frac{du}{dx}(x)\Big) = DDu(x) \equiv D^2u(x)$$

$$\frac{d^3u}{dx^3}(x) = \frac{d}{dx}\Big(\frac{d^2u}{dx^2}(x)\Big) = D(D^2u(x)) = DD^2u(x) \equiv D^3u(x)$$

$$\vdots$$

$$\frac{d^nu}{dx^n}(x) = \frac{d}{dx}\Big(\frac{d^{n-1}u}{dx^{n-1}}(x)\Big) = D(D^{n-1}u(x)) = DD^{n-1}u(x) \equiv D^nu(x)$$

この微分演算子を用いて導関数を表示すると，次のような線形 n 階定数係数非同次形微分方程式：

$$\frac{d^n u}{dx^n}(x) + a_1 \frac{d^{n-1} u}{dx^{n-1}}(x) + \cdots + a_n u(x) = f(x)$$

は次のように表される．

$$D^n u(x) + a_1 D^{n-1} u(x) + \cdots + a_n u(x) = (D^n + a_1 D^{n-1} + \cdots + a_n) u(x)$$
$$\equiv P(D) u(x) = f(x) \tag{7.2}$$

ここで，微分演算子 D の n 次多項式を次のように与えるものとする．

$$P(D) \equiv D^n + a_1 D^{n-1} + \cdots + a_n \tag{7.3}$$

この結果として，線形 n 階定数係数非同次形微分方程式 (7.2) の解は，微分演算子の多項式 $P(D)$ の逆多項式が存在するならば，次のように書くことができることになる．

$$u(x) = \frac{1}{P(D)} f(x) \equiv P(D)^{-1} f(x) \tag{7.4}$$

ただし，微分演算子の多項式の逆の多項式（および，その特別な場合としての微分演算子の逆微分演算子）を恒等演算子 I に関して次式を満たすように定義する．

$$P(D)(P(D)^{-1}) = P(D)^{-1} P(D) = I \quad (DD^{-1} = D^{-1} D = I) \tag{7.5}$$

以上のことから，微分演算子法は，微分方程式に対する微分演算子の逆多項式が与えられたならば，それを用いて微分方程式の解を式 (7.4) として求める方法である．

なお，式 (7.3) のように定義された微分演算子の多項式は，微分演算の性質から次のような性質を有することがわかる．

1. 積の可換性

$$P(D)Q(D) = Q(D)P(D) \quad (P(D) \text{ と } Q(D) \text{ は } D \text{ の多項式})$$

2. 線形性

$$P(D)(c_1 u(x) + c_2 v(x)) = c_1 P(D)u(x) + c_2 P(D)v(x)$$

$$(u(x), v(x) \text{ は } x \text{ の関数}, \; c_1, c_2 \text{ は定数})$$

これらの性質を有する微分演算子（微分演算子の多項式）を用いてこれまでの各章で対象とした具体的な微分方程式に対する解の公式を導いてみよう．

1. 線形 1 階定数係数非同次形微分方程式

A. $\dfrac{du}{dx}(x) = f(x)$

この微分方程式の解は，すでに第 1 章の式 (1.21) で次のように与えられた．

$$u(x) = \int f(x)dx$$

一方，微分演算子を用いた微分方程式の表現およびその特解は，逆演算子を用いて次のように書ける．

$$Du(x) = f(x) \quad \rightarrow \quad u_p(x) = \frac{1}{D}f(x) \equiv D^{-1}f(x)$$

したがって，解に関する両方の表現を比べることにより次式を得る．

$$u_p(x) = D^{-1}f(x) = \int f(x)dx \tag{7.6}$$

すなわち，微分演算子 D の逆演算子 D^{-1} は非同次関数 $f(x)$ に対する「不定積分」を与えることがわかる．なお，実際には非同次関数として具体的な関数が与えられ，その不定積分の結果として積分定数が加わることになる（例 1.2 参照）．その積分定数を除いたものを逆微分演算子による解の表現と考えると，この逆演算子による解は，非同次形微

分方程式の「特解」を与えていることがわかる．したがって，**微分演算子法は，線形非同次形微分方程式の特解を微分演算子の逆多項式を用いて代数的に求める方法であることがわかる．**

B. $\dfrac{du}{dx}(x) - au(x) = f(x)$

この微分方程式は，第 2 章の式 (2.19) で取り上げられ次のような解 (2.21) が与えられた．

$$u(x) = e^{ax}(c + \int e^{-ax} f(x) dx)$$

一方，微分演算子を用いて微分方程式の特解を書くと次のようになる．

$$u_p(x) = \frac{1}{D-a} f(x) \equiv (D-a)^{-1} f(x)$$

特解に関する両方の表現を比べることによって，微分演算子の逆表現による特解の表現は次のように与えられる．

$$u_p(x) = \frac{1}{D-a} f(x) = (D-a)^{-1} f(x) = e^{ax} \int e^{-ax} f(x) dx \quad (7.7)$$

2. 線形定数係数 2 階非同次形微分方程式

A. $\dfrac{d^2 u}{dx^2}(x) = f(x)$

この微分方程式については，第 1 章式 (1.23) で取り上げ，両辺を 2 回積分することによって次のような解 (1.24) を得た．

$$u(x) = \int (\int f(x) dx) dx$$

したがって，微分演算子による特解の表現として次式を得る．

$$u_p(x) = \frac{1}{D^2} f(x) = D^{-2} f(x) = \int (\int f(x) dx) dx \quad (7.8)$$

B. $\dfrac{d^2 u}{dx^2}(x) - (a+b)\dfrac{du}{dx}(x) + abu(x) = f(x)$

この微分方程式については，第 3 章式 (3.27) – (3.31) および第 4 章式 (4.18) で扱った．この式を微分演算子を用いて表現すると次のようになる．

$$\bigl(D^2 - (a+b)D + ab\bigr)u(x) = f(x)$$

したがって，その特解は逆演算子を用いて記号的に次のように書くことができる．

$$u_p(x) = \dfrac{1}{\bigl(D^2 - (a+b)D + ab\bigr)} f(x) = \bigl(D^2 - (a+b)D + ab\bigr)^{-1} f(x)$$

$$= \dfrac{1}{(D-a)(D-b)} f(x) = \bigl((D-a)(D-b)\bigr)^{-1} f(x) \qquad (7.9)$$

ここで，微分演算子の 2 次多項式 $P_2(D) = \bigl(D^2 - (a+b)D + ab\bigr)$ は，その係数 a, b に対して 3 ケースが考えられるので，逆 2 次多項式は各ケースに関して次のように与えられる．

$$\dfrac{1}{P_2(D)} = \begin{cases} \dfrac{1}{a-b}\Bigl(\dfrac{1}{D-a} - \dfrac{1}{D-b}\Bigr) & \text{(相異なる 2 実数：} a \neq b) \\ \dfrac{1}{(D-a)^2} & \text{(相等しい実数：} a = b) \\ \dfrac{1}{2i\beta}\Bigl(\dfrac{1}{D-(\alpha+i\beta)} - \dfrac{1}{D-(\alpha-i\beta)}\Bigr) \\ \quad \text{(共役な複素数：} a = \alpha + i\beta, b = \bar{a}) \end{cases}$$
$$(7.10)$$

以上の結果，2 階微分方程式の特解は，上記の 3 ケースの各々に対して逆演算子による表現を用いて次のように表される．

a. 相異なる 2 実数

$$\begin{aligned} u_p(x) &= \dfrac{1}{a-b}\Bigl(\dfrac{1}{D-a} f(x) - \dfrac{1}{D-b} f(x)\Bigr) \\ &= \dfrac{1}{a-b}\Bigl(e^{ax}\int e^{-ax} f(x) dx - e^{bx}\int e^{-bx} f(x) dx\Bigr) \end{aligned} \qquad (7.11)$$

b. 相等しい実数

$$
\begin{aligned}
u_p(x) &= \frac{1}{(D-a)^2}f(x) = \frac{1}{(D-a)}\Big(\frac{1}{(D-a)}f(x)\Big) \\
&= \frac{1}{(D-a)}\Big(e^{ax}\int e^{-ax}f(x)dx\Big) \\
&= e^{ax}\int e^{-ax}\Big(e^{ax}\int e^{-ax}f(x)dx\Big)dx \\
&= e^{ax}\int\Big(\int e^{-ax}f(x)dx\Big)dx
\end{aligned}
\tag{7.12}
$$

c. 共役な複素数

$$
\begin{aligned}
u_p(x) &= \frac{1}{2i\beta}\Big(\frac{1}{D-(\alpha+i\beta)}f(x) - \frac{1}{D-(\alpha-i\beta)}f(x)\Big) \\
&= \frac{1}{2i\beta}\Big(e^{(\alpha+i\beta)x}\int e^{-(\alpha+i\beta)x}f(x)dx - e^{\bar{a}x}\int e^{-\bar{a}x}f(x)dx\Big)
\end{aligned}
\tag{7.13}
$$

以上より，線形2階定数係数非同次形微分方程式の特解は，与えられた非同次関数 $f(x)$ に対して，上記で与えられた積分計算を行うことによって定められる．微分演算子法では，この積分計算をたくさんの公式を用意して容易に求められるようにしている．たとえば，非同次関数が指数関数 $e^{\alpha x}$ に関する場合には次のような公式が存在している．

$$
\frac{1}{P(D)}e^{\alpha x} = \frac{1}{P(\alpha)}e^{\alpha x} \quad (\ P(\alpha) \neq 0\ )
\tag{7.14}
$$

この公式は次のように証明できる．

$$
\begin{aligned}
P(D)e^{\alpha x} &= (D^n + a_1 D^{n-1} + \cdots + a_n)e^{\alpha x} \\
&= D^n e^{\alpha x} + a_1 D^{n-1} e^{\alpha x} + \cdots + a_n e^{\alpha x} \\
&= (\alpha^n + a_1 \alpha^{n-1} + \cdots + a_n)e^{\alpha x} \\
&= P(\alpha)e^{\alpha x}
\end{aligned}
$$

ここで，$P(\alpha) \neq 0$ であるとき，上式から次式を得る．

$$\frac{1}{P(\alpha)}(P(D)e^{\alpha x}) = e^{\alpha x}$$

$P(\alpha)$ は定数であることに注意をすると次式を得る.

$$P(D)\Big(\frac{1}{P(\alpha)}e^{\alpha x}\Big) = e^{\alpha x} = Ie^{\alpha x}$$
$$= \Big(P(D)\frac{1}{P(D)}\Big)e^{\alpha x}$$
$$= P(D)\Big(\frac{1}{P(D)}e^{\alpha x}\Big)$$

したがって,両辺を比べることによって,上記の公式 (7.14) を得る.

なお,その他の公式については演習問題とし,参考文献 [21] も参照されたい.

【例 7.1】　[微分演算子法による微分方程式の特解]

線形 2 階定数係数非同次形微分方程式

$$\frac{d^2 u}{dx^2}(x) + 5\frac{du}{dx}(x) + 6u(x) = e^{3x}$$

微分演算子による微分方程式の表現

$$(D^2 + 5D + 6)u(x) = e^{3x}$$

逆微分演算子による特解の表現

$$u_p(x) = \frac{1}{D^2 + 5D + 6}\,e^{3x} = \frac{1}{(D+2)(D+3)}e^{3x}$$
$$= \Big(\frac{1}{D+2} - \frac{1}{D+3}\Big)e^{3x} = \frac{1}{D+2}\,e^{3x} - \frac{1}{D+3}\,e^{3x}$$
$$= e^{-2x}\int e^{2x}e^{3x}dx - e^{-3x}\int e^{3x}e^{3x}dx \quad ((7.11))$$
$$= e^{-2x}\int e^{5x}dx - e^{-3x}\int e^{6x}dx$$
$$= e^{-2x}\frac{1}{5}\,e^{5x} - e^{-3x}\frac{1}{6}\,e^{6x} = \frac{1}{30}e^{3x}$$

または，

$$u_p(x) = \frac{1}{3^2 + 5 \times 3 + 6} e^{3x} \quad ((7.14))$$
$$= \frac{1}{30} e^{3x}$$

7.2.2 たたみ込み積分法との関係

前項では微分演算子法の基本的な考え方と適用例について示した．微分演算子法は，与えられた非同次形微分方程式の特解を逆微分演算子を基にして，非同次関数のタイプに対応した有効な公式を適用し簡単な計算によって定めようとする優れた方法である．初期値問題や境界値問題にこの方法を適用する場合には，まず始めに同次形微分方程式の一般解を求め，さらに非同次方程式の特解を定め，それらを加え非同次方程式の一般解を構成した後，与えられた初期条件や境界条件を満たす解を見出すことになる．すなわち，微分演算子法の求解過程には初期条件や境界条件を考慮することが含まれていない．一方，「たたみ込み積分法」や後述する「ラプラス変換法」には，求解過程にそれらの条件を取り入れることができる．そこで，「微分演算子法」と「たたみ込み積分法」との違いを次の具体的な初期値問題で示すことにする．

【例 7.2】　[線形 2 階定数係数非同次形微分方程式の初期値問題]
　　初期値問題：

$$\frac{d^2 u}{dx^2}(x) + 3\frac{du}{dx}(x) - 4u(x) = x, \quad u(0) = 1, \quad \frac{du}{dx}(0) = 1$$

A. 微分演算子法による解法
　　同次式の一般解：$u_h(x)$

$$u_h(x) = c_1 e^x + c_2 e^{-4x} \quad (\text{特性方程式：} \lambda^2 + 3\lambda - 4 = 0)$$

特解：$u_p(x)$

$$\begin{aligned}u_p(x) &= \frac{1}{D^2+3D-4}\,x = \frac{1}{(D-1)(D+4)}\,x\\&= \frac{1}{5}\Big(\frac{1}{D-1} - \frac{1}{D+4}\Big)\,x\\&= \frac{1}{5}\Big(e^x\int e^{-x}x\,dx - e^{-4x}\int e^{4x}x\,dx\Big)\\&= \frac{1}{5}\Big\{e^x(-e^{-x}x - e^{-x}) - e^{-4x}\Big(\frac{1}{4}e^{4x}x - \frac{1}{16}e^{4x}\Big)\Big\}\\&= -\frac{1}{4}x - \frac{3}{16}\end{aligned}$$

非同次方程式の一般解：$u(x) = u_h(x) + u_p(x)$

$$u(x) = c_1 e^x + c_2 e^{-4x} - \frac{1}{4}x - \frac{3}{16}$$

初期値問題の解：

$$u(0) = c_1 + c_2 - \frac{3}{16} = 1, \quad \frac{du}{dx}(0) = c_1 - 4c_2 - \frac{1}{4} = 1$$

$$\Big(c_1 = \frac{6}{5},\quad c_2 = -\frac{1}{80}\Big)$$

$$u(x) = \frac{6}{5}e^x - \frac{1}{80}e^{-4x} - \frac{1}{4}x - \frac{3}{16}$$

B. たたみ込み積分法による解法

グリーン関数：$G(x)$

$$G(x) = \frac{1}{5}(e^x - e^{-4x})$$

解の表現：$u(x)$

$$\begin{aligned}u(x) &= \Big(\frac{dG}{dx}(x) + 3G(x)\Big)u(0) + G(x)\frac{du}{dx}(0) + G(x)*x\\&= \frac{1}{5}(4e^x + e^{-4x}) + \frac{1}{5}(e^x - e^{-4x})\\&\quad + \frac{1}{5}\int_0^x (e^{x-t} - e^{-4(x-t)})t\,dt\end{aligned}$$

第 7 章 微分方程式の諸解法

$$= e^x + \frac{1}{5}\left(-x - 1 + e^x - \frac{1}{4}x + \frac{1}{16} - \frac{1}{16}e^{-4x}\right)$$
$$= \frac{6}{5}e^x - \frac{1}{80}e^{-4x} - \frac{1}{4}x - \frac{3}{16}$$

7.3　ラプラス変換法

7.3.1　ラプラス変換法

本項では，線形定数係数非同次形微分方程式の初期値問題に多用されている「ラプラス変換法」と，「たたみ込み積分法」との関係について述べる．

ラプラス変換法は，"積分変換を導入することによって，微分演算を変換空間における代数的演算に置き換えて初期値問題の解を構成する解法"である．微分演算を代数的演算に置き換えるという考え方は前節で紹介した微分演算子法と同様である．ラプラス変換法は，積分変換法の一つである．そこで，まず始めに次のようなラプラス変換の定義を行う．

定義 7.1　ラプラス変換

$0 \leq x < \infty$ で定義された複素数値をとる連続関数 $u(x)$ に対して，次の無限積分

$$L\{u(x)\} := \int_0^\infty e^{-sx}u(x)dx \equiv U(s) \quad (s > 0) \tag{7.15}$$

が有限確定するとき，この積分変換 $L: u(x) \to U(s)$ を関数 $u(x)$ のラプラス変換 (Laplace transformation) とよぶ．

このような定義からラプラス変換は次の性質を有することがわかる．

ラプラスへ変換の性質

1. 線形性

$$L\{au(x)+bv(x)\} = aL\{u(x)\}+bL\{v(x)\} = aU(s)+bV(s) \quad (7.16)$$

2. 導関数のラプラス変換

$$L\left\{\frac{du}{dx}(x)\right\} = sU(s) - u(0) \quad (7.17)$$

$$L\left\{\frac{d^2u}{dx^2}(x)\right\} = s^2U(s) - su(0) - \frac{du}{dx}(0) \quad (7.18)$$

$$\vdots$$

$$L\left\{\frac{d^nu}{dx^n}(x)\right\} = s^nU(s) - s^{n-1}u(0) - s^{n-2}\frac{du}{dx}(0)$$
$$\cdots - \frac{d^{n-1}u}{dx^{n-1}}(0) \quad (7.19)$$

3. 積分関数のラプラス変換

$$L\left\{\int_0^x u(t)dt\right\} = \frac{1}{s}U(s) \quad (7.20)$$

4. たたみ込み積分のラプラス変換

$$L\{u(x)*v(x)\} = L\{u(x)\}L\{v(x)\} = U(s)V(s) \quad (7.21)$$

上記のラプラス変換の性質について次のような証明を与えておく．残りの証明は演習問題 2.A とする．

1. $\displaystyle L\{au(x)+bv(x)\} = \int_0^\infty e^{-sx}(au(x)+bv(x))dx$
$$= a\int_0^\infty e^{-sx}u(x)dx + b\int_0^\infty e^{-sx}v(x)dx$$
$$= aL\{u(x)\} + bL\{v(x)\} = aU(s) + bV(s)$$

2.
$$L\left\{\frac{du}{dx}(x)\right\} = \int_0^\infty e^{-sx}\frac{du}{dx}(x)dx$$
$$= \left[e^{-sx}u(x)\right]_0^\infty - \int_0^\infty \left(\frac{d}{dx}e^{-sx}\right)u(x)dx$$
$$= e^{-s\infty}u(\infty) - e^{-s0}u(0) + sU(s) = sU(s) - u(0)$$

$$L\left\{\frac{d^2u}{dx^2}(x)\right\} = \int_0^\infty e^{-sx}\frac{d^2u}{dx^2}(x)dx$$
$$= \left[e^{-sx}\frac{du}{dx}(x)\right]_0^\infty - \int_0^\infty \left(\frac{d}{dx}e^{-sx}\right)\frac{du}{dx}(x)dx$$
$$= -\frac{du}{dx}(0) + s\int_0^\infty e^{-sx}\frac{du}{dx}(x)dx$$
$$= -\frac{du}{dx}(0) + sL\left\{\frac{du}{dx}(x)\right\}$$
$$= -\frac{du}{dx}(0) + s(sU(s) - u(0))$$
$$= s^2U(s) - su(0) - \frac{du}{dx}(0)$$

以上，ラプラス変換の定義とその性質について示した．ここではとくに導関数のラプラス変換に関する「性質2」に注目する．1階導関数にラプラス変換を施すと，変換空間では関数の s 倍と初期値の差として表されることになる．さらに，2階導関数に対しては，変換後は，関数の s^2 倍から初期値 $u(0)$ の s 倍を引き，さらに初期値 $\frac{du}{dx}(0)$ を引いたものとして表される．このような性質から，変換空間では，関数の微分演算が関数の s の冪乗として表されるだけではなく初期値も考慮できることになる．微分演算子法では，導関数を微分演算子 D の冪乗として表すが初期値を考慮することができない．この点が2つの方法の異なる点である．したがって，ラプラス変換法が微分方程式の初期値問題の解法として多用されることになる．

導関数のラプラス変換の性質を用いると，与えられた線形定数係数非同次形微分方程式は，関数 $u(x)$ を含む関数空間（これを原空間とよぶ）から変数 s に関する関数 $U(s)$ よりなる変換空間における方程式に書き換えることができる．この変換空間で $U(s)$ を定めることができれば，その関数を与えるよう

な原空間での関数の表現が求める初期値問題の解となる．このとき，変換空間での関数 $U(s)$ を原空間での関数 $u(x)$ に変換，すなわち定義 7.1 で与えた**ラプラス変換の逆変換** が必要となる．そのようなラプラス逆変換は次のように与えられている．

関数 $u(x)$ に関するラプラス変換 (7.15) に対して，ブロムウィッチ (Bromwich) 積分とよばれる次の複素積分で与えられるような $U(s)$ から $u(x)$ への変換

$$u(x) = L^{-1}\{U(s)\} := \frac{1}{2i\pi}\int_{c-i\infty}^{c+i\infty} U(s)e^{sx}ds \tag{7.22}$$

を**ラプラス逆変換** (Laplace inverse transformation) として導入する．

ここで定義されたラプラス変換とその逆変換とに対して，

$$u(x) = L^{-1}\{U(s)\} = L^{-1}\{L\{u(x)\}\} = (L^{-1}L)\{u(x)\} \tag{7.23}$$

$$U(s) = L\{u(x)\} = L\{L^{-1}\{U(s)\}\} = (LL^{-1})\{U(s)\} \tag{7.24}$$

となるので，ラプラス変換とその逆変換との間には次のような関係が成り立つことになる．

$$LL^{-1} = L^{-1}L = I \tag{7.25}$$

ラプラス変換法を用いて微分方程式の初期値問題の解 $u(x)$ を求める場合には，変換空間の関数 $U(s)$ に対して上記の複素積分 (7.22) を計算して逆変換を定める必要がある．しかし，多くの場合，この複素積分を計算して逆変換を定める代わりに，具体的な種々の関数に対する変換表（表 7.1 ラプラス変換・逆変換公式）を用いることによって簡単に逆変換を定めることができる．以下にいくつかの関数に対して具体例を示す．

1. $u(x) = 1$

$$L\{u(x)\} = \int_0^\infty e^{-sx}1dx = \left[-\frac{1}{s}e^{-sx}\right]_0^\infty = -\frac{1}{s}e^{-s\infty} + \frac{1}{s}e^0 = \frac{1}{s}$$
$$L^{-1}\left\{\frac{1}{s}\right\} = 1$$

2. $u(x) = x$

$$L\{x\} = \int_0^\infty e^{-sx} x\, dx = \left[-\frac{1}{s} e^{-sx} x\right]_0^\infty + \frac{1}{s}\int_0^\infty e^{-sx} dx$$
$$= \frac{1}{s} L\{1\} = \frac{1}{s^2}$$
$$L^{-1}\left\{\frac{1}{s^2}\right\} = x$$

3. $u(x) = x^n$

$$L\{x^n\} = \int_0^\infty e^{-sx} x^n dx = \left[-\frac{1}{s} e^{-sx} x^n\right]_0^\infty + \frac{1}{s}\int_0^\infty e^{-sx}\left(\frac{d}{dx} x^n\right) dx$$
$$= \frac{n}{s} L\{x^{n-1}\} = \frac{n}{s}\frac{n-1}{s} L\{x^{n-2}\}$$
$$\vdots$$
$$= \frac{n}{s}\frac{(n-1)}{s}\frac{(n-2)}{s}\cdots\frac{1}{s} L\{x^0\}$$
$$= \frac{n!}{s^{n+1}}$$
$$L^{-1}\left\{\frac{n!}{s^{n+1}}\right\} = x^n$$

4. $u(x) = e^{ax}$

$$L\{e^{ax}\} = \int_0^\infty e^{-sx} e^{ax} dx = \left[-\frac{1}{s-a} e^{-x(s-a)}\right]_0^\infty$$
$$= -\frac{1}{s-a}(e^{-\infty(s-a)} - e^0) = \frac{1}{s-a}$$
$$L^{-1}\left\{\frac{1}{s-a}\right\} = e^{ax}$$

以上の準備のもとで，ラプラス変換法をすでに対象としてきた微分方程式の初期値問題の求解に適用してみよう．なお，参考のために，第4章でたたみ込み積分法を用いて得られた解の表現も合わせて示しておく．

1. 線形1階定数係数非同次形微分方程式 A
   初期値問題：
   $$\frac{du}{dx}(x) = f(x), \quad u(0) = u_0$$
   微分方程式のラプラス変換：
   $$L\left\{\frac{du}{dx}(x) - f(x)\right\} = sU(s) - u(0) - F(s) = 0$$
   $$U(s) = \frac{1}{s}\bigl(u(0) + F(s)\bigr)$$

   逆ラプラス変換（初期値問題の解）：
   $$\begin{aligned}u(x) = L^{-1}\bigl\{U(s)\bigr\} &= L^{-1}\left\{\frac{1}{s}u(0) + \frac{1}{s}F(s)\right\}\\ &= u(0)L^{-1}\left\{\frac{1}{s}\right\} + L^{-1}\left\{\frac{1}{s}F(s)\right\}\\ &= u_0\,1 + L^{-1}\left\{\frac{1}{s}F(s)\right\}\\ &= u_0 G(x) + G(x) * f(x) \quad (\,G(x) = 1\,)\end{aligned}$$

2. 線形1階定数係数非同次形微分方程式 B
   初期値問題：
   $$\frac{du}{dx}(x) + au(x) = f(x), \quad u(0) = u_0$$
   微分方程式のラプラス変換：
   $$\begin{aligned}L\left\{\frac{du}{dx}(x) + au(x) - f(x)\right\} &= L\left\{\frac{du}{dx}(x)\right\} + L\{au(x)\} - L\{f(x)\}\\ &= sU(s) - u(0) + aU(s) - F(s)\\ &= (s+a)U(s) - u_0 - F(s) = 0\end{aligned}$$
   $$U(s) = \frac{1}{s+a}(u_0 + F(s))$$

   逆ラプラス変換（初期値問題の解）：
   $$u(x) = L^{-1}\bigl\{U(s)\bigr\} = L^{-1}\left\{\frac{1}{s+a}(u_0 + F(s))\right\}$$

$$= u_0 L^{-1}\Big\{\frac{1}{s+a}\Big\} + L^{-1}\Big\{\frac{1}{s+a}F(s)\Big\}$$

$$= u_0 e^{-ax} + L^{-1}\Big\{\frac{1}{s+a}F(s)\Big\}$$

$$= u_0 G(x) + G(x) * f(x) \quad (\,G(x) = e^{-ax}\,)$$

3. 線形 2 階定数係数非同次形微分方程式 A

    初期値問題：

$$\frac{d^2 u}{dx^2}(x) = f(x), \quad u(0) = u_0, \quad \frac{du}{dx}(0) = v_0$$

    微分方程式のラプラス変換：

$$L\Big\{\frac{d^2 u}{dx^2}(x) - f(x)\Big\} = L\Big\{\frac{d^2 u}{dx^2}(x)\Big\} - L\{f(x)\}$$

$$= s^2 U(s) - s u_0 - v_0 - F(s) = 0$$

$$U(s) = \frac{1}{s^2}(s u_0 + v_0 + F(s))$$

    逆ラプラス変換（初期値問題の解）：

$$u(x) = L^{-1}\{U(s)\} = L^{-1}\Big\{\frac{1}{s}u_0 + \frac{1}{s^2}v_0 + \frac{1}{s^2}F(s)\Big\}$$

$$= u_0 L^{-1}\Big\{\frac{1}{s}\Big\} + v_0 \Big\{\frac{1}{s^2}\Big\} + L^{-1}\Big\{\frac{1}{s^2}F(s)\Big\}$$

$$= u_0\ 1 + v_0\ x + L^{-1}\Big\{\frac{1}{s^2}F(s)\Big\}$$

$$= u_0 \frac{dG}{dx}(x) + v_0 G(x) + G(x) * f(x) \quad (\,G(x) = x\,)$$

4. 線形 2 階定数係数非同次形微分方程式 B

    初期値問題：

$$\frac{d^2 u}{dx^2}(x) - (a+b)\frac{du}{dx}(x) + abu(x) = f(x), \quad u(0) = u_0, \quad \frac{du}{dx}(0) = v_0$$

    微分方程式のラプラス変換：

$$L\Big\{\frac{d^2 u}{dx^2}(x) - (a+b)\frac{du}{dx}(x) + abu(x) - f(x)\Big\}$$

$$= L\left\{\frac{d^2 u}{dx^2}(x)\right\} - (a+b)L\left\{\frac{du}{dx}(x)\right\} + abL\{u(x)\} - L\{f(x)\}$$

$$= s^2 U(s) - su_0 - v_0 - (a+b)\bigl(sU(s) - u_0\bigr) + abU(s) - F(s)$$

$$= \{s^2 - (a+b)s + ab\}U(s) - \bigl[v_0 + \{s - (a+b)\}u_0 + F(s)\bigr]$$

$$= 0$$

$$U(s) = \frac{1}{\{s^2 - (a+b)s + ab\}}\bigl[v_0 + \{s - (a+b)\}u_0 + F(s)\bigr]$$

逆ラプラス変換（初期値問題の解）：

$$u(x) = L^{-1}\{U(s)\}$$

$$= L^{-1}\left\{\frac{1}{\{s^2 - (a+b)s + ab\}}\bigl[v_0 + \{s - (a+b)\}u_0 + F(s)\bigr]\right\}$$

$$= v_0 L^{-1}\left\{\frac{1}{\{s^2 - (a+b)s + ab\}}\right\} + u_0 L^{-1}\left\{\frac{s - (a+b)}{\{s^2 - (a+b)s + ab\}}\right\}$$

$$\quad + L^{-1}\left\{\frac{1}{\{s^2 - (a+b)s + ab\}}F(s)\right\}$$

$$= v_0 G(x) + u_0\left\{\frac{dG}{dx}(x) - (a+b)G(x)\right\} + G(x) * f(x)$$

ただし，

$$L^{-1}\left\{\frac{1}{s^2 - (a+b)s + ab}\right\} = \begin{cases} \dfrac{1}{a-b}(e^{ax} - e^{bx}) & : (a+b)^2 > 4ab \\ xe^{ax} & : (a+b)^2 = 4ab \\ \dfrac{1}{\beta}e^{\alpha x}\sin(\beta x) & : (a+b)^2 < 4ab \end{cases}$$

$$L^{-1}\left\{\frac{s - (a+b)}{s^2 - (a+b)s + ab}\right\} = \begin{cases} \dfrac{1}{a-b}(ae^{bx} - be^{ax}) \\ \qquad : (a+b)^2 > 4ab \\ (1 - ax)e^{ax} \\ \qquad : (a+b)^2 = 4ab \\ \dfrac{1}{\beta}e^{\alpha x}\{\beta\cos(\beta x) - \alpha\sin(\beta x)\} \\ \qquad : (a+b)^2 < 4ab \end{cases}$$

$$L^{-1}\left\{\frac{1}{s^2-(a+b)s+ab}F(s)\right\} = \begin{cases} \dfrac{1}{a-b}(e^{ax}-e^{bx})*f(x) \\ \qquad : (a+b)^2 > 4ab \\ (xe^{ax})*f(x) \\ \qquad : (a+b)^2 = 4ab \\ \left(\dfrac{1}{\beta}e^{\alpha x}\sin(\beta x)\right)*f(x) \\ \qquad : (a+b)^2 < 4ab \end{cases}$$

$$G(x) = \begin{cases} \dfrac{1}{a-b}(e^{ax}-e^{bx}) & : (a+b)^2 > 4ab \\ xe^{ax} & : (a+b)^2 = 4ab \\ \dfrac{1}{\beta}e^{\alpha x}\sin(\beta x) & : (a+b)^2 < 4ab \end{cases}$$

なお，
$$\alpha = \frac{a+b}{2}, \quad \beta = \frac{a-b}{2}$$

以上，微分方程式の初期値問題のラプラス変換法による解の表現を与えた．なお，ラプラス変換法で有用な変換公式をまとめて表 7.1 に示しておく．

具体的な線形 2 階定数係数非同次形微分方程式の初期値問題に対するラプラス変換法による解法を次の例で示す．

【例 7.3】 [ラプラス変換法による初期値問題の解]

初期値問題：
$$\frac{d^2u}{dx^2}(x) + 3\frac{du}{dx}(x) - 4u(x) = x, \quad u(0) = 1, \quad \frac{du}{dx}(0) = 1$$

微分方程式のラプラス変換：

$$\begin{aligned} & L\left\{\frac{d^2u}{dx^2}(x) + 3\frac{du}{dx}(x) - 4u(x) - x\right\} \\ &= s^2 U(s) - su(0) - \frac{du}{dx}(0) + 3(sU(s) - u(0)) - 4U(s) - \frac{1}{s^2} \\ &= (s^2 + 3s - 4)U(s) - (s+3)u(0) - \frac{du}{dx}(0) - \frac{1}{s^2} = 0 \end{aligned}$$

表 7.1　ラプラス変換・逆変換

$u(x) = L^{-1}\{U(s)\}$	$U(s) = L\{u(x)\}$
1	$\dfrac{1}{s}$
x	$\dfrac{1}{s^2}$
$\dfrac{1}{n!}x^n$	$\dfrac{1}{s^{n+1}}$
e^{ax}	$\dfrac{1}{s-a}$
xe^{ax}	$\dfrac{1}{(s-a)^2}$
$\dfrac{1}{a-b}(e^{ax}-e^{bx})$ $(\,a \neq b\,)$	$\dfrac{1}{(s-a)(s-b)}$ $= \dfrac{1}{a-b}\left(\dfrac{1}{s-a} - \dfrac{1}{s-b}\right)$
$\dfrac{1}{a-b}(ae^{bx}-be^{ax})$ $(\,a \neq b\,)$	$\dfrac{s-(a+b)}{(s-a)(s-b)}$ $= \dfrac{1}{a-b}\left(\dfrac{a}{s-b} - \dfrac{b}{s-a}\right)$
$e^{\alpha x}\sin(\beta x)$	$\dfrac{\beta}{(s-\alpha)^2 + \beta^2}$
$e^{\alpha x}\cos(\beta x)$	$\dfrac{s-\alpha}{(s-\alpha)^2 + \beta^2}$
$\sin(\beta x)$	$\dfrac{\beta}{s^2 + \beta^2}$
$\cos(\beta x)$	$\dfrac{s}{s^2 + \beta^2}$

$$\begin{aligned}
U(s) &= \frac{1}{(s-1)(s+4)}\Big\{(s+3)u(0) + \frac{du}{dx}(0) + \frac{1}{s^2}\Big\} \\
&= \frac{s+3}{(s-1)(s+4)}u(0) + \frac{1}{(s-1)(s+4)}\frac{du}{dx}(0) + \frac{1}{(s-1)(s+4)s^2} \\
&= \Big\{\frac{4}{5}\frac{1}{(s-1)} + \frac{1}{5}\frac{1}{(s+4)}\Big\}u(0) + \frac{1}{5}\Big(\frac{1}{s-1} - \frac{1}{s+4}\Big)\frac{du}{dx}(0) \\
&\quad + \frac{1}{5}\frac{1}{(s-1)} - \frac{1}{80}\frac{1}{(s+4)} - \Big(\frac{1}{4}\frac{1}{s^2} + \frac{3}{16}\frac{1}{s}\Big)
\end{aligned}$$

逆ラプラス変換(初期値問題の解):

$$\begin{aligned}
u(x) &= L^{-1}\{U(s)\} \\
&= L^{-1}\Big\{\frac{4}{5}\frac{1}{(s-1)} + \frac{1}{5}\frac{1}{(s+4)}\Big\}u(0) + L^{-1}\Big\{\frac{1}{s-1} - \frac{1}{s+4}\Big\}\frac{1}{5}\frac{du}{dx}(0) \\
&\quad + L^{-1}\Big\{\frac{1}{5}\frac{1}{(s-1)} - \frac{1}{80}\frac{1}{(s+4)} - \Big(\frac{1}{4}\frac{1}{s^2} + \frac{3}{16}\frac{1}{s}\Big)\Big\} \\
&= \Big(\frac{4}{5}e^x + \frac{1}{5}e^{-4x}\Big)u(0) + \frac{1}{5}(e^x - e^{-4x})\frac{du}{dx}(0) \\
&\quad + \frac{1}{5}\Big(e^x - \frac{1}{16}e^{-4x} - \frac{5}{4}x - \frac{15}{16}\Big) \\
&= \frac{1}{5}\Big(6e^x - \frac{1}{16}e^{-4x} - \frac{5}{4}x - \frac{15}{16}\Big)
\end{aligned}$$

7.3.2 たたみ込み積分法との関係

以上で「ラプラス変換法」の概要を述べてきた.ここでは,線形定数係数非同次形微分方程式の初期値問題の特解について「たたみ込み積分法」との関係について調べることにする.

初期値問題の特解は,「たたみ込み積分法」では,初期値問題のグリーン関数 $G(x)$ が求まれば,非同次関数 $f(x)$ とのたたみ込み積分として次のように与えられる.

$$u_p(x) = G(x) * f(x)$$

この表現に対して,ラプラス変換を行うと,ラプラス変換の性質 (7.21) を用いることによって,次式を得る.

$$L\{u_p(x)\} = L\{G(x) * f(x)\} = L\{G(x)\}L\{f(x)\}$$
$$= \overline{G}(s)F(s)$$

ただし，
$$\overline{G}(s) \equiv L\{G(x)\}, \quad F(s) \equiv L\{f(x)\}$$

ここで，上式のラプラス逆変換を行うことによって次式を得る．
$$L^{-1}\{\overline{G}(s)F(s)\} = L^{-1}\{L\{G(x) * f(x)\}\}$$
$$= G(x) * f(x) = u_p(x)$$

したがって，非同次関数 $f(x)$ に対する初期値問題の特解 $u_p(x)$ は，ラプラス変換法の立場から見ると，グリーン関数 $G(x)$ と $f(x)$ の変換空間での表現 $\overline{G}(s)$ と $F(s)$ との積 $\overline{G}(s)F(s)$ を原空間に戻すことによって表されることになる．以上のことを考慮すると，上述した初期値問題の特解に関するラプラス変換とその逆変換の公式を表 7.2 にまとめて示すことができる．グリーン関数 $G(x)$ のラプラス変換は，それが具体的に定まっているような場合には，ラプラス変換の定義 (7.15) を用いて積分計算により求められる．ここでは，グリーン関数を定めることをラプラス変換法を用いて考えてみよう．

グリーン関数は 4.4 節の定義 4.2 より，次のような線形 n 階定数係数同次微分方程式の初期値問題の解として与えられる．

$$\Big(\frac{d^n}{dx^n} + a_1 \frac{d^{n-1}}{dx^{n-1}} + \cdots + a_n\Big) G(x) = 0$$
$$G(0) = \frac{dG}{dx}(0) = \cdots = \frac{d^{n-2}G}{dx^{n-2}}(0) = 0, \quad \frac{d^{n-1}G}{dx^{n-1}}(0) = 1$$

ここで，上記の $G(x)$ に関する初期値問題にラプラス変換法を適用すると，以下のようにしてグリーン関数のラプラス変換が定められる．

$$L\Big\{\Big(\frac{d^n}{dx^n} + a_1 \frac{d^{n-1}}{dx^{n-1}} + \cdots + a_n\Big) G(x)\Big\} = L\{0\}$$

上式のラプラス変換を実行すると，

$$s^n \overline{G}(s) - \frac{d^{n-1}G}{dx^{n-1}}(0) - s \frac{d^{n-2}G}{dx^{n-2}}(0) - \cdots - s^{n-1} G(0)$$

表 7.2 特解のラプラス変換と逆変換公式

$G(x) * f(x) = L^{-1}(\overline{G}(s)F(s))$	$L(G(x) * f(x)) = \overline{G}(s)F(s)$
$1 * f(x) = \int_0^x 1 * f(t)dt$	$\dfrac{1}{s} F(s)$
$e^{-ax} * f(x) = \int_0^x e^{-a(x-t)} f(t)dt$	$\dfrac{1}{s+a} F(s)$
$x * f(x) = \int_0^x (x-t)f(t)dt$	$\dfrac{1}{s^2} F(s)$
$\dfrac{1}{a-b}(e^{ax} - e^{bx}) * f(x)$ $= \int_0^x \dfrac{1}{a-b}(e^{a(x-t)} - e^{b(x-t)})f(t)dt$	$\dfrac{1}{(s-a)(s-b)} F(s)$
$xe^{ax} * f(x) = \int_0^x (x-t)e^{a(x-t)} f(t)dt$	$\dfrac{1}{(s-a)^2} F(s)$
$\dfrac{1}{\beta}e^{\alpha x}\sin(\beta x) * f(x)$ $= \int_0^x \left(\dfrac{1}{\beta}e^{\alpha(x-t)}\sin\beta(x-t)\right)f(t)dt$	$\dfrac{1}{(s-\alpha)^2 + \beta^2} F(s)$

$$+ a_1\left\{s^{n-1}\overline{G}(s) - \frac{d^{n-2}G}{dx^{n-2}}(0) - \cdots - s^{n-2}G(0)\right\}$$
$$+ a_2\left\{s^{n-2}\overline{G}(s) - \frac{d^{n-3}G}{dx^{n-3}}(0) - \cdots - s^{n-3}G(0)\right\}$$
$$+ \cdots + a_n\overline{G}(s) = 0$$

となるので,

$$(s^n + a_1 s^{n-1} + \cdots + a_n)\overline{G}(s) = \frac{d^{n-1}G}{dx^{n-1}}(0) = 1$$
$$\overline{G}(s) = \frac{1}{s^n + a_1 s^{n-1} + \cdots + a_n} \equiv \frac{1}{P(s)} \qquad (7.26)$$

となる.ただし,$P(s)$ は線形 n 階定数係数同次形微分方程式の特性多項式

$$P(\lambda) = \lambda^n + a_1 \lambda^{n-1} + \cdots + a_n \tag{7.27}$$

に対応する s に関する n 次多項式とする.

以上より,初期値問題のグリーン関数 $G(x)$ は,変換空間では線形定数係数同次形微分方程式の特性多項式の逆多項式として式 (7.26) のように表されることになる.その結果として,求めようとしているグリーン関数は,ラプラス逆変換を用いて次のように与えられる.

$$G(x) = L^{-1}\{\overline{G}(s)\} = L^{-1}\left\{\frac{1}{P(s)}\right\} \tag{7.28}$$

7.4 ミクシンスキー演算子法

7.4.1 ミクシンスキー演算子法

前節では,関数にラプラス変換という積分変換を施すことによって,関数に対する微分演算を変換空間における代数的演算に置き換える微分演算子的な方法を説明した.このラプラス変換法は,関数のラプラス変換 (7.15) に基づいている.しかし,このラプラス変換がすべての関数に対して可能であるわけではない.たとえば,$u(x) = e^{x^2}$ のラプラス変換は,発散積分となるので存在しないことになる (参考文献 [23], p.90 参照).そこで,このような制約を取り除く新しい演算子法がミクシンスキー (Mikusiński) によって構成された.

この新しい演算子法は,複素数値の連続関数の集合の中に加法,倍計算法 (スカラー乗法) および乗法として「たたみ込み積分」に基づいた「合成積乗法」を導入したものである.この乗法から積分演算子,2 つの関数の商を演算子と考え逆演算子を導入し,数演算子,微分演算子を構成している.このような微分演算子を用いることによって,微分方程式の初期値問題の解を求めることができる.この初期値問題の解の表現は,後述するようにラプラス

変換法による解の表現と形式的には全く同じとなる．したがって，ミクシンスキー演算子法は，ラプラス変換法のように関数の積分変換とその逆変換を用いないので，広い範囲の関数を対象として初期値問題の解を求めることができる．

以下では，そのような優れた特性を有するミクシンスキー演算子法について，線形定数係数非同次形微分方程式の初期値問題の解を求めるのに必要最低限の事項のみを述べることにする．この方法の詳細は，ミクシンスキーの原著の訳本（参考文献 [17], [18]）および超関数としての数学的基礎付けは，参考文献 [23] を参照されたい．

7.4.2 ミクシンスキー演算子法の基本事項

初期値問題に対応して，区間 $0 \leq x < \infty$ で定義された実数または複素数を値とするような関数を考える．このような関数の集合を $C[0,\infty) \equiv \mathcal{C}$ と書く．$\mathcal{C}$ 内の関数を u, v, w とし，数を a, b, c とする．なお，関数と関数値とを区別するために，関数は，u または，$\{u(x)\}$ と書き，関数 u の x における値を単に $u(x)$ と書く．以下に，ミクシンスキーにしたがって基本的な演算と演算子とを示す．

1. 加法

    2 つの関数 u と v との和 $u + v$ を次のように定義する．

$$(u+v)(x) = \{(u+v)(x)\} := u(x) + v(x) = \{u(x)\} + \{v(x)\} \quad (7.29)$$

2. 倍計算法

    関数 u の数 a 倍計算を次のように定義する．

$$(au)(x) = \{(au)(x)\} := a(u(x)) = a\{u(x)\} \quad (7.30)$$

3. 乗法（合成積）

    2 つの関数 u と v との積を次のように「たたみ込み積分」として定義する．

$$(u\ v)(x) = \{(uv)(x)\} := u(x) * v(x) = \{u(x)\} * \{v(x)\}$$
$$= \left\{ \int_0^x u(x-t)v(t)dt \right\} \tag{7.31}$$

4. 積分演算子

上記の合成積乗法において，関数 u がつねに実数の 1 となる関数 $u(x) = 1$, すなわち定数関数 $u \equiv 1$ の場合には，関数 v との乗法は次のようになる．

$$(1\ v)(x) = \{1(x)\}\{v(x)\} = 1(x) * v(x)$$
$$= \left\{ \int_0^x 1(x-t)v(t)dt \right\} = \left\{ \int_0^x v(t)dt \right\} \tag{7.32}$$

すなわち，定数関数 $1 = \{1(x)\}$ と任意の関数 $v(x)$ との積は，関数 $v(x)$ の 0 から x までの積分（積分関数）となる．そこで，この定数関数 1 を**積分演算子**とよび，次のように表すことにする．

$$l := 1 = \{1(x)\} \tag{7.33}$$

この積分演算子の冪乗を次のように与えることができる．

$$l^2 = l\ l = \{1(x)\}\{1(x)\} = \left\{ \int_0^x 1dt \right\} = \{x\} \tag{7.34}$$

$$l^3 = l\ l^2 = \{1(x)\}\{x\} = \left\{ \int_0^x tdt \right\} = \left\{ \frac{x^2}{2} \right\} \tag{7.35}$$

$$\vdots$$

$$l^n = \left\{ \frac{x^{n-1}}{(n-1)!} \right\} \tag{7.36}$$

5. 合成積乗法の逆演算（関数の商）

関数 u, v, w に対して，関数の乗法を通して次の関係

$$u(x) = (v\ w)(x) = \{v(x)\}\{w(x)\}$$

を満たすような関数 w を $\dfrac{u}{v}$ と書く．これは関数の合成積商としての分数表示である．ただし，以下の例に示すようにこの商が存在する場合としない場合とがある．ここで，存在する場合は，関数 w は集合 $\mathcal{C}$ に属する関数となるが，存在しない場合は，関数概念を拡張した演算子として取り扱うことになる．

【例 7.4】 [存在する場合（参考文献 [17]，p.18）]

$$u(x) = \{x^3\}, \quad v(x) = \{x\}:$$
$$(v\,w)(x) = \{x\}\{6x\} = \left\{\int_0^x (x-t)(6t)dt\right\} = \left\{\left[x\frac{6t^2}{2} - 6\frac{t^3}{3}\right]_0^x\right\}$$
$$= \{x^3\}$$
$$w(x) = \{6x\} = \frac{\{x^3\}}{\{x\}} \in \mathcal{C}$$

【例 7.5】 [存在しない場合（参考文献 [17]，p.19）]

$$u(x) = v(x) = \{1\}:$$
$$\{1\} = \{1\}\{w(x)\} = \left\{\int_0^x 1 w(t)dt\right\} = \left\{\int_0^x w(t)dt\right\}$$

を満たすような関数 w は存在しない．このとき，$w = \dfrac{\{1\}}{\{1\}} = \dfrac{l}{l}$ は関数を拡張した「演算子」として取り扱う．なお，このような演算子を**単位演算子**とよび，I と書く．すなわち，

$$\frac{\{1\}}{\{1\}} = \frac{l}{l} = \frac{l^n}{l^n} \equiv I$$

なお，合成商としての関数の分数についての演算（相等，和，積）は，数の分数と同じ性質を満たすことがわかる．

6. 数演算子

定数関数 $\{a\}$ と積分演算子 $\{1\} = l$ に関する次の合成積商（分数）

$$[a] := \frac{\{a\}}{\{1\}} = \frac{\{a\}}{l} \tag{7.37}$$

を**数演算子**とよぶ．

なお，上記の数演算子は，次のような性質を有することがわかる．

$$\begin{aligned}[a] + [b] &= \frac{\{a\}}{l} + \frac{\{b\}}{l} = \frac{\{a\} + \{b\}}{l} \\ &= \frac{\{a+b\}}{l} = [a+b]\end{aligned} \tag{7.38}$$

$$\begin{aligned}[a][b] &= \frac{\{a\}}{l}\frac{\{b\}}{l} = \frac{\left\{\int_0^x ab\,dt\right\}}{l^2} \\ &= \frac{\{abx\}}{l^2} = \frac{\{1\}\{ab\}}{l^2} = \frac{\{ab\}}{l} \\ &= [ab]\end{aligned} \tag{7.39}$$

この結果，数演算子は，上記の加法と積について普通の数と同じ性質を有することになるので，数演算子と数とを同一視して，[ ] を省略することができる．

7. 数演算子と関数との積

任意の数（数演算子）$[a]$ と定数関数 $\{b\}$ に対して，次式が成り立つ．

$$\begin{aligned}[a]\{b\} &= \frac{\{a\}}{l}\{b\} = \frac{\{a\}\{b\}}{l} \\ &= \frac{\{abx\}}{l} = \frac{l\{ab\}}{l} = \{ab\}\end{aligned} \tag{7.40}$$

ここで，定数関数として，$\{b\} = \{1\}$ とすると上式は次のようになる．

$$[a]\{1\} = [a]l = \{a\,1\} = \{a\} \tag{7.41}$$

すなわち，任意の定数関数 $\{a\}$ は，積分演算子 l の数演算子 $[a]$ 倍として与えられることになる．なお，この結果を数演算子の定義 (7.37) に代入することによって次式を得る．

$$[a] = \frac{\{a\}}{l} = \frac{[a]\{1\}}{l} = [a]\frac{l}{l} = [a]I \tag{7.42}$$

この式は，数演算子 $[a]$ が単位演算子 I の $[a]$ 倍として表されることを示している．さらに，関数 $u(x)$ の定数倍は次のように表される．

$$\begin{aligned}[a]\{u(x)\} &= \frac{\{a\}\{u(x)\}}{l} = \frac{\left\{\int_0^x au(t)dt\right\}}{l} \\ &= \frac{l\{au(x)\}}{l} = \{au(x)\}\end{aligned} \tag{7.43}$$

8. 微分演算子

積分演算子 l の次のような逆演算子を**微分演算子**とよび s で表す．

$$s := \frac{I}{l} = \frac{l^n}{l^{n+1}} \tag{7.44}$$

この定義より，微分演算子と積分演算子のと間に次のような関係が成り立つ．

$$s\,l = l\,s = I \tag{7.45}$$

9. 導関数の演算子表現

関数 $u(x) \in \mathcal{C}$ が n 階連続微分可能ならば，次式が成り立つ．

$$\begin{aligned}s^n u &= u^{(n)} + s^{n-1}[u(0)] + s^{n-2}[u^{(1)}(0)] \\ &\quad + \cdots + s[u^{(n-2)}(0)] + [u^{(n-1)}(0)]\end{aligned} \tag{7.46}$$

ただし，$u^{(n)}$ は関数 $u(x)$ の x に関する n 階導関数を表すものとする．以下に，$n = 1, 2$ の場合について証明を示す．

$n = 1:\quad su = u^{(1)} + [u(0)]$

$$\begin{aligned}l\left\{\frac{du}{dx}(x)\right\} &= \left\{\int_0^x \frac{du}{dt}(t)dt\right\} \\ &= \left\{[u(t)]_0^x\right\} = \{u(x) - u(0)\} \\ &= \{u(x)\} - \{u(0)\} = \{u(x)\} - [u(0)]l\end{aligned}$$

上式の両辺に微分演算子 s を乗じて次式を得る．

$$s(lu^{(1)}) = (sl)u^{(1)} = Iu^{(1)} = u^{(1)} = su - [u(0)]sl = su - [u(0)]$$

したがって，$su = u^{(1)} + [u(0)]$ を得る．

$n = 2:$ $\quad s^2 u = u^{(2)} + [u^{(1)}(0)] + s[u(0)]$

$$s^2 u = s(su) = s\{u^{(1)} + u(0)\} = su^{(1)} + s\{u(0)\}$$
$$= u^{(2)} + [u^{(1)}(0)] + s[u(0)]$$

以上によって，導関数が関数と導関数の初期値に対する微分演算子 s の冪乗として表されることがわかった．以下に具体的な各関数に対する微分演算子との合成積を求めておく．

【例 7.6】　[関数と微分演算子との合成積]

a. 冪乗関数

$$s\{x\} = \left\{\frac{d}{dx}(x)\right\} + [0] = \{1\} = l$$

$$s\left\{\frac{x^2}{2}\right\} = \left\{\frac{d}{dx}\left(\frac{x^2}{2}\right)\right\} + [0] = \{x\}$$

$$\vdots$$

$$s\left\{\frac{x^n}{n!}\right\} = \left\{\frac{d}{dx}\left(\frac{x^n}{n!}\right)\right\} + [0] = \frac{1}{(n-1)!}\left\{x^{n-1}\right\} \tag{7.47}$$

b. 指数関数

$$s\{e^{ax}\} = \left\{\frac{d}{dx}e^{ax}\right\} + [e^{a0}] = a\{e^{ax}\} + [1] \tag{7.48}$$

$$s\{xe^{ax}\} = \left\{\frac{d}{dx}(xe^{ax})\right\} + [0e^{a0}] = \{e^{ax} + axe^{ax}\}$$
$$= \{e^{ax}\} + a\{xe^{ax}\} \tag{7.49}$$

c. 三角関数

$$s\{\sin(\alpha x)\} = \left\{\frac{d}{dx}\sin(\alpha x)\right\} + [\sin(\alpha 0)] = \alpha\{\cos(\alpha x)\} \qquad (7.50)$$

$$s\{\cos(\alpha x)\} = \left\{\frac{d}{dx}\cos(\alpha x)\right\} + [\cos(\alpha 0)] = \{-\alpha\sin(\alpha x)\} + [1]$$

$$= -\alpha\{\sin(\alpha x)\} + [1] \qquad (7.51)$$

以上より，積分演算子 l の逆演算子としての微分演算子 s と関数の合成積は，その導関数と初期値との和として与えるような演算結果を得ることになる．

なお，これまで示してきた関係式から各関数と微分演算子の逆演算子との間に成立する関係式を導くことができる．その結果は，表 7.3 に示すようにすでにラプラス変換法で示した表 7.1 と同様である．ただし，ラプラス変換法の場合の s は変換空間における変数となるが，ミクシンスキー法の場合は，微分演算子となっている．したがって，ミクシンスキー演算子法は，ラプラス変換法のように無限積分変換を行うことなく表 7.1 に示すような関数と微分演算子の関係を導くことができるので対象とする関数はより広くなる．

7.4.3 初期値問題への適用

ここでは，上述したミクシンスキー演算子法の基礎的事項を基にして，微分方程式の初期値問題の解を求めてみよう．

1. 1 階微分方程式の初期値問題 A

初期値問題：
$$\frac{du}{dx}(x) = f(x), \qquad u(0) = u_0$$

初期値問題の解：
$$\left\{\frac{du}{dx}(x)\right\} = s\{u(x)\} - [u(0)] = \{f(x)\}$$
$$\downarrow$$

表 **7.3** ミクシンスキー演算子法公式

関数	演算子
$\{1\}$	$\dfrac{1}{s}$
$\{x\}$	$\dfrac{1}{s^2}$
$\left\{\dfrac{x^{n-1}}{(n-1)!}\right\}$	$\dfrac{1}{s^n}$
$\{e^{ax}\}$	$\dfrac{1}{s-a}$
$\left\{\dfrac{x^{n-1}}{(n-1)!}e^{ax}\right\}$	$\dfrac{1}{(s-a)^n}$
$\{\sin(\beta x)\}$	$\dfrac{\beta}{s^2+\beta^2}$
$\{\cos(\beta x)\}$	$\dfrac{s}{s^2+\beta^2}$
$\{e^{\alpha x}\sin(\beta x)\}$	$\dfrac{\beta}{(s-\alpha)^2+\beta^2}$
$\{e^{\alpha x}\cos(\beta x)\}$	$\dfrac{s-\alpha}{(s-\alpha)^2+\beta^2}$
$\left\{\dfrac{1}{a-b}(e^{ax}-e^{bx})\right\}$ ($a\neq b$)	$\dfrac{1}{(s-a)(s-b)}$
$\left\{\dfrac{1}{a-b}(ae^{bx}-be^{ax})\right\}$ ($a\neq b$)	$\dfrac{s-(a+b)}{(s-a)(s-b)}$

$$s\{u(x)\} = [u(0)] + \{f(x)\}$$
$$\{u(x)\} = \frac{1}{s}\bigl([u(0)] + \{f(x)\}\bigr) = [u(0)]l + l\{f(x)\}$$
$$= \{u(0)\} + \left\{\int_0^x f(t)dt\right\} = \left\{u(0) + \int_0^x f(t)dt\right\}$$

$$\downarrow$$
$$u(x) = u(0) + \int_0^x f(t)dt = u_0 + \int_0^x f(t)dt$$

2. 1階微分方程式の初期値問題 B

初期値問題：
$$\frac{du}{dx}(x) + au(x) = f(x), \qquad u(0) = u_0$$

初期値問題の解：
$$\left\{\frac{du}{dx}(x) + au(x)\right\} = \left\{\frac{du}{dx}(x)\right\} + \{au(x)\}$$
$$= s\{u(x)\} - [u(0)] + a\{u(x)\} = \{f(x)\}$$
$$\downarrow$$
$$(s+a)\{u(x)\} = [u(0)] + \{f(x)\}$$
$$\{u(x)\} = \frac{1}{s+a}\bigl([u(0)] + \{f(x)\}\bigr)$$
$$= \frac{1}{s+a}[u(0)] + \frac{1}{s+a}\{f(x)\}$$
$$= \{e^{-ax}\}[u(0)] + \{e^{-ax}\}\{f(x)\}$$
$$= \left\{u(0)e^{-ax} + \int_0^x e^{-a(x-t)}dt\right\}$$
$$\downarrow$$
$$u(x) = u_0 e^{-ax} + \int_0^x e^{-a(x-t)}dt$$

3. 2階微分方程式の初期値問題

初期値問題：
$$\frac{d^2u}{dx^2}(x) = f(x), \quad u(0) = u_0, \quad \frac{du}{dx}(0) = v_0$$

初期値問題の解：

$$\left\{\frac{d^2u}{dx^2}(x)\right\} = s^2\{u(x)\} - \left[\frac{du}{dx}(0)\right] - s[u(0)]$$
$$= \{f(x)\}$$

$$\downarrow$$

$$s^2\{u(x)\} = \left[\frac{du}{dx}(0)\right] + s[u(0)] + \{f(x)\}$$

$$\{u(x)\} = \frac{1}{s^2}\left(\left[\frac{du}{dx}(0)\right] + s[u(0)] + \{f(x)\}\right)$$

$$= \frac{1}{s^2}\left[\frac{du}{dx}(0)\right] + \frac{1}{s}[u(0)] + \frac{1}{s^2}\{f(x)\}$$

$$= \{x\}\left[\frac{du}{dx}(0)\right] + \{1\}[u(0)] + \{x\}\{f(x)\}$$

$$= \left\{x\frac{du}{dx}(0)\right\} + \{1u(0)\} + \left\{\int_0^x (x-t)f(t)dt\right\}$$

$$= \left\{x\frac{du}{dx}(0) + u(0) + \int_0^x (x-t)f(t)dt\right\}$$

$$\downarrow$$

$$u(x) = u_0 + v_0 x + \int_0^x (x-t)f(t)dt$$

以下に具体的な初期値問題に対して，ミクシンスキー演算子法の適用を示す．

【例 7.7】 [線形 2 階定数係数非同次形微分方程式の初期値問題の解]

1. $\dfrac{d^2u}{dx^2}(x) + 3\dfrac{du}{dx}(x) - 4u(x) = x, \quad u(0) = \dfrac{du}{dx}(0) = 1$

   演算子表現：

$$\left\{\frac{d^2u}{dx^2}(x) + 3\frac{du}{dx}(x) - 4u(x)\right\} = \{x\}$$

$$\downarrow$$

$$(s^2 + 3s - 4)\{u(x)\} = \left[\frac{du}{dx}(0)\right] + (s+3)[u(0)] + \{x\}$$

解の表現：

$$\{u(x)\} = \frac{1}{s^2+3s-4}\Big(\Big[\frac{du}{dx}(0)\Big] + (s+3)[u(0)] + \{x\}\Big)$$

$$= \frac{1}{(s-1)(s+4)}\Big[\frac{du}{dx}(0)\Big] + \frac{s+3}{(s-1)(s+4)}[u(0)]$$

$$+ \frac{1}{(s-1)(s+4)}\{x\}$$

$$= \frac{1}{5}\Big(\frac{1}{s-1} - \frac{1}{s+4}\Big)\Big(\Big[\frac{du}{dx}(0)\Big] + \{x\}\Big)$$

$$+ \Big(\frac{4}{5}\frac{1}{s-1} + \frac{1}{5}\frac{1}{s+4}\Big)[u(0)]$$

$$= \frac{1}{5}\{e^x - e^{-4x}\}\Big[\frac{du}{dx}(0)\Big] + \frac{1}{5}\{e^x - e^{-4x}\}\{x\}$$

$$+ \Big\{\frac{4}{5}e^x + \frac{1}{5}e^{-4x}\Big\}[u(0)]$$

$$= \Big\{\frac{1}{5}(e^x - e^{-4x}) + \frac{4}{5}e^x + \frac{1}{5}e^{-4x}$$

$$+ \frac{1}{5}\int_0^x (e^{(x-t)} - e^{-4(x-t)})t\,dt\Big\}$$

$$= \Big\{\frac{1}{5}\Big(6e^x - \frac{1}{16}e^{-4x} - \frac{5}{4}x - \frac{15}{16}\Big)\Big\}$$

$$u(x) = \frac{1}{5}\Big(6e^x - \frac{1}{16}e^{-4x} - \frac{5}{4}x - \frac{15}{16}\Big)$$

2. $\dfrac{d^2u}{dx^2}(x) + 3\dfrac{du}{dx}(x) - 4u(x) = 2, \quad u(0) = \dfrac{du}{dx}(0) = 1$

演算子表現：

$$\Big\{\frac{d^2u}{dx^2}(x) + 3\frac{du}{dx}(x) - 4u(x)\Big\} = \{2\}$$

$$\downarrow$$

$$(s-1)(s+4)\{u(x)\} = \Big[\frac{du}{dx}(0)\Big] + (s+3)[u(0)] + \{2\}$$

解の表現：

$$\{u(x)\} = \frac{1}{(s-1)(s+4)}\Big(\Big[\frac{du}{dx}(0)\Big] + \{2\}\Big)$$

$$
\begin{aligned}
&+ \frac{s+3}{(s-1)(s+4)}[u(0)] \\
&= \Big\{ \frac{1}{5}(e^x - e^{-4x}) + \frac{4}{5}e^x + \frac{1}{5}e^{-4x} \\
&\quad + \frac{1}{5}\int_0^x (e^{x-t} - e^{-4(x-t)})2dt \Big\} \\
&= \Big\{ e^x + \frac{2}{5}\Big(-\frac{5}{4} + e^x + \frac{1}{4}e^{-4x}\Big) \Big\} \\
&= \Big\{ \frac{7}{5}e^x + \frac{1}{10}e^{-4x} - \frac{1}{2} \Big\} \\
u(x) &= \frac{7}{5}e^x + \frac{1}{10}e^{-4x} - \frac{1}{2}
\end{aligned}
$$

この例では，与えられた非同次形微分方程式の右辺の非同次項は，数としての2ではなく，定数関数としての{2}であることに注意を要する．

以上，ミクシンスキー演算子法による線形定数係数非同次形微分方程式の初期値問題の解法について述べた．この方法では，2つの関数に対して「たたみ込み積分」をもとに合成積乗法を導入することから積分演算子さらにその逆演算子としての微分演算子を構成し，関数の導関数を微分演算子を用いて表現することができた．そのような表現を得るには，ラプラス変換法では積分変換が必要であるが，ミクシンスキー演算子法では，合成積乗法が基本となっている．

7.5 初期値問題の解法の比較

最後に，本章で説明してきた微分方程式の解法の特徴および関連を理解できるように，線形1階定数係数非同次形微分方程式の初期値問題を対象とした比較を表7.4にまとめて示しておく．この表7.4には，微分演算子法，ラプラス変換法，ミクシンスキー演算子法，たたみ込み積分法による問題の表現から始まり初期値問題の解までの解法プロセスを対比して示した．

表 7.4 初期値問題の解法のプロセス

微分演算子法	ラプラス変換法	ミクシンスキー演算子法	たたみ込み積分法
$Du(x) = f(x)$	$L\left\{\dfrac{du}{dx}(x)\right\} = L\{f(x)\}$	$\left\{\dfrac{du}{dx}(x)\right\} = \{f(x)\}$	$G(x) * \dfrac{du}{dx}(x)$ $= G(x) * f(x)$
	$sU(s) = u_0 + F(s)$	$s\{u(x)\} = u_0 + \{f(x)\}$	$G(0)u(x)$ $+\dfrac{dG}{dx}(x) * u(x)$ $= G(x)u_0$ $+G(x) * f(x)$ $G(0) = 1,$ $\dfrac{dG}{dx}(x) = 0$
$u(x) = \dfrac{1}{D}f(x)$ $= \displaystyle\int_0^x f(t)dt + c$ (c：積分定数)	$U(s) = \dfrac{u_0 + F(s)}{s}$ $= \dfrac{1}{s}u_0 + \dfrac{1}{s}F(s)$	$\{u(x)\} = \dfrac{1}{s}u_0 + \dfrac{1}{s}\{f(x)\}$ $= u_0\{1\} + \{1\}\{f(x)\}$ $= \{u_0 1 + 1 * f(x)\}$	$u(x) = G(x)u_0$ $+G(x) * f(x)$ $G(x) = 1$
$u(x) = u_0$ $+\displaystyle\int_0^x f(t)dt$	$u(x) = L^{-1}\{U(s)\}$ $= u_0 L^{-1}\left\{\dfrac{1}{s}\right\}$ $+L^{-1}\left\{\dfrac{1}{s}F(s)\right\}$ $= u_0 + \displaystyle\int_0^x f(t)dt$	$u(x) = u_0 + \displaystyle\int_0^x f(t)dt$	$u(x) = u_0$ $+\displaystyle\int_0^x f(t)dt$

演習問題

1. 微分演算子法（D 法）に関する以下の問いに答えよ．

  A. 微分演算子の多項式 $P(D)$ に対して，次の性質が成り立つことを証明せよ．

  a. $P(D)e^{ax} = P(a)e^{ax}$

  b. $P(D)(e^{ax}f(x)) = e^{ax}P(D+a)f(x)$

  c. $\dfrac{1}{P(D)}e^{ax} = \dfrac{1}{P(a)}e^{ax}$ ($P(a) \neq 0$)

  d. $\dfrac{1}{P(D)}(e^{ax}f(x)) = e^{ax}\dfrac{1}{P(D+a)}f(x)$

  e. $\dfrac{1}{P(D)}f(x) = e^{ax}\dfrac{1}{P(D+a)}(e^{-ax}f(x))$

  f. $P(D) = 1 - D$, $P(D)^{-1} = \dfrac{1}{1-D} = 1 + D + D^2 + \cdots$

  $P(D) = 1 + D$, $P(D)^{-1} = \dfrac{1}{1+D} = 1 - D + D^2 - \cdots$

  g. $P(D^2)\cos(ax+b) = P(-a^2)\cos(ax+b)$

  $P(D^2)\sin(ax+b) = P(-a^2)\sin(ax+b)$

  B. 次の線形定数係数非同次形微分方程式の一般解を求めよ．

  a. $\dfrac{d^2u}{dx^2}(x) - 2\dfrac{du}{dx}(x) - 8u(x) = e^{2x}$

  b. $\dfrac{d^3u}{dx^3}(x) + 3\dfrac{d^2u}{dx^2}(x) - 4\dfrac{du}{dx}(x) - 12u(x) = e^{5x}$

  c. $\dfrac{d^2u}{dx^2}(x) - 3\dfrac{du}{dx}(x) + 2u(x) = 3e^x$

  d. $\dfrac{d^2u}{dx^2}(x) - 2\dfrac{du}{dx}(x) + u(x) = e^x$

  e. $\dfrac{d^2u}{dx^2}(x) - 2\dfrac{du}{dx}(x) - 3u(x) = x^2$

f. $\dfrac{d^2u}{dx^2}(x) - 2\dfrac{du}{dx}(x) + u(x) = x^2 e^{3x}$

g. $\dfrac{d^2u}{dx^2}(x) + 25u(x) = \cos(3x)$

2. ラプラス変換に関する以下の問いに答えよ．

    A. ラプラス変換の性質：積分関数のラプラス変換 (7.20) とたたみ込み積分のラプラス変換 (7.21) を証明せよ．

    B. 次の関数のラプラス変換を求めよ．

        a. $u(x) = e^{\alpha x}\sin(\beta x)$ および $u(x) = e^{\alpha x}\cos(\beta x)$
        b. $u(x) = x\sin(\beta x)$ および $u(x) = x\cos(\beta x)$

3. 次の微分方程式の初期値問題の解を微分演算子法，ラプラス変換法，ミクシンスキー演算子法，たたみ込み積分法を用いて求めよ．

    a. $\dfrac{d^2u}{dx^2}(x) - \dfrac{du}{dx}(x) - 6u(x) = 2x, \quad u(0) = 1, \quad \dfrac{du}{dx}(0) = 2$
    b. $2\dfrac{d^2u}{dx^2}(x) - \dfrac{du}{dx}(x) - 3u(x) = xe^x, \quad u(0) = -2, \quad \dfrac{du}{dx}(0) = -1$

Appendix A
線形空間

A.1 線形空間

　本書は，主として現象の数理モデルとして与えられた微分方程式の解法を対象としてきた．その例として，第4章では，M-C-K 系の振動現象に関する初期値問題，第5章では，弦や弾性梁の変形現象に関する境界値問題，第6章では，弦や弾性梁の固有振動および弾性棒の座屈現象に関する固有値問題を示した．このような問題では，微分方程式の係数が実数であっても，その解を定めるために必要な特性方程式の根が「複素数」となったり，固有値と固有ベクトルに複素数が含まれることになった．したがって，通常の「実数上の線形空間」という枠組みの中では，複素数を含む量を扱うことができない．そのような状況に対処するためには，「複素数上の線形空間」という新たな枠組みが必要となる．もちろん，複素数上の線形空間は通常の実数上の線形空間を含む．なお，複素数上の線形空間の詳細については，参考文献 [3],[6],[8],[9] を参照されたい．

A.1.1 複素数上の線形空間

　複素数上の線形空間は，実数上の線形空間（実線形空間とよぶ）における倍計算法で与えられる実数とベクトルとの倍計算（いわゆるスカラー倍）の代わりに，「複素数とベクトルとの倍計算」を導入することで定義することができる．したがって，ある集合に加法とこの複素数との倍計算法とを定義し，それが線形空間の公理系を満たすことを示せば，その集合は**複素数上の線形空間**（**複素線形空間**）となる．その際に，この線形空間でも実数上の線形空間論で展開してきた諸定義（たとえば，

線形部分空間,線形独立・従属性,基底,次元,直和等)について考えることができる.

以下では,複素線形空間の簡単なモデルとして,2つの複素数の組によって表される元の集合について複素数上の線形空間を考えることにする.この空間は,実数上の2次元数ベクトル空間 $\boldsymbol{R}^2$ の拡張と位置づけられる.

A.1.2 実線形空間の複素化

2次元数ベクトル空間(線形空間)$\boldsymbol{R}^2$ に対して,次のような2つの複素数の組からなる集合 $\boldsymbol{R}_C^2$ を考える.

$$\boldsymbol{R}_C^2 := \left\{ \boldsymbol{\xi} : \boldsymbol{\xi} = \begin{pmatrix} a_1 + ib_1 \\ a_2 + ib_2 \end{pmatrix}, \ a_1, a_2, b_1, b_2 \in \boldsymbol{R} \right\} \qquad (i^2 = -1)$$

この集合 $\boldsymbol{R}_C^2$ の任意の要素 $\boldsymbol{\xi}, \boldsymbol{\eta}$ および複素数 λ:

$$\boldsymbol{\xi} = \begin{pmatrix} a_1 + ib_1 \\ a_2 + ib_2 \end{pmatrix}, \ \boldsymbol{\eta} = \begin{pmatrix} c_1 + id_1 \\ c_2 + id_2 \end{pmatrix}, \ \lambda = p + iq$$

に対して,以下のような演算を定義する.

(1) 相等

$$\boldsymbol{\xi} = \boldsymbol{\eta} \quad \Leftrightarrow \quad a_1 = c_1, \ a_2 = c_2; \ b_1 = d_1, \ c_2 = d_2$$

(2) 加法

$$\boldsymbol{\xi} + \boldsymbol{\eta} = \begin{pmatrix} a_1 + ib_1 \\ a_2 + ib_2 \end{pmatrix} + \begin{pmatrix} c_1 + id_1 \\ c_2 + id_2 \end{pmatrix}$$

$$:= \begin{pmatrix} a_1 + c_1 + i(b_1 + d_1) \\ a_2 + c_2 + i(b_2 + d_2) \end{pmatrix}$$

(3) 倍計算法

$$\lambda \boldsymbol{\xi} = (p + iq) \begin{pmatrix} a_1 + ib_1 \\ a_2 + ib_2 \end{pmatrix}$$

$$:= \begin{pmatrix} pa_1 - qb_1 + i(qa_1 + pb_1) \\ pa_2 - qb_2 + i(qa_2 + pb_2) \end{pmatrix}$$

このように定義された演算に関して,集合 $\boldsymbol{R}_C^2$ は「線形空間に関する公理」をすべて満たすことが確かめられる(各自,確かめられたい)ので,$\boldsymbol{R}_C^2$ を複素線形空

間とよび，その元を**複素ベクトル**とよぶことにする．

なお，上記の演算から次のような事柄が成り立つことがわかる．

(a) 複素線形空間の零元（零ベクトル）

任意のベクトル $\boldsymbol{\xi}$ に対して，$\boldsymbol{\xi} + \boldsymbol{\eta} = \boldsymbol{\xi}$ を満たす $\boldsymbol{\eta}$ を $\boldsymbol{R}_C^2$ の**零元**とよび $\mathbf{0}_c$ と書くと，次のように与えられる．

$$\mathbf{0}_c = \begin{pmatrix} 0 + i0 \\ 0 + i0 \end{pmatrix}$$

(b) 実線形空間の複素化

$\boldsymbol{R}_C^2$ の任意の複素ベクトルは以下に示すような $\boldsymbol{R}^2$ の 2 つのベクトルを用いて表すことができる．これを**実線形空間の複素化**とよぶ．

加法の定義より，任意のベクトル $\boldsymbol{\xi}$ は次のように 2 つの元の和として与えられることになる．

$$\boldsymbol{\xi} = \begin{pmatrix} a_1 + ib_1 \\ a_2 + ib_2 \end{pmatrix} = \begin{pmatrix} a_1 + i0 \\ a_2 + i0 \end{pmatrix} + \begin{pmatrix} 0 + ib_1 \\ 0 + ib_2 \end{pmatrix}$$

さらに，倍計算法の定義から，$\lambda = 0 + i1$ と $\boldsymbol{\eta} = \begin{pmatrix} b_1 + i0 \\ b_2 + i0 \end{pmatrix}$ に対して，

$$\lambda\,\boldsymbol{\eta} = (0 + i1) \begin{pmatrix} b_1 + i0 \\ b_2 + i0 \end{pmatrix} = i \begin{pmatrix} b_1 + i0 \\ b_2 + i0 \end{pmatrix} = \begin{pmatrix} 0 + ib_1 \\ 0 + ib_2 \end{pmatrix}$$

となることを考慮すると，ベクトル $\boldsymbol{\xi}$ は次のようにも表される．

$$\boldsymbol{\xi} = \begin{pmatrix} a_1 + i0 \\ a_2 + i0 \end{pmatrix} + i \begin{pmatrix} b_1 + i0 \\ b_2 + i0 \end{pmatrix}$$

ここで，上記の右辺の 2 つの特別な元に注目し，$\boldsymbol{R}^2$ の数ベクトルと同一視することにする．すなわち，

$$\begin{pmatrix} a_1 + i0 \\ a_2 + i0 \end{pmatrix} \equiv \begin{pmatrix} a_1 \\ a_2 \end{pmatrix} = \boldsymbol{a}, \quad \begin{pmatrix} b_1 + i0 \\ b_2 + i0 \end{pmatrix} \equiv \begin{pmatrix} b_1 \\ b_2 \end{pmatrix} = \boldsymbol{b}$$

すると，任意の複素ベクトル $\boldsymbol{\xi} \in \boldsymbol{R}_C^2$ は，$\boldsymbol{R}^2$ の 2 つの数ベクトル $\boldsymbol{a}$ と $\boldsymbol{b}$ を用いることによって次のように表される．このベクトルの表現を**実ベクトルの複素化**とよぶ．

$$\boldsymbol{\xi} = \boldsymbol{a} + i\boldsymbol{b}$$

この表現において，数ベクトル a, b を各々複素ベクトル ξ の実部，虚部とよび，次のように表すことにする．

$$a \equiv \Re(\xi), \quad b \equiv \Im(\xi)$$

(c) 基底

複素線形空間における基底を考える．基底の定義は実線形空間の定義にしたがい，R_C^2 を生成する線形独立なベクトルの組 $\{\xi, \eta\}$ となる．すなわち，任意のベクトル ζ が 2 つの線形独立なベクトル ξ, η による線形結合として唯一の表現が与えられることである．

なお，複素線形空間の基底に関して，u, v が R^2 の基底であるならば，この 2 つの数ベクトルは R_C^2 の基底となることが次のようにして確かめられる．

u, v に関する複素線形空間における次の線形関係式を考える．

$$\begin{aligned} \lambda u + \mu v &= (p+iq)u + (r+is)v \\ &= pu + rv + i(qu + sv) \\ &= \mathbf{0}_c = \mathbf{0} + i\mathbf{0} \end{aligned}$$

この関係式が成り立つ場合には次の関係式を得る．

$$pu + rv = \mathbf{0}, \quad qu + sv = \mathbf{0}$$

ところで，2 つの数ベクトル u, v は R^2 の基底であるから，R^2 で線形独立であり，上記の関係式は R^2 における線形関係式を与えているので，その係数に対して $p = r = 0, q = s = 0$ とならなければならない．したがって，複素線形空間における線形関係式の複素数係数に対しては，$\lambda = 0 + i0, \mu = 0 + i0$ となる．すなわち，2 つの数ベクトル u, v は複素線形空間 R_C^2 でも線形独立となっている．

次に，この 2 つの数ベクトルが複素線形空間を生成することを確かめてみよう．R^2 の任意の数ベクトルを a, b とする．すると，R^2 の基底 $\{u, v\}$ に対して次のような実数 p, q, r, s が存在する．

$$a = pu + rv, \quad b = qu + sv$$

このような 2 つの数ベクトルをそれぞれ実部，虚部とするような複素ベクトル ξ を考えると，

$$\begin{aligned} \xi &= \Re(\xi) + i\Im(\xi) = a + ib \\ &= (pu + rv) + i(qu + sv) = (p+iq)u + (r+is)v \\ &= \lambda u + \mu v \quad (\ \lambda = p + iq, \ \mu = r + is\ ) \end{aligned}$$

となり，任意の $\boldsymbol{\xi} \in \boldsymbol{R}_C^2$ が $\boldsymbol{R}_C^2$ 内の 2 つの線形独立な数ベクトル $\boldsymbol{u}, \boldsymbol{v}$ の線形結合として表されたことになり，この 2 つの数ベクトルは，複素空間を生成する．以上基底に関する 2 つの条件（線形独立性，線形空間の生成）を満たすことから基底であることが確かめられた．

A.2 線形写像

A.2.1 線形写像の定義

複素線形空間上に線形写像を導入する．その定義を次のように与えることにする．写像 A^c：$\boldsymbol{R}_C^2 \to \boldsymbol{R}_C^2$ が任意の複素ベクトル $\boldsymbol{\xi}, \boldsymbol{\eta}$ と，任意の複素数 λ に対して，次の 2 つの性質を満たす場合，A^c を $\boldsymbol{R}_C^2$ 上の**線形写像**とよぶ．

(1) $A^c(\boldsymbol{\xi} + \boldsymbol{\eta}) = A^c \boldsymbol{\xi} + A^c \boldsymbol{\eta}$
(2) $A^c(\lambda \boldsymbol{\xi}) = \lambda A^c \boldsymbol{\xi}$

なお，$\boldsymbol{R}_C^2$ 上の線形写像 A^c, B^c と複素数 α とに対して，次のような加法と倍計算法および乗法を定義しておく．

(1) 加法：$A^c + B^c$
$(A^c + B^c)\boldsymbol{\xi} := A^c \boldsymbol{\xi} + B^c \boldsymbol{\xi}$
(2) 倍計算法：αA^c
$(\alpha A^c)\boldsymbol{\xi} := \alpha(A^c \boldsymbol{\xi})$
(3) 乗法：$A^c B^c$
$(A^c B^c)\boldsymbol{\xi} := A^c(B^c \boldsymbol{\xi})$

この演算の定義より，恒等写像と零写像は次のように与えるものとする．

(1) 恒等写像：I^c： $A^c \boldsymbol{\xi} - \boldsymbol{\xi} \equiv I^c \boldsymbol{\xi}$
(2) 零写像：O^c： $O^c \boldsymbol{\xi} = \boldsymbol{0}_c$

A.2.2 線形写像の複素化

ここで，$\boldsymbol{R}^2$ 上の写像 A に対して，$\boldsymbol{R}_C^2$ 上の写像 A^c を次のように定義する．

$$A^c \boldsymbol{\xi} = A^c(\boldsymbol{a} + i\boldsymbol{b}) := A\boldsymbol{a} + iA\boldsymbol{b}$$
$$A^c \boldsymbol{\eta} = A^c(\boldsymbol{c} + i\boldsymbol{d}) := A\boldsymbol{c} + iA\boldsymbol{d}$$

このような定義から，$\boldsymbol{R}^2$ 上の写像 A が線形写像ならば，上記の写像 A^c は $\boldsymbol{R}_C^2$ 上の線形写像であることが次のようにして示される．

$$\begin{aligned}
A^c(\boldsymbol{\xi}+\boldsymbol{\eta}) &= A^c\big((\boldsymbol{a}+i\boldsymbol{b})+(\boldsymbol{c}+i\boldsymbol{d})\big) \\
&= A^c\big((\boldsymbol{a}+\boldsymbol{c})+i(\boldsymbol{b}+\boldsymbol{d})\big) \\
&= A(\boldsymbol{a}+\boldsymbol{c})+iA(\boldsymbol{b}+\boldsymbol{d}) \\
&= A\boldsymbol{a}+A\boldsymbol{c}+i(A\boldsymbol{b}+A\boldsymbol{d}) \\
&= (A\boldsymbol{a}+iA\boldsymbol{b})+(A\boldsymbol{c}+iA\boldsymbol{d}) = A^c\boldsymbol{\xi}+A^c\boldsymbol{\eta} \\
A^c(\lambda\boldsymbol{\xi}) &= A^c\big((p+iq)(\boldsymbol{a}+i\boldsymbol{b})\big) \\
&= A^c\big(p\boldsymbol{a}-q\boldsymbol{b}+i(q\boldsymbol{a}+p\boldsymbol{b})\big) \\
&= A(p\boldsymbol{a}-q\boldsymbol{b})+iA(q\boldsymbol{a}+p\boldsymbol{b}) \\
&= A(p\boldsymbol{a})-A(q\boldsymbol{b})+iA(q\boldsymbol{a})+iA(p\boldsymbol{b}) \\
&= pA\boldsymbol{a}-qA\boldsymbol{b}+iqA\boldsymbol{a}+ipA\boldsymbol{b} \\
&= p(A\boldsymbol{a}+iA\boldsymbol{b})+iq(A\boldsymbol{a}+iA\boldsymbol{b}) \\
&= (p+iq)(A\boldsymbol{a}+iA\boldsymbol{b}) = \lambda A^c\boldsymbol{\xi}
\end{aligned}$$

A.2.3 線形写像の表現行列

次に線形写像 A^c の表現行列を与えることにする．$\boldsymbol{R}_C^2$ の基底を $\{\boldsymbol{\xi},\boldsymbol{\eta}\}$ とすると，次のような 4 つの複素数 $A_{11}^c, A_{12}^c, A_{21}^c, A_{22}^c$ が存在する．

$$A^c\boldsymbol{\xi} = A_{11}^c\boldsymbol{\xi}+A_{21}^c\boldsymbol{\eta}$$
$$A^c\boldsymbol{\eta} = A_{12}^c\boldsymbol{\xi}+A_{22}^c\boldsymbol{\eta}$$

そこで，この 4 つの複素数からなる次のような行列 $\boldsymbol{A}^c$ を，基底 $\{\boldsymbol{\xi},\boldsymbol{\eta}\}$ に関する線形写像 A^c の**表現行列**とよび，A^c と同一視する．

$$\boldsymbol{A}^c := \begin{bmatrix} A_{11}^c & A_{12}^c \\ A_{21}^c & A_{22}^c \end{bmatrix}$$

$\boldsymbol{R}^2$ の基底 $\{\boldsymbol{u},\boldsymbol{v}\}$ を選ぶと，前述したように，これらはまた $\boldsymbol{R}_C^2$ の基底にもなるので，線形写像 A^c のこの基底による表現行列を求める．すると，線形写像 A^c による $\boldsymbol{u},\boldsymbol{v}$ は次のように表されることになる．

$$A^c\boldsymbol{u} = A^c(\boldsymbol{u}+i\boldsymbol{0}) = A\boldsymbol{u}+iA\boldsymbol{0} = A\boldsymbol{u} = A_{11}\boldsymbol{u}+A_{21}\boldsymbol{v}$$
$$A^c\boldsymbol{v} = A^c(\boldsymbol{v}+i\boldsymbol{0}) = A\boldsymbol{v}+iA\boldsymbol{0} = A\boldsymbol{v} = A_{12}\boldsymbol{u}+A_{22}\boldsymbol{v}$$

ただし，係数 $A_{11}, A_{12}, A_{21}, A_{22}$ は $\boldsymbol{R}^2$ の基底 $\{\boldsymbol{u},\boldsymbol{v}\}$ に関する線形写像 A の表現行列 $\boldsymbol{A}$ の各成分となる．したがって，基底 $\{\boldsymbol{u},\boldsymbol{v}\}$ に関する線形写像 A^c の表現行

列 A^c は，次のように行列 A と一致することがわかる．

$$A^c = \begin{bmatrix} A_{11} & A_{12} \\ A_{21} & A_{22} \end{bmatrix} \equiv A$$

以上の結果として，線形写像 A^c, A をその表現行列 A^c, A と同一視することができることになる．

A.3 線形写像の標準化

A.3.1 線形写像の固有値，固有ベクトル，固有空間

R_C^2 上の線形写像 $A^c : R_C^2 \longrightarrow R_C^2$ または，その表現行列 A^c に対し，固有値と固有ベクトルとを次のように定義する．

R_C^2 上の $\mathbf{0}_c$ ではない複素ベクトル $\boldsymbol{\xi}$ に対して，

$$A^c \boldsymbol{\xi} = \lambda \boldsymbol{\xi} \quad (A^c \boldsymbol{\xi} = \lambda \boldsymbol{\xi})$$

を満たす複素数 λ を線形写像 A^c または，その表現行列 A^c の**固有値**，複素ベクトル $\boldsymbol{\xi}$ を固有値 λ に対する**固有ベクトル**という．さらに，1 つの固有値に対して，その固有ベクトルの全体に零ベクトル $\mathbf{0}_c$ を加えた集合を線形写像 A^c の固有値 λ に関する**固有空間**とよび，次のように表す．

$$E(\lambda) := \{\boldsymbol{\xi} : A^c \boldsymbol{\xi} = \lambda \boldsymbol{\xi}\}$$

固有値，固有ベクトル，固有空間に関して成立する事項を次のようにまとめておく．

(1) 固有空間 $E(\lambda)$ は R_C^2 の線形部分空間である．

$\boldsymbol{\xi}, \boldsymbol{\eta} \in E(\lambda)$ とする．$A^c \boldsymbol{\xi} = \lambda \boldsymbol{\xi}$, $A^c \boldsymbol{\eta} = \lambda \boldsymbol{\eta}$ であることを考慮すると，次式が成り立つことになる．

$$\begin{aligned} A^c(\alpha \boldsymbol{\xi} + \beta \boldsymbol{\eta}) &= A^c(\alpha \boldsymbol{\xi}) + A^c(\beta \boldsymbol{\eta}) \\ &= \alpha A^c \boldsymbol{\xi} + \beta A^c \boldsymbol{\eta} \\ &= \alpha(\lambda \boldsymbol{\xi}) + \beta(\lambda \boldsymbol{\eta}) \\ &= \lambda(\alpha \boldsymbol{\xi}) + \lambda(\beta \boldsymbol{\eta}) \\ &= \lambda(\alpha \boldsymbol{\xi} + \beta \boldsymbol{\eta}) \end{aligned}$$

したがって，ベクトル $\alpha\boldsymbol{\xi} + \beta\boldsymbol{\eta}$ は，固有値 λ に対する固有ベクトルとなるので，2 つの固有ベクトルの和は固有空間 $E(\lambda)$ に属する．なお，$\boldsymbol{\xi} \in E(\lambda)$ と任意の複素数 α に対して，$\alpha\boldsymbol{\xi} \in E(\lambda)$ となることも示すことができる．

(2) 相異なる固有値に対する固有ベクトルは線形独立である．

A^c の相異なる固有値を λ, μ とし，対応する固有ベクトルを $\boldsymbol{\xi}, \boldsymbol{\eta}$ とすると，次式が成り立つ．
$$A^c \boldsymbol{\xi} = \lambda \boldsymbol{\xi}, \qquad A^c \boldsymbol{\eta} = \mu \boldsymbol{\eta}$$

そこで，2 つの固有ベクトル $\boldsymbol{\xi}, \boldsymbol{\eta}$ に関する次の線形関係式を考える．
$$\alpha\boldsymbol{\xi} + \beta\boldsymbol{\eta} = \boldsymbol{0}_c$$

上式に線形写像を作用させると，
$$\begin{aligned}
A^c(\alpha\boldsymbol{\xi} + \beta\boldsymbol{\eta}) &= A^c(\alpha\boldsymbol{\xi}) + A^c(\beta\boldsymbol{\eta}) \\
&= \alpha A^c \boldsymbol{\xi} + \beta A^c \boldsymbol{\eta} \\
&= \alpha(\lambda\boldsymbol{\xi}) + \beta(\mu\boldsymbol{\eta}) \\
&= (\alpha\lambda)\boldsymbol{\xi} + (\beta\mu)\boldsymbol{\eta} \\
&= A^c \boldsymbol{0}_c = \boldsymbol{0}_c
\end{aligned}$$

となる．さらに，線形関係式から次式が得られる．
$$\lambda(\alpha\boldsymbol{\xi} + \beta\boldsymbol{\eta}) = (\lambda\alpha)\boldsymbol{\xi} + (\lambda\beta)\boldsymbol{\eta} = \lambda\boldsymbol{0}_c = \boldsymbol{0}_c$$
$$\mu(\alpha\boldsymbol{\xi} + \beta\boldsymbol{\eta}) = (\mu\alpha)\boldsymbol{\xi} + (\mu\beta)\boldsymbol{\eta} = \mu\boldsymbol{0}_c = \boldsymbol{0}_c$$

これらの関係式から，
$$(\alpha\lambda)\boldsymbol{\xi} - (\mu\alpha)\boldsymbol{\xi} = \alpha(\lambda - \mu)\boldsymbol{\xi} = \boldsymbol{0}_c$$
$$(\beta\mu)\boldsymbol{\eta} - (\lambda\beta)\boldsymbol{\eta} = \beta(\mu - \lambda)\boldsymbol{\eta} = \boldsymbol{0}_c$$

を得るので，条件から $\alpha = \beta = 0_c$ となり，上記の線形関係式の複素係数は，共に 0_c とならなくてはならない．したがって，2 つの相異なる固有値に対する固有ベクトルは $\boldsymbol{R}_C^2$ において線形独立である．

(3) 相異なる固有値に対する固有空間の共通部分は零ベクトルである．

$\boldsymbol{\zeta} \in E(\lambda) \cap E(\mu)$ $(\lambda \neq \mu)$ とすると，
$$\boldsymbol{\zeta} = \alpha\boldsymbol{\xi} \quad (\boldsymbol{\xi} \in E(\lambda))$$

$$= \beta \boldsymbol{\eta} \quad (\ \boldsymbol{\eta} \in E(\mu)\ )$$

となる α, β が存在する．すると，上式から次のような線形関係式を得ることになる．

$$\alpha \boldsymbol{\xi} = \beta \boldsymbol{\eta} \quad \to \quad \alpha \boldsymbol{\xi} + (-\beta \boldsymbol{\eta}) = \boldsymbol{0}_c.$$

ベクトル $\boldsymbol{\xi}, \boldsymbol{\eta}$ は線形独立であるから，係数 α, β は共に 0_c でなければならない．したがって，$\boldsymbol{\zeta} = \boldsymbol{0}_c$ となる．すなわち，$E(\lambda) \cap E(\mu) = \{\boldsymbol{0}_c\}$

(4) 複素線形空間 $\boldsymbol{R}_C^2$ は 2 つの固有空間 $E(\lambda)$, $E(\mu)$ $(\lambda \neq \mu)$ の直和として表される．

すなわち，$\boldsymbol{R}_C^2 = E(\lambda) \oplus E(\mu)$ となり，任意の複素ベクトル $\boldsymbol{\zeta}$ は，次のような唯一の表現を有することになる．

$$\boldsymbol{\zeta} = \boldsymbol{\xi} + \boldsymbol{\eta} \quad (\ \boldsymbol{\xi} \in E(\lambda),\ \boldsymbol{\eta} \in E(\mu)\ )$$

なお，線形写像の複素化に対して，線形写像 A^c の固有値 λ と固有ベクトル $\boldsymbol{\xi}$ を考えると，写像の定義から各実部と虚部による表現に関しては，

$$\begin{aligned} A^c\,\boldsymbol{\xi} &= A^c(\boldsymbol{a} + i\boldsymbol{b}) = A\boldsymbol{a} + iA\boldsymbol{b} \\ &= \lambda\,\boldsymbol{\xi} = (p + iq)(\boldsymbol{a} + i\boldsymbol{b}) \\ &= p\boldsymbol{a} - q\boldsymbol{b} + i(q\boldsymbol{a} + p\boldsymbol{b}) \end{aligned}$$

となり，次のような関係式が得られる．

$$A\boldsymbol{a} = p\boldsymbol{a} - q\boldsymbol{b}$$
$$A\boldsymbol{b} = q\boldsymbol{a} + p\boldsymbol{b}$$

次に，複素数 $\lambda = p + iq$ が A^c の固有値でその固有ベクトルを $\boldsymbol{\xi} = \boldsymbol{a} + i\boldsymbol{b}$ とすると，その共役複素数 $\bar{\lambda}$ も A^c の固有値となり，その固有ベクトルは $\boldsymbol{\xi}$ の共役複素ベクトル $\bar{\boldsymbol{\xi}}$ となることが以下のように示される．

$$\begin{aligned} A^c\,\bar{\boldsymbol{\xi}} &= A^c(\boldsymbol{a} - i\boldsymbol{b}) = A\boldsymbol{a} - iA\boldsymbol{b} \\ \bar{\lambda}\,\bar{\boldsymbol{\xi}} &= (p - iq)(\boldsymbol{a} - i\boldsymbol{b}) \\ &= p\boldsymbol{a} - q\boldsymbol{b} - i(q\boldsymbol{a} + p\boldsymbol{b}) \end{aligned}$$

すでに示したように固有ベクトル $\boldsymbol{\xi}$ の実部 $\boldsymbol{a}$ および虚部 $\boldsymbol{b}$ は上記の関係式を満たすので，この 2 つの式は等しくなることがわかる．すなわち，

$$A^c\,\bar{\boldsymbol{\xi}} = \bar{\lambda}\,\bar{\boldsymbol{\xi}}$$

したがって，$\bar{\lambda}$ は A^c の固有値，その固有ベクトルが $\bar{\boldsymbol{\xi}}$ となることがわかる．この結果，線形写像の複素化に伴う，線形写像 A^c の固有値 λ とその共役固有値 $\bar{\lambda}$ に対する固有ベクトル $\boldsymbol{\xi}$，$\bar{\boldsymbol{\xi}}$ およびその固有空間 $E(\lambda)$，$E(\bar{\lambda})$ とに関して次のことがわかる．なぜならば，固有値 λ とその共役固有値 $\bar{\lambda}$ とは相異なる固有値であるからである．

(1) 　固有ベクトル $\boldsymbol{\xi}$，$\bar{\boldsymbol{\xi}}$ は線形独立である．
(2) 　固有空間 $E(\lambda)$，$E(\bar{\lambda})$ の共通部分は零ベクトルである．
(3) 　複素線形空間 $\boldsymbol{R}_C^2$ は固有空間の直和 $E(\lambda) \oplus E(\bar{\lambda})$ として表される．

A.3.2 　線形写像の標準形

線形写像 A^c の相異なる 2 つの固有値 λ，μ に対する固有ベクトルを $\boldsymbol{\xi}$，$\boldsymbol{\eta}$ とする．この 2 つのベクトルは，$\boldsymbol{R}_C^2$ において線形独立であるから，線形写像の表現行列を $\boldsymbol{A}^c$ とすると，行列演算を用いることにすれば，次式が成り立つことになる．

$$\begin{bmatrix} \boldsymbol{A}^c\boldsymbol{\xi} & \boldsymbol{A}^c\boldsymbol{\eta} \end{bmatrix} = \boldsymbol{A}^c \begin{bmatrix} \boldsymbol{\xi} & \boldsymbol{\eta} \end{bmatrix}$$
$$= \begin{bmatrix} \lambda\boldsymbol{\xi} & \mu\boldsymbol{\eta} \end{bmatrix}$$
$$= \begin{bmatrix} \boldsymbol{\xi} & \boldsymbol{\eta} \end{bmatrix} \begin{bmatrix} \lambda & 0 \\ 0 & \mu \end{bmatrix}$$

ここで，2 つの固有ベクトルからなる行列 $[\boldsymbol{\xi} \ \boldsymbol{\eta}] \equiv \boldsymbol{T}$ は正則行列となるので，その逆行列 $\boldsymbol{T}^{-1}$ が存在し，上式より表現行列 $\boldsymbol{A}^c$ は次のように対角行列に変換される．

$$\boldsymbol{T}^{-1}\boldsymbol{A}^c\boldsymbol{T} = \begin{bmatrix} \lambda & 0 \\ 0 & \mu \end{bmatrix}$$

この対角行列を $\boldsymbol{A}^c$ の**複素標準形**という．なお，複素化した線形写像の場合には，2 つの相異なる固有値として，λ とその共役複素数 $\bar{\lambda}$ が与えられるので，それに対する固有ベクトル $\boldsymbol{\xi}$ とその共役ベクトル $\bar{\boldsymbol{\xi}}$ は線形独立であることを考慮して，

$$\begin{bmatrix} \boldsymbol{A}^c\boldsymbol{\xi} & \boldsymbol{A}^c\bar{\boldsymbol{\xi}} \end{bmatrix} = \boldsymbol{A}^c \begin{bmatrix} \boldsymbol{\xi} & \bar{\boldsymbol{\xi}} \end{bmatrix}$$
$$= \begin{bmatrix} \lambda\boldsymbol{\xi} & \bar{\lambda}\bar{\boldsymbol{\xi}} \end{bmatrix}$$
$$= \begin{bmatrix} \boldsymbol{\xi} & \bar{\boldsymbol{\xi}} \end{bmatrix} \begin{bmatrix} \lambda & 0 \\ 0 & \bar{\lambda} \end{bmatrix}$$

を得る．上式の右辺に現れた対角行列は，変換行列 $[\boldsymbol{\xi} \ \bar{\boldsymbol{\xi}}] \equiv \boldsymbol{T}$ に関する $\boldsymbol{A}^c$ の複素標準形となる．

次に，2つの固有ベクトル $\boldsymbol{\xi}$, $\bar{\boldsymbol{\xi}}$ を次のように表すものとする．

$$\boldsymbol{\xi} = \boldsymbol{t} + i\boldsymbol{s}, \qquad \bar{\boldsymbol{\xi}} = \boldsymbol{t} - i\boldsymbol{s}$$

この結果，固有ベクトル $\boldsymbol{\xi}$ の実部と虚部は次のように表される．

$$\boldsymbol{t} = \frac{\boldsymbol{\xi} + \bar{\boldsymbol{\xi}}}{2}, \qquad \boldsymbol{s} = \frac{\boldsymbol{\xi} - \bar{\boldsymbol{\xi}}}{2i}$$

この 2 つのベクトルは，複素ベクトル $\boldsymbol{\xi}$, $\bar{\boldsymbol{\xi}}$ が $\boldsymbol{R}_C^2$ で線形独立であり，その線形結合として与えられているので，$\boldsymbol{R}^2$ で線形独立であることが次のようにしてわかる．

2 つのベクトル $\boldsymbol{t}$, $\boldsymbol{s}$ に対して，p, q を実数とする線形関係式 $p\boldsymbol{t} + q\boldsymbol{s} = \boldsymbol{0}$ を考える．

$$\begin{aligned} p\boldsymbol{t} + q\boldsymbol{s} &= p\frac{\boldsymbol{\xi} + \bar{\boldsymbol{\xi}}}{2} + q\frac{\boldsymbol{\xi} - \bar{\boldsymbol{\xi}}}{2i} \\ &= \frac{p - iq}{2}\boldsymbol{\xi} + \frac{p + iq}{2}\bar{\boldsymbol{\xi}} = \boldsymbol{0} \end{aligned}$$

上式から，複素固有ベクトル $\boldsymbol{\xi}$, $\bar{\boldsymbol{\xi}}$ は $\boldsymbol{R}_C^2$ で線形独立であるから，その係数について，$p - iq = 0$, $p + iq = 0$ とならなければならないので，$p = q = 0$ を得る．したがって，実ベクトル $\boldsymbol{t}$, $\boldsymbol{s}$ は $\boldsymbol{R}^2$ で線形独立となる．そこで，このベクトルを $\boldsymbol{R}^2$ の基底に選ぶことにする．一方，固有値と固有ベクトルの定義から次式を得る．

$$\begin{aligned} \boldsymbol{A}^c\boldsymbol{\xi} &= \boldsymbol{A}^c(\boldsymbol{t} + i\boldsymbol{s}) = \boldsymbol{A}\boldsymbol{t} + i\boldsymbol{A}\boldsymbol{s} \\ &= \lambda\boldsymbol{\xi} = (p + iq)(\boldsymbol{t} + i\boldsymbol{s}) = p\boldsymbol{t} - q\boldsymbol{s} + i(q\boldsymbol{t} + p\boldsymbol{s}) \\ \boldsymbol{A}^c\bar{\boldsymbol{\xi}} &= \boldsymbol{A}^c(\boldsymbol{t} - i\boldsymbol{s}) = \boldsymbol{A}\boldsymbol{t} - i\boldsymbol{A}\boldsymbol{s} \\ &= \bar{\lambda}\bar{\boldsymbol{\xi}} = (p - iq)(\boldsymbol{t} - i\boldsymbol{s}) = p\boldsymbol{t} - q\boldsymbol{s} - i(q\boldsymbol{t} + p\boldsymbol{s}) \end{aligned}$$

この 2 つの関係式から次式を得る．

$$\boldsymbol{A}\boldsymbol{t} = p\boldsymbol{t} - q\boldsymbol{s}, \qquad \boldsymbol{A}\boldsymbol{s} = q\boldsymbol{t} + p\boldsymbol{s}$$

ここで，複素固有ベクトルの実部 $\boldsymbol{t}$ と虚部 $\boldsymbol{s}$ とを $\boldsymbol{R}^2$ の基底に選んだので，上式から

$$\begin{aligned} \begin{bmatrix} \boldsymbol{A}\boldsymbol{t} & \boldsymbol{A}\boldsymbol{s} \end{bmatrix} &= \boldsymbol{A}\begin{bmatrix} \boldsymbol{t} & \boldsymbol{s} \end{bmatrix} \\ &= \begin{bmatrix} p\boldsymbol{t} - q\boldsymbol{s} & q\boldsymbol{t} + p\boldsymbol{s} \end{bmatrix} \\ &= \begin{bmatrix} \boldsymbol{t} & \boldsymbol{s} \end{bmatrix} \begin{bmatrix} p & q \\ -q & p \end{bmatrix} \end{aligned}$$

を得る．そこで，正則な実行列 $T \equiv [\, t \ \ s \,]$ を変換行列とすると，線形写像の行列表現 A は次のように表される．

$$T^{-1} AT = \begin{bmatrix} p & q \\ -q & p \end{bmatrix} = \begin{bmatrix} \Re(\lambda) & \Im(\lambda) \\ -\Im(\lambda) & \Re(\lambda) \end{bmatrix}$$

なお，ここで得られた行列を実線形写像 A の複素化 A^c の $\bm{R}^2$ の基底 $\{\bm{t},\ \bm{s}\}$ に関する実標準形または，実ジョルダン標準形という．

A.4 線形写像のスペクトル分解

A.4.1 射影

前節で，複素線形空間 $\bm{R}_C^2$ は，その上の線形写像 A^c の相異なる 2 つの固有値 $\lambda,\ \mu$ に対する固有空間 $E(\lambda),\ E(\mu)$ の直和によって次のように与えられることを示した．

$$\bm{R}_C^2 = E(\lambda) \oplus E(\mu); \quad \bm{\zeta} = \bm{\xi} + \bm{\eta} \quad (\,\bm{\zeta} \in \bm{R}_C^2,\ \bm{\xi} \in E(\lambda),\ \bm{\eta} \in E(\mu)\,)$$

この直和分解に注目して，次のような写像を定義する．

$$P_\lambda : \bm{R}_C^2 \ \to\ E(\lambda),\ \ \bm{\zeta}\ \mapsto\ \bm{\xi} \quad (P_\lambda \bm{\zeta} = \bm{\xi})$$
$$P_\mu : \bm{R}_C^2 \ \to\ E(\mu),\ \ \bm{\zeta}\ \mapsto\ \bm{\eta} \quad (P_\mu \bm{\zeta} = \bm{\eta})$$

すると，2 つの写像 $P_\lambda,\ P_\mu$ は次の性質を有することがわかる．そこで，この写像を $\bm{R}_C^2$ の固有空間による直和分解に基づく**射影**とよぶ．

(1) 射影 $P_\lambda,\ P_\mu$ は $\bm{R}_C^2$ 上の線形写像である．

$\bm{R}_C^2$ の任意のベクトル $\bm{\zeta}_1, \bm{\zeta}_2, \bm{\zeta}$ と複素数 α に対して，

$$\bm{\zeta}_1 = \bm{\xi}_1 + \bm{\eta}_1, \quad \bm{\zeta}_2 = \bm{\xi}_2 + \bm{\eta}_2 \quad (\bm{\xi}_1, \bm{\xi}_2 \in E(\lambda),\ \bm{\eta}_1, \bm{\eta}_2 \in E(\mu))$$
$$\bm{\zeta}_1 + \bm{\zeta}_2 = (\bm{\xi}_1 + \bm{\xi}_2) + (\bm{\eta}_1 + \bm{\eta}_2)$$
$$\alpha \bm{\zeta} = \alpha(\bm{\xi} + \bm{\eta}) = \alpha \bm{\xi} + \alpha \bm{\eta}$$

で表されるものとする．そこで，このベクトルの和と倍計算に対する射影 P_λ をとると，その定義より

$$P_\lambda(\bm{\zeta}_1 + \bm{\zeta}_2) = \bm{\xi}_1 + \bm{\xi}_2 = P_\lambda \bm{\zeta}_1 + P_\lambda \bm{\zeta}_2$$

$$P_\lambda(\alpha\boldsymbol{\zeta}) = \alpha\boldsymbol{\xi} = \alpha(P_\lambda\boldsymbol{\zeta})$$

となり，既述の線形写像の定義より，射影 P_λ は線形写像であることがわかる．全く同様にして，射影 P_μ も線形写像となる．

(2) 射影 P_λ, P_μ は和と積について次式を満たす．

$$P_\lambda + P_\mu = I^c, \quad P_\lambda^2 = P_\lambda, \quad P_\mu^2 = P_\mu, \quad P_\lambda P_\mu = P_\mu P_\lambda = O^c$$

線形写像の和と積についての定義を適用すると，任意のベクトル $\boldsymbol{\xi}$ に対して，

$$(P_\lambda + P_\mu)\boldsymbol{\zeta} := P_\lambda\boldsymbol{\zeta} + P_\mu\boldsymbol{\zeta} = \boldsymbol{\xi} + \boldsymbol{\eta} = \boldsymbol{\zeta} = I^c\boldsymbol{\zeta}$$
$$P_\lambda^2\,\boldsymbol{\zeta} := P_\lambda(P_\lambda\boldsymbol{\zeta}) = P_\lambda\boldsymbol{\xi} = \boldsymbol{\xi} = P_\lambda\boldsymbol{\zeta}$$
$$P_\mu^2\,\boldsymbol{\zeta} := P_\mu(P_\mu\boldsymbol{\zeta}) = P_\mu\boldsymbol{\eta} = \boldsymbol{\eta} = P_\mu\boldsymbol{\zeta}$$
$$P_\lambda\,P_\mu\boldsymbol{\zeta} := P_\lambda(P_\mu\boldsymbol{\zeta}) = P_\lambda\boldsymbol{\eta} = \boldsymbol{0}_c = O^c\boldsymbol{\zeta}$$
$$P_\mu\,P_\lambda\boldsymbol{\zeta} := P_\mu(P_\lambda\boldsymbol{\zeta}) = P_\mu\boldsymbol{\xi} = \boldsymbol{0}_c = O^c\boldsymbol{\zeta}$$

となる．したがって，上式の両辺から射影に関する上記の性質が得られた．

全く同様にして，固有空間 $E(\lambda)$ と $E(\bar{\lambda})$ による $\boldsymbol{R}_C^2$ の直和分解 $\boldsymbol{R}_C^2 = E(\lambda) \oplus E(\bar{\lambda})$ に対して定義された次の射影（線形写像）

$$P_\lambda : \boldsymbol{R}_C^2 \to E(\lambda), \quad P_{\bar{\lambda}} : \boldsymbol{R}_C^2 \to E(\bar{\lambda})$$

に関しても以下のような性質が成り立つことになる．

$$P_\lambda + P_{\bar{\lambda}} = I^c$$
$$P_\lambda^2 = P_\lambda, \qquad P_{\bar{\lambda}}^2 = P_{\bar{\lambda}}$$
$$P_\lambda\,P_{\bar{\lambda}} = P_{\bar{\lambda}}\,P_\lambda = O^c$$

以上で導入した線形写像としての各射影はその行列表現と同一視することにする．

A.4.2 線形写像のスペクトル分解

複素線形空間 $\boldsymbol{R}_C^2$ 上の線形写像 A^c（その表現行列 $\boldsymbol{A}^c$）は 2 つの相異なる固有値 λ, μ とそれに関する射影（射影行列）P_λ, P_μ（$\boldsymbol{P}_\lambda$, $\boldsymbol{P}_\mu$）の線形結合として次のように表現できる．

$$A^c = \lambda P_\lambda + \mu P_\mu \qquad (\ \boldsymbol{A}^c = \lambda\boldsymbol{P}_\lambda + \mu\boldsymbol{P}_\mu\ )$$

上記の表現を線形写像 A^c の**スペクトル分解**または**射影分解**という．この表現は次のようにして得られる．任意の複素ベクトル $\zeta \in R_C^2$ に対してその線形写像を考えると，

$$\begin{aligned} A^c \zeta &= A^c(\xi + \eta) = A^c \xi + A^c \eta \\ &= \lambda \xi + \mu \eta = \lambda P_\lambda \zeta + \mu P_\mu \zeta \\ &= (\lambda P_\lambda + \mu P_\mu) \zeta \end{aligned}$$

となるので，両辺の写像を比較して，上記のスペクトル分解が得られる．全く同様にして，2つの共役な固有値 λ, $\bar{\lambda}$ に対する射影（射影行列）P_λ, $P_{\bar{\lambda}}$（$\boldsymbol{P}_\lambda$, $\boldsymbol{P}_{\bar{\lambda}}$）に対しては，次のようなスペクトル分解が与えられることになる．

$$A^c = \lambda P_\lambda + \bar{\lambda} P_{\bar{\lambda}} \quad (\boldsymbol{A}^c = \lambda \boldsymbol{P}_\lambda + \bar{\lambda} \boldsymbol{P}_{\bar{\lambda}})$$

A.4.3 射影の求め方

前節で定義した線形写像としての射影（射影行列）を具体的にどのように定めるのかについて考える．相異なる固有値 λ, μ に対する 2 つの射影 P_λ, P_μ の表現行列を各々 $\boldsymbol{P}_\lambda$, $\boldsymbol{P}_\mu$ とする．線形写像 A^c の表現行列 $\boldsymbol{A}^c$ の冪乗はそのスペクトル分解によって，次のようになる．

$$\begin{aligned} \boldsymbol{A}^c &= \lambda \boldsymbol{P}_\lambda + \mu \boldsymbol{P}_\mu \\ (\boldsymbol{A}^c)^2 &= \lambda^2 \boldsymbol{P}_\lambda^2 + 2\lambda\mu \boldsymbol{P}_\lambda \boldsymbol{P}_\mu + \mu^2 \boldsymbol{P}_\mu^2 \\ &= \lambda^2 \boldsymbol{P}_\lambda + \mu^2 \boldsymbol{P}_\mu \\ &\vdots \\ (\boldsymbol{A}^c)^n &= \lambda^n \boldsymbol{P}_\lambda + \mu^n \boldsymbol{P}_\mu \end{aligned}$$

この冪乗の表現に着目して，たとえば次のような 2 次多項式を考える．

$$f(\phi) = \phi^2 + \sigma_1 \phi + \sigma_2$$

この 2 次多項式の引数を線形写像の表現行列とすると，

$$\begin{aligned} f(\boldsymbol{A}^c) &= (\boldsymbol{A}^c)^2 + \sigma_1 \boldsymbol{A}^c + \sigma_2 \boldsymbol{I}^c \\ &= \lambda^2 \boldsymbol{P}_\lambda + \mu^2 \boldsymbol{P}_\mu + \sigma_1(\lambda \boldsymbol{P}_\lambda + \mu \boldsymbol{P}_\mu) + \sigma_2(\boldsymbol{P}_\lambda + \boldsymbol{P}_\mu) \\ &= (\lambda^2 + \sigma_1 \lambda + \sigma_2) \boldsymbol{P}_\lambda + (\mu^2 + \sigma_1 \mu + \sigma_2) \boldsymbol{P}_\mu \\ &= f(\lambda) \boldsymbol{P}_\lambda + f(\mu) \boldsymbol{P}_\mu \end{aligned}$$

となる．この表現は，一般の n 次の多項式についても成り立つことになる．

この関係式を用いて 2 つの射影行列 $\boldsymbol{P}_\lambda$ と $\boldsymbol{P}_\mu$ を求めてみよう．次のような条件を満たす 1 次式

$$g(\phi) = \frac{\phi - \mu}{\lambda - \mu} \quad (\ g(\lambda) = 1, \quad g(\mu) = 0\ )$$

$$h(\phi) = \frac{\phi - \lambda}{\mu - \lambda} \quad (\ h(\lambda) = 0, \quad h(\mu) = 1\ )$$

を与えると，各射影行列 $\boldsymbol{P}_\lambda$, $\boldsymbol{P}_\mu$ はこの 1 次式を用いて次のように計算することができる．

$$\boldsymbol{P}_\lambda = g(\boldsymbol{A}^c) = \frac{\boldsymbol{A}^c - \mu \boldsymbol{I}^c}{\lambda - \mu} = \frac{\boldsymbol{A} - \mu \boldsymbol{I}}{\lambda - \mu}$$

$$\boldsymbol{P}_\mu = h(\boldsymbol{A}^c) = \frac{\boldsymbol{A}^c - \lambda \boldsymbol{I}^c}{\mu - \lambda} = \frac{\boldsymbol{A} - \lambda \boldsymbol{I}}{\mu - \lambda}$$

なお，2 つの射影行列の和が恒等写像になるという性質から，射影行列 $\boldsymbol{P}_\mu$ は $\boldsymbol{P}_\mu = \boldsymbol{I}^c - \boldsymbol{P}_\lambda = \boldsymbol{I} - \boldsymbol{P}_\lambda$ として計算できる．ここで用いた 1 次式は，いわゆる補間公式で 1 次補間式とよばれている．

次に，共役な固有値に対する射影行列 $\boldsymbol{P}_\lambda$, $\boldsymbol{P}_{\bar\lambda}$ に関しては，全く同様にして $\mu = \bar\lambda$ とおき，次のように計算できることになる．

$$\boldsymbol{P}_\lambda = g(\boldsymbol{A}^c) = \frac{\boldsymbol{A}^c - \bar\lambda \boldsymbol{I}^c}{\lambda - \bar\lambda} = \frac{\boldsymbol{A} - \bar\lambda \boldsymbol{I}}{\lambda - \bar\lambda}$$

$$\boldsymbol{P}_{\bar\lambda} = h(\boldsymbol{A}^c) = \frac{\boldsymbol{A}^c - \lambda \boldsymbol{I}^c}{\bar\lambda - \lambda} = \frac{\boldsymbol{A} - \lambda \boldsymbol{I}}{\bar\lambda - \lambda}$$

なお，上記の表現から 2 つの射影行列の間には次の関係がある．

$$\boldsymbol{P}_{\bar\lambda} = \overline{\boldsymbol{P}_\lambda}$$

この関係に留意すると，前節で示した線形写像のスペクトル分解は，固有値 $\lambda = p+iq$ と射影 $\boldsymbol{P}_\lambda$ の実部 $\Re(\boldsymbol{P}_\lambda) \equiv \boldsymbol{Q}$ と虚部 $\Im(\boldsymbol{P}_\lambda) \equiv \boldsymbol{R}$ を用いて次のように表される．

$$\begin{aligned}
\boldsymbol{A}^c &= \lambda \boldsymbol{P}_\lambda + \bar\lambda \boldsymbol{P}_{\bar\lambda} \\
&= \lambda \boldsymbol{P}_\lambda + \bar\lambda \overline{\boldsymbol{P}_\lambda} \\
&= (p+iq)(\boldsymbol{Q} + i\boldsymbol{R}) + (p-iq)(\boldsymbol{Q} - i\boldsymbol{R}) \\
&= 2(p\boldsymbol{Q} - q\boldsymbol{R}) = 2\Re(\lambda \boldsymbol{P}_\lambda)
\end{aligned}$$

3 つの相異なる固有値 $\lambda_1, \lambda_2, \lambda_3$ に対して，射影行列 $\boldsymbol{P}_{\lambda_1}, \boldsymbol{P}_{\lambda_2}, \boldsymbol{P}_{\lambda_3}$ を定めるには次のような条件を満たす 2 次式，すなわち 2 次補間式

$$g_1(\phi) = \frac{\phi - \lambda_2}{\lambda_1 - \lambda_2}\frac{\phi - \lambda_3}{\lambda_1 - \lambda_3} \quad (g_1(\lambda_1) = 1,\ g_1(\lambda_2) = g_1(\lambda_3) = 0)$$
$$g_2(\phi) = \frac{\phi - \lambda_3}{\lambda_2 - \lambda_3}\frac{\phi - \lambda_1}{\lambda_2 - \lambda_1} \quad (g_2(\lambda_2) = 1,\ g_2(\lambda_3) = g_2(\lambda_1) = 0)$$
$$g_3(\phi) = \frac{\phi - \lambda_1}{\lambda_3 - \lambda_1}\frac{\phi - \lambda_2}{\lambda_3 - \lambda_2} \quad (g_3(\lambda_3) = 1,\ g_3(\lambda_1) = g_3(\lambda_2) = 0)$$

を用いて次のように計算できる．

$$\boldsymbol{P}_{\lambda_1} = g_1(\boldsymbol{A}^c) = \frac{(\boldsymbol{A}^c - \lambda_2 \boldsymbol{I})}{\lambda_1 - \lambda_2}\frac{(\boldsymbol{A}^c - \lambda_3 \boldsymbol{I})}{\lambda_1 - \lambda_3}$$
$$\boldsymbol{P}_{\lambda_2} = g_2(\boldsymbol{A}^c) = \frac{(\boldsymbol{A}^c - \lambda_3 \boldsymbol{I})}{\lambda_2 - \lambda_3}\frac{(\boldsymbol{A}^c - \lambda_1 \boldsymbol{I})}{\lambda_2 - \lambda_1}$$
$$\boldsymbol{P}_{\lambda_3} = g_3(\boldsymbol{A}^c) = \frac{(\boldsymbol{A}^c - \lambda_1 \boldsymbol{I})}{\lambda_3 - \lambda_1}\frac{(\boldsymbol{A}^c - \lambda_2 \boldsymbol{I})}{\lambda_3 - \lambda_2}$$

A.5 一般固有空間と一般スペクトル分解

A.5.1 一般固有空間

線形写像の固有方程式が重根を有する場合の取り扱いについて述べる．たとえば，固有方程式が2次式で与えられるような場合には，その固有値は，相異なる2実根，重根，共役な複素根のいずれかとなる．複素根を含めて相異なる根（2実根と共役な複素根）の場合は上述したので，重根の場合について考えておく．

$\boldsymbol{R}^2$ 上の行列 $\boldsymbol{A}$ を考える．この固有値が重根の場合，その固有空間の次元は1となる．一方，$\boldsymbol{R}^2$ の次元は2であるから，$\boldsymbol{R}^2$ をその固有空間を用いて表すことができない．そこで，この固有空間の固有ベクトルと線形独立となるようなベクトルを選んで，2つの線形独立なベクトルによる部分空間を構成すると線形空間 $\boldsymbol{R}^2$ を直和分解でき，その直和分解から射影を定義でき，線形写像をスペクトル分解できることになる．ただし，従来の固有空間の概念を拡張する必要がある．そのような概念の拡張を**一般固有空間**とよぶ．

線形空間 $\boldsymbol{R}^2$ 上の線形写像 A（その表現行列を $\boldsymbol{A}$ とする）の固有値が重根 $\lambda_1 = \lambda_2 = a$ の場合を考えることにする．この固有値に対する固有空間を

$$E(a) := \{\boldsymbol{u} \mid (A - aI)\boldsymbol{u} = \boldsymbol{0}\ \}$$

とする．この固有空間の次元は，1 (dim $E(a) = 1$) とする．すると，この固有空間だけでは線形空間 $\boldsymbol{R}^2$ を直和分解できない．そこで，この固有空間を次のように

拡張する.
$$F(a) := \{ \bm{v} \mid (A - aI)\bm{v} = \bm{u}, \ \bm{u} \in E(a) \}$$
この $F(a)$ は $\bm{R}^2$ の線形部分空間となることがわかる.

線形空間 $F(a)$ では，ベクトル $\bm{u}$, $\bm{v}$ の定義より，ベクトル $\bm{v} \in F(a)$ は次のような条件を満たすことがわかる.
$$(A - aI)^2 \bm{v} = (A - aI)(A - aI)\bm{v} = (A - aI)\bm{u} = \bm{0}$$
すなわち，ベクトル $\bm{v}$ は線形写像 $(A - aI)$ の 2 乗に対応した部分空間のベクトルとして定義されたことになるので，上記の空間 $F(a)$ は次のように書くことができる.
$$F(a) := \{ \bm{v} \mid (A - aI)^2 \bm{v} = \bm{0} \}$$

この空間の表現を固有値 a の固有空間 $E(a)$ と比べると，線形写像 $(A - aI)$ の冪乗（2 乗）に対する固有空間になっていることがわかる．このような固有空間を $E(a)$ の拡張と捉え，固有値 $\lambda = a$ の一般固有空間とよぶ.

ここで定義した一般固有空間に関して，ベクトル $\bm{u}$, $\bm{v}$ は線形独立であることが次のようにして確かめられる．2 つのベクトルの次の線形関係式を考える.
$$c\bm{u} + d\bm{v} = \bm{0} \quad (\ c,\ d \in \bm{R}\ )$$
この式に線形写像 A を施すと，ベクトルの定義を考慮して次式を得る.
$$A(c\bm{u} + d\bm{v}) = cA\bm{u} + dA\bm{v} = ca\bm{u} + d(a\bm{v} + \bm{u})$$
$$= (ca + d)\bm{u} + da\bm{v} = A\bm{0} = \bm{0}$$
この関係式と上記の線形関係式とから，$c = d = 0$ を得る．したがって，2 つのベクトル $\bm{u}$, $\bm{v}$ は線形独立となる．この結果，線形空間 $\bm{R}^2$ をその部分空間であるこの一般固有空間 $F(a)$ を用いることによって次のような直和分解が得られる.
$$\bm{R}^2 = F(a)$$
なお，この直和分解に対して，射影を次のように定義する.
$$P : \bm{R}^2 \ \to \ F(a), \quad \bm{w} \ \mapsto \ \bm{w} \ (\ \bm{w} \in \bm{R}^2\ )$$
このような写像は，恒等写像となる．すなわち，$P \equiv I$ となる.

A.5.2　一般スペクトル分解

以上の準備から，線形写像の標準形とスペクトル分解について考える．まず始めに，線形写像の表現行列の標準形について示す．一般固有空間 $F(a)$ の定義から，線形独立な 2 つのベクトル u, v を基底に選ぶと，

$$\begin{bmatrix} Au & Av \end{bmatrix} = A \begin{bmatrix} u & v \end{bmatrix}$$
$$= \begin{bmatrix} au & av + u \end{bmatrix}$$
$$= \begin{bmatrix} u & v \end{bmatrix} \begin{bmatrix} a & 1 \\ 0 & a \end{bmatrix}$$

となり，変換行列を $T = [\,u\ v\,]$ として，行列 A は次のようになる．

$$T^{-1} AT = \begin{bmatrix} a & 1 \\ 0 & a \end{bmatrix}$$

この行列を線形写像 A のジョルダンの**標準形**という．なお，このジョルダンの標準形は次のように分解することもできる．

$$\begin{bmatrix} a & 1 \\ 0 & a \end{bmatrix} = \begin{bmatrix} a & 0 \\ 0 & a \end{bmatrix} + \begin{bmatrix} 0 & 1 \\ 0 & 0 \end{bmatrix} \equiv S + N$$

ここで定義した行列 S は対角行列であり，行列 N は $N^2 = O$ となり，さらに，$SN = NS$ であることがわかる．

次に線形写像のスペクトル分解を示す．線形空間 $\mathbf{R}^2$ の一般固有空間 $F(a)$ による直和分解に対して定義された射影 P を用いると，線形写像の表現行列 A は射影行列 P を用いて次のように書くことができる．

$$A = AI = AP = \{(A - aI) + aI\}P$$
$$= aP + (A - aI)P = aI + (A - aI)I$$

ここで，上記の表現に対し，

$$\widetilde{S} := aP = aI, \quad \widetilde{N} := (A - aI)P = A - aI$$

とおけば，行列 $\widetilde{S}$ は射影行列によるスペクトル分解を表し，対角行列である．2 つの行列 $\widetilde{S}$, $\widetilde{N}$ の積は可換 $\widetilde{S}\widetilde{N} = \widetilde{N}\widetilde{S}$ となる．さらに，行列 $\widetilde{N}$ については，次のような性質を有することになる．

$$\widetilde{N}^2 w = (A - aI)^2 w = 0 = Ow \quad (w \in \mathbf{R}^2)$$

したがって，$\widetilde{N}^2 = O$ となる．このように，行列を冪乗して零行列となるような場合，その行列を**冪零行列**とよぶ．すなわち，行列 $\widetilde{N}$ は冪零行列である．以上の結果，線形写像は，その固有値が重根となる場合には，固有値と射影とに関するスペクトル分解の部分と冪零の部分との和として以下のように一意的に表すことができる．

$$A = \widetilde{S} + \widetilde{N} \quad (\widetilde{S}\widetilde{N} = \widetilde{N}\widetilde{S}, \ \widetilde{N}^2 = O)$$

このような表現を**線形写像の一般スペクトル分解**という．

最後に，この節で与えた結果を参考のため一般化し示しておく．

複素数上の線形空間 V における任意の線形写像 A の相異なる固有値を $\lambda_1, \cdots, \lambda_r$ とし，その一般固有空間による V の直和分解 $V = F(\lambda_1) \oplus \cdots \oplus F(\lambda_r)$ に対する射影 $P_1, \cdots, P_r$ を用いることによって，線形写像 A は互いに可換なスペクトル分解写像（半単純写像）と冪零写像との和として次のように一意的に表すことができる．

$$\begin{aligned}
A &= AI = A(P_1 + P_2 + \cdots + P_r) \\
&= (A_1 + \lambda_1 I)P_1 + \cdots + (A_r + \lambda_r I)P_r \\
&= (\lambda_1 P_1 + \cdots + \lambda_r P_r) + (A_1 P_1 + \cdots + A_r P_r) \\
&\equiv \widetilde{S} + \widetilde{N} \quad (A \text{ の一般スペクトル分解})
\end{aligned}$$

ただし，

$$\begin{aligned}
F(\lambda_i) &= \{w \mid (A - \lambda_i I)^{k_i} w = 0\} \quad (i = 1, \cdots, r) \\
A_i &= A - \lambda_i I \\
\widetilde{S} &= \lambda_1 P_1 + \cdots + \lambda_r P_r \quad \text{(半単純写像)} \\
\widetilde{N} &= A_1 P_1 + \cdots + A_r P_r \quad \text{(冪零写像)} \\
\widetilde{S}\widetilde{N} &= \widetilde{N}\widetilde{S} \\
\widetilde{N}^k &= O \quad (k = \max(k_1, \cdots, k_r))
\end{aligned}$$

この詳細な証明については，参考文献 [3],[9] を参照されたい．なお，線形写像の表現行列が 2 および 3 次の行列の場合の具体的な一般スペクトル分解については，Appendix B に示す．

Appendix B
行列のスペクトル分解と指数関数

第2章連立1階微分方程式では，次のような微分方程式（線形自律系）の解が行列 A の指数関数によって以下のように与えられることを示した．

$$\frac{d\bm{u}}{dt}(t) = \bm{A}\bm{u}(t), \quad \bm{u}(0) = \bm{u}_0$$

$$\bm{u}(x) = e^{\bm{A}t}\bm{u}(0) = e^{\bm{A}t}\bm{u}_0$$

与えられた行列 A についてこの初期値問題の解を求めるには，その指数関数の表現が必要となる．その際に役に立つのが行列（線形写像）の「対角化」，「ジョルダン標準化」，「スペクトル分解」である．行列のスペクトル分解については，すでに第3章3.2.3項に示しておいた．そこで，Appendix A に基づいて，本 Appendix では，2次および3次の正方行列を対象として，行列のスペクトル分解，さらに行列の指数関数を公式として示しておく．その結果，2次および3次の行列に関する線形自律系の初期値問題の解が公式の形で与えられたことになる．なお，一般的な線形写像（n 次正方行列）の表現に関する詳細な理論については，線形代数学に関する参考文献 [3], [9] を参照されたい．

B.1 2次正方行列

2行2列の行列（2次正方行列）A に関して，その固有値（特性根）の性質に応じて次のような3種類の行列を対象とすればよいことになる．

1. 相異なる2実根を有する場合

$$A = \begin{bmatrix} a & 0 \\ 0 & b \end{bmatrix}$$

2. 重根を有する場合

$$A = \begin{bmatrix} a & 0 \\ 0 & a \end{bmatrix} \quad (対角化可能), \quad A = \begin{bmatrix} a & 0 \\ 1 & 0 \end{bmatrix} \quad (対角化不可能)$$

3. 共役な複素根を有する場合

$$A = \begin{bmatrix} \alpha & \beta \\ -\beta & \alpha \end{bmatrix}$$

B.1.1 相異なる 2 実根を有する場合

a. 固有値問題

固有多項式： $P_A(\lambda) = |A - \lambda I| = (\lambda - a)(\lambda - b)$

固有値： $\lambda_1 = a, \quad \lambda_2 = b \quad (a \neq b)$

固有ベクトル：

$$(A - aI)x = 0, \quad x = \begin{pmatrix} c \\ 0 \end{pmatrix} = c \begin{pmatrix} 1 \\ 0 \end{pmatrix} = c v_1$$

$$(A - bI)x = 0, \quad x = \begin{pmatrix} 0 \\ c \end{pmatrix} = c \begin{pmatrix} 0 \\ 1 \end{pmatrix} = c v_2$$

固有空間：

$$E(\lambda_1) = \{x : (A - aI)x = 0\} = <v_1> \quad (\dim E(\lambda_1) = 1)$$
$$E(\lambda_2) = \{x : (A - bI)x = 0\} = <v_2> \quad (\dim E(\lambda_2) = 1)$$

R^2 の直和分解： $R^2 = E(\lambda_1) \oplus E(\lambda_2)$

b. スペクトル分解（射影分解）

射影：

$$P_1 : R^2 \to E(\lambda_1), \quad P_2 : R^2 \to E(\lambda_2)$$

$$P_1 = \frac{A - bI}{a - b} = \frac{1}{a - b} \begin{bmatrix} a - b & 0 \\ 0 & 0 \end{bmatrix} = \begin{bmatrix} 1 & 0 \\ 0 & 0 \end{bmatrix}$$

$$P_2 = \frac{A - aI}{b - a} = \frac{1}{b - a} \begin{bmatrix} 0 & 0 \\ 0 & b - a \end{bmatrix} = \begin{bmatrix} 0 & 0 \\ 0 & 1 \end{bmatrix}$$

スペクトル分解：
$$A = \lambda_1 P_1 + \lambda_2 P_2 = aP_1 + bP_2$$

c. 行列の指数関数
$$e^{At} = e^{\lambda_1 t}P_1 + e^{\lambda_2 t}P_2 = e^{at}P_1 + e^{bt}P_2$$
$$= e^{at}\begin{bmatrix} 1 & 0 \\ 0 & 0 \end{bmatrix} + e^{bt}\begin{bmatrix} 0 & 0 \\ 0 & 1 \end{bmatrix} = \begin{bmatrix} e^{at} & 0 \\ 0 & e^{bt} \end{bmatrix}$$

B.1.2 重根を有する場合

A. 対角化可能行列

a. 固有値問題

固有多項式： $P_A(\lambda) = |A - \lambda I| = (\lambda - a)^2$

固有値： $\lambda_1 = \lambda_2 \equiv \lambda = a$

固有ベクトル： $(A - aI)x = 0$

$$x = \begin{pmatrix} c_1 \\ c_2 \end{pmatrix} = c_1 \begin{pmatrix} 1 \\ 0 \end{pmatrix} + c_2 \begin{pmatrix} 0 \\ 1 \end{pmatrix} = c_1 v_1 + c_2 v_2$$

固有空間：
$$E(\lambda) = \{x : (A - aI)x = 0\} = <v_1, v_2> \quad (\dim\ E(\lambda) = 2)$$

R^2 の直和分解： $R^2 = E(\lambda)$

b. スペクトル分解

射影： $P : R^2 \to E(\lambda) \equiv R^2\ ; P = I$

スペクトル分解： $A = \lambda P = aI$

c. 行列の指数関数
$$e^{At} = e^{\lambda t}P = e^{at}I$$
$$= e^{at}\begin{bmatrix} 1 & 0 \\ 0 & 1 \end{bmatrix} = \begin{bmatrix} e^{at} & 0 \\ 0 & e^{at} \end{bmatrix}$$

B. 対角化不可能行列

a. 固有値問題

固有多項式： $P_{\boldsymbol{A}}(\lambda) = |\boldsymbol{A} - \lambda \boldsymbol{I}| = (\lambda - a)^2$

固有値： $\lambda_1 = \lambda_2 \equiv \lambda = a$

固有ベクトル： $(\boldsymbol{A} - \lambda \boldsymbol{I})\boldsymbol{x} = \boldsymbol{0}$

$$\boldsymbol{x} = \begin{pmatrix} 0 \\ c \end{pmatrix} = c \begin{pmatrix} 0 \\ 1 \end{pmatrix}$$

固有空間：

$$E(\lambda) = \{\boldsymbol{x} : (\boldsymbol{A} - a\boldsymbol{I})\boldsymbol{x} = \boldsymbol{0}\} = \left\langle \begin{pmatrix} 0 \\ 1 \end{pmatrix} \right\rangle \quad (\dim\ E(\lambda) = 1)$$

$\boldsymbol{R}^2 \neq E(\lambda)$ （$\boldsymbol{R}^2$ は固有空間による直和分解不可能）

一般固有空間： $F(\lambda) = \{\boldsymbol{x} : (\boldsymbol{A} - a\boldsymbol{I})^2 \boldsymbol{x} = \boldsymbol{0}\}$

$$F(\lambda) = \left\{ \boldsymbol{x} : \begin{bmatrix} 0 & 0 \\ 1 & 0 \end{bmatrix}^2 \boldsymbol{x} = \begin{bmatrix} 0 & 0 \\ 0 & 0 \end{bmatrix} \boldsymbol{x} = \boldsymbol{0} \right\}$$

$$= \left\{ \boldsymbol{x} = c_1 \begin{pmatrix} 1 \\ 0 \end{pmatrix} + c_2 \begin{pmatrix} 0 \\ 1 \end{pmatrix} \right\} \quad (\dim\ F(\lambda) = 2)$$

$\boldsymbol{R}^2$ の一般固有空間による直和分解： $\boldsymbol{R}^2 = F(\lambda)$

b. 一般スペクトル分解

射影： $\boldsymbol{P} : \boldsymbol{R}^2 \to F(\lambda)$ ； $\boldsymbol{P} = \boldsymbol{I}$

一般スペクトル分解：

$$\boldsymbol{A} = \widetilde{\boldsymbol{S}} + \widetilde{\boldsymbol{N}}$$

$$\widetilde{\boldsymbol{S}} := \lambda \boldsymbol{P} = a\boldsymbol{I} = a \begin{bmatrix} 1 & 0 \\ 0 & 1 \end{bmatrix} = \begin{bmatrix} a & 0 \\ 0 & a \end{bmatrix} \quad \text{（半単純行列）}$$

$$\widetilde{\boldsymbol{N}} := \boldsymbol{A} - \widetilde{\boldsymbol{S}} = \boldsymbol{A} - a\boldsymbol{I} = \begin{bmatrix} 0 & 0 \\ 1 & 0 \end{bmatrix} \quad \text{（冪零行列）}$$

$$\widetilde{\boldsymbol{N}}^2 = \begin{bmatrix} 0 & 0 \\ 1 & 0 \end{bmatrix}^2 = \boldsymbol{O}, \ \widetilde{\boldsymbol{N}}^n = \boldsymbol{O} \ (n = 3, 4, \cdots)$$

$$\widetilde{\boldsymbol{S}}\widetilde{\boldsymbol{N}} = (a\boldsymbol{I})(\boldsymbol{A} - a\boldsymbol{I}) = (\boldsymbol{A} - a\boldsymbol{I})(a\boldsymbol{I}) = \widetilde{\boldsymbol{N}}\widetilde{\boldsymbol{S}}$$

c. 行列の指数関数

$$e^{\boldsymbol{A}t} = e^{(\widetilde{\boldsymbol{S}}+\widetilde{\boldsymbol{N}})t} = e^{\widetilde{\boldsymbol{S}}t}e^{\widetilde{\boldsymbol{N}}t} = e^{a\boldsymbol{P}t}e^{\widetilde{\boldsymbol{N}}t}$$

$$= e^{at}\boldsymbol{P}\left(\boldsymbol{I} + t\widetilde{\boldsymbol{N}} + \frac{t^2}{2!}\widetilde{\boldsymbol{N}}^2 + \cdots \right)$$

$$= e^{at}\boldsymbol{I}(\boldsymbol{I} + t\widetilde{\boldsymbol{N}}) = e^{at}\bigl(\boldsymbol{I} + t(\boldsymbol{A} - a\boldsymbol{I})\bigr)$$

$$= e^{at}\left(\begin{bmatrix}1 & 0 \\ 0 & 1\end{bmatrix} + t\begin{bmatrix}0 & 0 \\ 1 & 0\end{bmatrix}\right) = \begin{bmatrix}e^{at} & 0 \\ te^{at} & e^{at}\end{bmatrix}$$

B.1.3 共役な複素根を有する場合

a. 固有値問題

固有多項式： $P_{\boldsymbol{A}}(\lambda) = |\boldsymbol{A} - \lambda \boldsymbol{I}| = \{\lambda - (\alpha + i\beta)\}\{\lambda - (\alpha - i\beta)\}$

固有値： $\lambda_1 = \alpha + i\beta, \quad \lambda_2 = \alpha - i\beta = \overline{\lambda_1}$

固有ベクトル：

$$(\boldsymbol{A} - \lambda_1 \boldsymbol{I})\boldsymbol{x} = \begin{bmatrix}-i\beta & \beta \\ -\beta & -i\beta\end{bmatrix}\boldsymbol{x} = \boldsymbol{0}, \quad \boldsymbol{x} = c\begin{pmatrix}1 \\ i\end{pmatrix}$$

$$(\boldsymbol{A} - \lambda_2 \boldsymbol{I})\boldsymbol{x} = \begin{bmatrix}i\beta & \beta \\ -\beta & i\beta\end{bmatrix}\boldsymbol{x} = \boldsymbol{0}, \quad \boldsymbol{x} = c\begin{pmatrix}1 \\ -i\end{pmatrix}$$

固有空間：

$$E(\lambda_1) = \{\boldsymbol{x} : (\boldsymbol{A} - \lambda_1 \boldsymbol{I})\boldsymbol{x} = \boldsymbol{0}\} = \left\langle \boldsymbol{x}_1 = \begin{pmatrix}1 \\ i\end{pmatrix} = \begin{pmatrix}1 \\ 0\end{pmatrix} + i\begin{pmatrix}0 \\ 1\end{pmatrix} \right\rangle$$

$$E(\lambda_2) = \{\boldsymbol{x} : (\boldsymbol{A} - \lambda_2 \boldsymbol{I})\boldsymbol{x} = \boldsymbol{0}\} = \left\langle \boldsymbol{x}_2 = \begin{pmatrix}1 \\ -i\end{pmatrix} = \begin{pmatrix}1 \\ 0\end{pmatrix} - i\begin{pmatrix}0 \\ 1\end{pmatrix} \right\rangle$$

$$(\dim E(\lambda_1) = 1, \quad \dim E(\lambda_2) = 1)$$

複素数上のベクトル空間 $\boldsymbol{R}_C^2$ の直和分解： $\boldsymbol{R}_C^2 = E(\lambda_1) \oplus E(\lambda_2)$

b. スペクトル分解

射影：

$$\boldsymbol{P}_1 : \boldsymbol{R}_C^2 \rightarrow E(\lambda_1)$$

$$P_1 = \frac{1}{2i\beta}(A - \lambda_1 I) = \frac{1}{2}\begin{bmatrix} 1 & -i \\ i & 1 \end{bmatrix}$$

$$= \begin{bmatrix} \frac{1}{2} & 0 \\ 0 & \frac{1}{2} \end{bmatrix} + i \begin{bmatrix} 0 & -\frac{1}{2} \\ \frac{1}{2} & 0 \end{bmatrix} = Q_1 + iR_1$$

$$P_2 : R_C^2 \quad \to \quad E(\lambda_2)$$

$$P_2 = -\frac{1}{2i\beta}(A - \lambda_2 I) = \frac{1}{2}\begin{bmatrix} 1 & i \\ -i & 1 \end{bmatrix}$$

$$= \begin{bmatrix} \frac{1}{2} & 0 \\ 0 & \frac{1}{2} \end{bmatrix} - i \begin{bmatrix} 0 & -\frac{1}{2} \\ -\frac{1}{2} & 0 \end{bmatrix} = Q_1 - iR_1 = \overline{P_1}$$

スペクトル分解：

$$A = \lambda_1 P_1 + \lambda_2 P_2$$
$$= (\alpha + i\beta)(Q_1 + iR_1) + (\alpha - i\beta)(Q_1 - iR_1)$$
$$= 2(\alpha Q_1 - \beta R_1) \equiv 2\Re(\lambda_1 P_1)$$

c. 行列の指数関数

$$e^{At} = e^{(\lambda_1 P_1 + \lambda_2 P_2)t} = e^{\lambda_1 t} P_1 + e^{\lambda_2 t} P_2$$
$$= 2\Re(e^{\lambda_1 t} P_1) = 2\Re\{e^{(\alpha+i\beta)t}(Q_1 + iR_1)\}$$
$$= 2e^{\alpha t}\Re\{e^{i\beta t}(Q_1 + iR_1)\}$$
$$= 2e^{\alpha t}(\cos(\beta t)Q_1 - \sin(\beta t)R_1)$$
$$= c^{\alpha t}\begin{bmatrix} \cos(\beta t) & \sin(\beta t) \\ -\sin(\beta t) & \cos(\beta t) \end{bmatrix}$$

B.2　3次正方行列

3行3列の正方行列を考える．この行列は，その固有値の性質によって次の4種類の行列を対象とすればよいことになる．

1. 相異なる3つの実根を有する場合

$$\boldsymbol{A} = \begin{bmatrix} a & 0 & 0 \\ 0 & b & 0 \\ 0 & 0 & c \end{bmatrix} \quad \text{(対角化可能)}$$

2. 1つの実根と重根を有する場合

$$\boldsymbol{A} = \begin{bmatrix} a & 0 & 0 \\ 0 & b & 0 \\ 0 & 0 & b \end{bmatrix}, \quad \boldsymbol{A} = \begin{bmatrix} a & 0 & 0 \\ 0 & b & 0 \\ 0 & 1 & b \end{bmatrix}$$

（対角化可能）　　（対角化不可能）

3. 1つの実根と共役複素根を有する場合

$$\boldsymbol{A} = \begin{bmatrix} a & 0 & 0 \\ 0 & \alpha & \beta \\ 0 & -\beta & \alpha \end{bmatrix} \quad \text{(対角化可能)}$$

4. 3重根を有する場合

$$\boldsymbol{A} = \begin{bmatrix} a & 0 & 0 \\ 0 & a & 0 \\ 0 & 0 & a \end{bmatrix}, \quad \boldsymbol{A} = \begin{bmatrix} a & 0 & 0 \\ 1 & a & 0 \\ 0 & 0 & a \end{bmatrix}, \quad \boldsymbol{A} = \begin{bmatrix} a & 0 & 0 \\ 1 & a & 0 \\ 0 & 1 & a \end{bmatrix}$$

（対角化可能）　　（対角化不可能）　　（対角化不可能）

B.2.1 相異なる 3 実根を有する場合

a. 固有値問題

固有多項式： $P_{\boldsymbol{A}}(\lambda) = |\boldsymbol{A} - \lambda \boldsymbol{I}| = (\lambda - a)(\lambda - b)(\lambda - c)$

固有値： $\lambda_1 = a, \ \lambda_2 = b, \ \lambda_3 = c \quad (a, b, c$ は相異なる実数$)$

固有ベクトル：

$$(\boldsymbol{A} - a\boldsymbol{I})\boldsymbol{x} = \begin{bmatrix} 0 & 0 & 0 \\ 0 & b-a & 0 \\ 0 & 0 & c-a \end{bmatrix} \boldsymbol{x} = \boldsymbol{0}, \quad \boldsymbol{x} = h \begin{pmatrix} 1 \\ 0 \\ 0 \end{pmatrix} = h\boldsymbol{v}_1$$

$$(\boldsymbol{A} - b\boldsymbol{I})\boldsymbol{x} = \begin{bmatrix} a-b & 0 & 0 \\ 0 & 0 & 0 \\ 0 & 0 & c-a \end{bmatrix} \boldsymbol{x} = \boldsymbol{0}, \quad \boldsymbol{x} = h \begin{pmatrix} 0 \\ 1 \\ 0 \end{pmatrix} = h\boldsymbol{v}_2$$

$$(\boldsymbol{A} - c\boldsymbol{I})\boldsymbol{x} = \begin{bmatrix} a-c & 0 & 0 \\ 0 & b-c & 0 \\ 0 & 0 & 0 \end{bmatrix} \boldsymbol{x} = \boldsymbol{0}, \quad \boldsymbol{x} = h \begin{pmatrix} 0 \\ 0 \\ 1 \end{pmatrix} = h\boldsymbol{v}_3$$

（h：任意の定数）

固有空間：

$$E(\lambda_1) = \{\boldsymbol{x}: (\boldsymbol{A} - \lambda_1 \boldsymbol{I})\boldsymbol{x} = \boldsymbol{0}\} = \left\langle \begin{pmatrix} 1 \\ 0 \\ 0 \end{pmatrix} \right\rangle \quad (\dim\ E(\lambda_1) = 1)$$

$$E(\lambda_2) = \{\boldsymbol{x}: (\boldsymbol{A} - \lambda_2 \boldsymbol{I})\boldsymbol{x} = \boldsymbol{0}\} = \left\langle \begin{pmatrix} 0 \\ 1 \\ 0 \end{pmatrix} \right\rangle \quad (\dim\ E(\lambda_2) = 1)$$

$$E(\lambda_3) = \{\boldsymbol{x}: (\boldsymbol{A} - \lambda_3 \boldsymbol{I})\boldsymbol{x} = \boldsymbol{0}\} = \left\langle \begin{pmatrix} 0 \\ 0 \\ 1 \end{pmatrix} \right\rangle \quad (\dim\ E(\lambda_3) = 1)$$

$\boldsymbol{R}^3$ の直和分解： $\boldsymbol{R}^3 = E(\lambda_1) \oplus E(\lambda_2) \oplus E(\lambda_3)$

b. スペクトル分解

射影：

$$P_1: \boldsymbol{R}^3 \to E(\lambda_1)$$

$$\boldsymbol{P}_1 = \frac{(\boldsymbol{A} - b\boldsymbol{I})}{a-b}\frac{(\boldsymbol{A} - c\boldsymbol{I})}{a-c} = \begin{bmatrix} 1 & 0 & 0 \\ 0 & 0 & 0 \\ 0 & 0 & 0 \end{bmatrix}$$

$$P_2: \boldsymbol{R}^3 \to E(\lambda_2)$$

$$\boldsymbol{P}_2 = \frac{(\boldsymbol{A} - c\boldsymbol{I})}{b-c}\frac{(\boldsymbol{A} - a\boldsymbol{I})}{b-a} = \begin{bmatrix} 0 & 0 & 0 \\ 0 & 1 & 0 \\ 0 & 0 & 0 \end{bmatrix}$$

$$P_3: \boldsymbol{R}^3 \to E(\lambda_3)$$

$$\boldsymbol{P}_3 = \frac{(\boldsymbol{A} - a\boldsymbol{I})}{c-a}\frac{(\boldsymbol{A} - b\boldsymbol{I})}{c-b} = \begin{bmatrix} 0 & 0 & 0 \\ 0 & 0 & 0 \\ 0 & 0 & 1 \end{bmatrix}$$

スペクトル分解： $\boldsymbol{A} = a\boldsymbol{P}_1 + b\boldsymbol{P}_2 + c\boldsymbol{P}_3$

c. 行列の指数関数

$$e^{At} = e^{(aP_1+bP_2+cP_3)t} = e^{at}P_1 + e^{bt}P_2 + e^{ct}P_3$$

$$= \begin{bmatrix} e^{at} & 0 & 0 \\ 0 & 0 & 0 \\ 0 & 0 & 0 \end{bmatrix} + \begin{bmatrix} 0 & 0 & 0 \\ 0 & e^{bt} & 0 \\ 0 & 0 & 0 \end{bmatrix} + \begin{bmatrix} 0 & 0 & 0 \\ 0 & 0 & 0 \\ 0 & 0 & e^{ct} \end{bmatrix}$$

$$= \begin{bmatrix} e^{at} & 0 & 0 \\ 0 & e^{bt} & 0 \\ 0 & 0 & e^{ct} \end{bmatrix}$$

B.2.2　1つの実根と重根を有する場合

A. 対角化可能行列

　a. 固有値問題

固有多項式： $P_A(\lambda) = |A - \lambda I| = (\lambda - a)(\lambda - b)^2$

固有値： $\lambda_1 = a, \quad \lambda_2 = \lambda_3 = b \quad (a \neq b)$

固有ベクトル：

$$(A - aI)x = \begin{bmatrix} 0 & 0 & 0 \\ 0 & b-a & 0 \\ 0 & 0 & b-a \end{bmatrix} x = \mathbf{0}, \quad x = h_1 \begin{pmatrix} 1 \\ 0 \\ 0 \end{pmatrix}$$

$$(A - bI)x = \begin{bmatrix} a-b & 0 & 0 \\ 0 & 0 & 0 \\ 0 & 0 & 0 \end{bmatrix} x = \mathbf{0}, \quad x = h_2 \begin{pmatrix} 0 \\ 1 \\ 0 \end{pmatrix} + h_3 \begin{pmatrix} 0 \\ 0 \\ 1 \end{pmatrix}$$

　　　$(h_1, h_2, h_3 : 任意定数)$

固有空間：

$$E(\lambda_1) = \{x : (A - aI)x = \mathbf{0}\} = \left\langle \begin{pmatrix} 1 \\ 0 \\ 0 \end{pmatrix} \right\rangle \quad (\dim\ E(\lambda_1) = 1)$$

$$E(\lambda_2) = \{x : (A - bI)x = \mathbf{0}\} = \left\langle \begin{pmatrix} 0 \\ 1 \\ 0 \end{pmatrix}, \begin{pmatrix} 0 \\ 0 \\ 1 \end{pmatrix} \right\rangle \quad (\dim\ E(\lambda_2) = 2)$$

R^3 の直和分解： $R^3 = E(\lambda_1) \oplus E(\lambda_2)$

　b. スペクトル分解

　　射影：

$$P_1 : \ \boldsymbol{R}^3 \ \to \ E(\lambda_1)$$

$$P_1 = \frac{(\boldsymbol{A} - b\boldsymbol{I})^2}{(a-b)^2} = \begin{bmatrix} 1 & 0 & 0 \\ 0 & 0 & 0 \\ 0 & 0 & 0 \end{bmatrix}$$

$$P_2 : \ \boldsymbol{R}^3 \ \to \ E(\lambda_2)$$

$$P_2 = \boldsymbol{I} - P_1 = -\frac{(\boldsymbol{A} - a\boldsymbol{I})\{\boldsymbol{A} + (a - 2b)\boldsymbol{I}\}}{(a-b)^2} = \begin{bmatrix} 0 & 0 & 0 \\ 0 & 1 & 0 \\ 0 & 0 & 1 \end{bmatrix}$$

スペクトル分解： $\boldsymbol{A} = \lambda_1 \boldsymbol{P}_1 + \lambda_2 \boldsymbol{P}_2 = a\boldsymbol{P}_1 + b\boldsymbol{P}_2$

c. 行列の指数関数

$$\begin{aligned} e^{\boldsymbol{A}t} &= e^{(a\boldsymbol{P}_1 + b\boldsymbol{P}_2)t} = e^{at}\boldsymbol{P}_1 + e^{bt}\boldsymbol{P}_2 \\ &= e^{at}\begin{bmatrix} 1 & 0 & 0 \\ 0 & 0 & 0 \\ 0 & 0 & 0 \end{bmatrix} + e^{bt}\begin{bmatrix} 0 & 0 & 0 \\ 0 & 1 & 0 \\ 0 & 0 & 1 \end{bmatrix} \\ &= \begin{bmatrix} e^{at} & 0 & 0 \\ 0 & e^{bt} & 0 \\ 0 & 0 & e^{bt} \end{bmatrix} \end{aligned}$$

B. 対角化不可能行列

a. 固有値問題

固有多項式： $P_{\boldsymbol{A}}(\lambda) = |\boldsymbol{A} - \lambda \boldsymbol{I}| = (\lambda - a)(\lambda - b)^2$

固有値： $\lambda_1 = a, \quad \lambda_2 = \lambda_3 = b$

固有ベクトル：

$$(\boldsymbol{A} - a\boldsymbol{I})\boldsymbol{x} = \begin{bmatrix} 0 & 0 & 0 \\ 0 & b-a & 0 \\ 0 & 1 & b-a \end{bmatrix} \boldsymbol{x} = \boldsymbol{0}, \quad \boldsymbol{x} = h_1 \begin{pmatrix} 1 \\ 0 \\ 0 \end{pmatrix}$$

$$(\boldsymbol{A} - b\boldsymbol{I})\boldsymbol{x} = \begin{bmatrix} a-b & 0 & 0 \\ 0 & 0 & 0 \\ 0 & 1 & 0 \end{bmatrix} \boldsymbol{x} = \boldsymbol{0}, \quad \boldsymbol{x} = h_2 \begin{pmatrix} 0 \\ 0 \\ 1 \end{pmatrix}$$

固有空間：

$$E(\lambda_1) = \{\boldsymbol{x} : (\boldsymbol{A} - a\boldsymbol{I})\boldsymbol{x} = \boldsymbol{0}\} = \left\langle \begin{pmatrix} 1 \\ 0 \\ 0 \end{pmatrix} \right\rangle \qquad (\dim\ E(\lambda_1) = 1)$$

$$E(\lambda_2) = \{\boldsymbol{x} : (\boldsymbol{A} - b\boldsymbol{I})\boldsymbol{x} = \boldsymbol{0}\} = \left\langle \begin{pmatrix} 0 \\ 0 \\ 1 \end{pmatrix} \right\rangle \qquad (\dim\ E(\lambda_2) = 1)$$

$\boldsymbol{R}^3 \neq E(\lambda_1) \oplus E(\lambda_2)$ （$\boldsymbol{R}^3$ は固有空間による直和分解不可能）

一般固有空間：

$$F(\lambda_2) = \{\boldsymbol{x} : (\boldsymbol{A} - b\boldsymbol{I})^2 \boldsymbol{x} = \boldsymbol{0}\} = \left\langle \begin{pmatrix} 0 \\ 0 \\ 1 \end{pmatrix}, \begin{pmatrix} 0 \\ 1 \\ 0 \end{pmatrix} \right\rangle \qquad (\dim\ F(\lambda_2) = 2)$$

$\boldsymbol{R}^3$ の直和分解： $\boldsymbol{R}^3 = E(\lambda_1) \oplus F(\lambda_2)$

b. 一般スペクトル分解

射影：

$$\boldsymbol{P}_1 : \boldsymbol{R}^3 \to E(\lambda_1)$$

$$\boldsymbol{P}_1 = \frac{(\boldsymbol{A} - b\boldsymbol{I})^2}{(a-b)^2} = \begin{bmatrix} 1 & 0 & 0 \\ 0 & 0 & 0 \\ 0 & 0 & 0 \end{bmatrix}$$

$$\boldsymbol{P}_2 : \boldsymbol{R}^3 \to F(\lambda_2)$$

$$\boldsymbol{P}_2 = \boldsymbol{I} - \boldsymbol{P}_1 = -\frac{(\boldsymbol{A} - a\boldsymbol{I})\{\boldsymbol{A} + (a-2b)\boldsymbol{I}\}}{(a-b)^2} = \begin{bmatrix} 0 & 0 & 0 \\ 0 & 1 & 0 \\ 0 & 0 & 1 \end{bmatrix}$$

一般スペクトル分解：

$$\boldsymbol{A} = \widetilde{\boldsymbol{S}} + \widetilde{\boldsymbol{N}}$$

$$\widetilde{\boldsymbol{S}} := \lambda_1 \boldsymbol{P}_1 + \lambda_2 \boldsymbol{P}_2 = a\boldsymbol{P}_1 + b\boldsymbol{P}_2 = \begin{bmatrix} a & 0 & 0 \\ 0 & b & 0 \\ 0 & 0 & b \end{bmatrix}$$

$$\widetilde{\boldsymbol{N}} := \boldsymbol{A} - \widetilde{\boldsymbol{S}} = \begin{bmatrix} 0 & 0 & 0 \\ 0 & 0 & 0 \\ 0 & 1 & 0 \end{bmatrix} \quad (\widetilde{\boldsymbol{N}}^n = \boldsymbol{O}\ (n = 2, 3, \cdots),\ \widetilde{\boldsymbol{S}}\widetilde{\boldsymbol{N}} = \widetilde{\boldsymbol{N}}\widetilde{\boldsymbol{S}})$$

c. 行列の指数関数

$$e^{\boldsymbol{A}t} = e^{(\widetilde{\boldsymbol{S}}+\widetilde{\boldsymbol{N}})t} = e^{\widetilde{\boldsymbol{S}}t}e^{\widetilde{\boldsymbol{N}}t} = (e^{at}\boldsymbol{P}_1 + e^{bt}\boldsymbol{P}_2)(\boldsymbol{I}+\widetilde{\boldsymbol{N}}t)$$

$$= \left\{ \begin{bmatrix} e^{at} & 0 & 0 \\ 0 & 0 & 0 \\ 0 & 0 & 0 \end{bmatrix} + \begin{bmatrix} 0 & 0 & 0 \\ 0 & e^{bt} & 0 \\ 0 & 0 & e^{bt} \end{bmatrix} \right\} \begin{bmatrix} 1 & 0 & 0 \\ 0 & 1 & 0 \\ 0 & t & 1 \end{bmatrix}$$

$$= \begin{bmatrix} e^{at} & 0 & 0 \\ 0 & e^{bt} & 0 \\ 0 & te^{bt} & e^{bt} \end{bmatrix}$$

B.2.3　1つの実根と共役複素根を有する場合

a. 固有値問題

固有多項式：　$\boldsymbol{P_A}(\lambda) = |\boldsymbol{A} - \lambda\boldsymbol{I}|$
$$= (\lambda - a)\{\lambda - (\alpha + i\beta)\}\{\lambda - (\alpha - i\beta)\}$$

固有値：　$\lambda_1 = a$, $\lambda_2 = \alpha + i\beta$, $\lambda_3 = \alpha - i\beta = \overline{\lambda_2}$

固有ベクトル：

$$(\boldsymbol{A} - a\boldsymbol{I})\boldsymbol{x} = \begin{bmatrix} 0 & 0 & 0 \\ 0 & \alpha - a & \beta \\ 0 & -\beta & \alpha - a \end{bmatrix} \boldsymbol{x} = \boldsymbol{0}, \quad \boldsymbol{x} = h_1 \begin{pmatrix} 1 \\ 0 \\ 0 \end{pmatrix}$$

$$\{\boldsymbol{A} - (\alpha + i\beta)\boldsymbol{I}\}\boldsymbol{x} = \begin{bmatrix} a - (\alpha + i\beta) & 0 & 0 \\ 0 & -i\beta & \beta \\ 0 & -\beta & -i\beta \end{bmatrix} \boldsymbol{x} = \boldsymbol{0}, \quad \boldsymbol{x} = h_2 \begin{pmatrix} 0 \\ 1 \\ i \end{pmatrix}$$

$$\{\boldsymbol{A} - (\alpha - i\beta)\boldsymbol{I}\}\boldsymbol{x} = \begin{bmatrix} a - (\alpha - i\beta) & 0 & 0 \\ 0 & i\beta & \beta \\ 0 & -\beta & i\beta \end{bmatrix} \boldsymbol{x} = \boldsymbol{0}, \quad \boldsymbol{x} = h_3 \begin{pmatrix} 0 \\ 1 \\ -i \end{pmatrix}$$

固有空間：

$$E(\lambda_1) = \{\boldsymbol{x} :\ (\boldsymbol{A} - a\boldsymbol{I})\boldsymbol{x} = \boldsymbol{0}\} = \left\langle \begin{pmatrix} 1 \\ 0 \\ 0 \end{pmatrix} \right\rangle \quad (\dim\ E(\lambda_1) = 1)$$

$$E(\lambda_2) = \{\boldsymbol{x} :\ (\boldsymbol{A} - (\alpha + i\beta)\boldsymbol{I})\boldsymbol{x} = \boldsymbol{0}\} = \left\langle \begin{pmatrix} 0 \\ 1 \\ i \end{pmatrix} \right\rangle \quad (\dim\ E(\lambda_2) = 1)$$

$$E(\lambda_3) = \{\boldsymbol{x} : (\boldsymbol{A} - (\alpha - i\beta)\boldsymbol{I})\boldsymbol{x} = \boldsymbol{0}\} = \left\langle \begin{pmatrix} 0 \\ 1 \\ -i \end{pmatrix} \right\rangle \quad (\dim E(\lambda_3) = 1)$$

$\boldsymbol{R}_C^3$ の直和分解： $\boldsymbol{R}_C^3 = E(\lambda_1) \oplus E(\lambda_2) \oplus E(\lambda_3)$

b. スペクトル分解

　　射影：

$\boldsymbol{P}_1 : \boldsymbol{R}_C^3 \to E(\lambda_1)$

$$\boldsymbol{P}_1 = \frac{\{\boldsymbol{A} - (\alpha + i\beta)\boldsymbol{I}\}}{\lambda_1 - \lambda_2} \frac{\{\boldsymbol{A} - (\alpha - i\beta)\boldsymbol{I}\}}{\lambda_1 - \lambda_3}$$

$$= \begin{bmatrix} 1 & 0 & 0 \\ 0 & 0 & 0 \\ 0 & 0 & 0 \end{bmatrix}$$

$\boldsymbol{P}_2 : \boldsymbol{R}_C^3 \to E(\lambda_2)$

$$\boldsymbol{P}_2 = \frac{\{\boldsymbol{A} - (\alpha - i\beta)\boldsymbol{I}\}}{\lambda_2 - \lambda_3} \frac{(\boldsymbol{A} - a\boldsymbol{I})}{\lambda_2 - \lambda_1}$$

$$= \frac{1}{2i\beta} \begin{bmatrix} 0 & 0 & 0 \\ 0 & i\beta & \beta \\ 0 & -\beta & i\beta \end{bmatrix} = \begin{bmatrix} 0 & 0 & 0 \\ 0 & \frac{1}{2} & 0 \\ 0 & 0 & \frac{1}{2} \end{bmatrix} + i \begin{bmatrix} 0 & 0 & 0 \\ 0 & 0 & -\frac{1}{2} \\ 0 & \frac{1}{2} & 0 \end{bmatrix}$$

$$= \boldsymbol{Q}_2 + i\boldsymbol{R}_2$$

$\boldsymbol{P}_3 : \boldsymbol{R}_C^3 \to E(\lambda_3)$

$$\boldsymbol{P}_3 = \frac{\{\boldsymbol{A} - (\alpha + i\beta)\boldsymbol{I}\}}{\lambda_3 - \lambda_2} \frac{(\boldsymbol{A} - a\boldsymbol{I})}{\lambda_3 - \lambda_1}$$

$$= -\frac{1}{2i\beta} \begin{bmatrix} 0 & 0 & 0 \\ 0 & -i\beta & \beta \\ 0 & -\beta & -i\beta \end{bmatrix} = \begin{bmatrix} 0 & 0 & 0 \\ 0 & \frac{1}{2} & 0 \\ 0 & 0 & \frac{1}{2} \end{bmatrix} - i \begin{bmatrix} 0 & 0 & 0 \\ 0 & 0 & -\frac{1}{2} \\ 0 & \frac{1}{2} & 0 \end{bmatrix}$$

$$= \boldsymbol{Q}_2 - i\boldsymbol{R}_2 = \overline{\boldsymbol{P}_2}$$

　　スペクトル分解：

$$\begin{aligned}
\boldsymbol{A} &= \lambda_1 \boldsymbol{P}_1 + \lambda_2 \boldsymbol{P}_2 + \lambda_3 \boldsymbol{P}_3 = \lambda_1 \boldsymbol{P}_1 + 2\Re(\lambda_2 \boldsymbol{P}_2) \\
&= \lambda_1 \boldsymbol{P}_1 + 2(\alpha \boldsymbol{Q}_2 - \beta \boldsymbol{R}_2) \\
&= \begin{bmatrix} a & 0 & 0 \\ 0 & 0 & 0 \\ 0 & 0 & 0 \end{bmatrix} + 2\left(\alpha \begin{bmatrix} 0 & 0 & 0 \\ 0 & \frac{1}{2} & 0 \\ 0 & 0 & \frac{1}{2} \end{bmatrix} - \beta \begin{bmatrix} 0 & 0 & 0 \\ 0 & 0 & -\frac{1}{2} \\ 0 & \frac{1}{2} & 0 \end{bmatrix} \right)
\end{aligned}$$

c. 行列の指数関数

$$\begin{aligned}
e^{\boldsymbol{A}t} &= e^{(\lambda_1 \boldsymbol{P}_1 + \lambda_2 \boldsymbol{P}_2 + \lambda_3 \boldsymbol{P}_3)t} \\
&= e^{\lambda_1 t} \boldsymbol{P}_1 + e^{\lambda_2 t} \boldsymbol{P}_2 + e^{\lambda_3 t} \boldsymbol{P}_3 \\
&= e^{at} \boldsymbol{P}_1 + e^{\alpha t} e^{i\beta t} \boldsymbol{P}_2 + e^{\alpha t} e^{-i\beta t} \overline{\boldsymbol{P}_2} \\
&= e^{at} \boldsymbol{P}_1 + 2 e^{\alpha t}(\cos(\beta t) \boldsymbol{Q}_2 - \sin(\beta t) \boldsymbol{R}_2) \\
&= \begin{bmatrix} e^{at} & 0 & 0 \\ 0 & e^{\alpha t} \cos(\beta t) & e^{\alpha t} \sin(\beta t) \\ 0 & -e^{\alpha t} \sin(\beta t) & e^{\alpha t} \cos(\beta t) \end{bmatrix}
\end{aligned}$$

B.2.4 3重根を有する場合

A. 対角化可能行列

a. 固有値問題

固有多項式: $P_{\boldsymbol{A}}(\lambda) = |\boldsymbol{A} - \lambda \boldsymbol{I}| = (\lambda - a)^3$

固有値: $\lambda_1 = \lambda_2 = \lambda_3 \equiv \lambda = a$

固有ベクトル:

$$(\boldsymbol{A} - a\boldsymbol{I})\boldsymbol{x} = \begin{bmatrix} 0 & 0 & 0 \\ 0 & 0 & 0 \\ 0 & 0 & 0 \end{bmatrix} \boldsymbol{x} = \boldsymbol{0}$$

$$\boldsymbol{x} = h_1 \begin{pmatrix} 1 \\ 0 \\ 0 \end{pmatrix} + h_2 \begin{pmatrix} 0 \\ 1 \\ 0 \end{pmatrix} + h_3 \begin{pmatrix} 0 \\ 0 \\ 1 \end{pmatrix}$$

固有空間:

$$\begin{aligned}
E(\lambda) &= \{\boldsymbol{x} : (\boldsymbol{A} - a\boldsymbol{I})\boldsymbol{x} = \boldsymbol{0}\} \\
&= \left\langle \begin{pmatrix} 1 \\ 0 \\ 0 \end{pmatrix}, \begin{pmatrix} 0 \\ 1 \\ 0 \end{pmatrix}, \begin{pmatrix} 0 \\ 0 \\ 1 \end{pmatrix} \right\rangle \quad (\dim\ E(\lambda) = 3)
\end{aligned}$$

$\boldsymbol{R}^3$ の直和分解： $\quad \boldsymbol{R}^3 = E(\lambda)$

b. スペクトル分解

$$\text{射影：} \quad \boldsymbol{P}: \boldsymbol{R}^3 \to E(\lambda) \equiv \boldsymbol{R}^3, \quad \boldsymbol{P} = \boldsymbol{I}$$
$$\text{スペクトル分解：} \quad \boldsymbol{A} = \lambda \boldsymbol{P} = a\boldsymbol{I}$$

c. 行列の指数関数

$$e^{\boldsymbol{A}t} = e^{\lambda \boldsymbol{P} t} = e^{at}\boldsymbol{P} = e^{at}\boldsymbol{I} = \begin{bmatrix} e^{at} & 0 & 0 \\ 0 & e^{at} & 0 \\ 0 & 0 & e^{at} \end{bmatrix}$$

B. 対角化不可能行列（その 1）

a. 固有値問題

固有多項式： $P_{\boldsymbol{A}}(\lambda) = |\boldsymbol{A} - \lambda \boldsymbol{I}| = (\lambda - a)^3$

固有値： $\quad \lambda_1 = \lambda_2 = \lambda_3 \equiv \lambda = a$

固有ベクトル：

$$(\boldsymbol{A} - a\boldsymbol{I})\boldsymbol{x} = \begin{bmatrix} 0 & 0 & 0 \\ 1 & 0 & 0 \\ 0 & 0 & 0 \end{bmatrix} \boldsymbol{x} = \boldsymbol{0}$$

$$\boldsymbol{x} = h_1 \begin{pmatrix} 0 \\ 1 \\ 0 \end{pmatrix} + h_2 \begin{pmatrix} 0 \\ 0 \\ 1 \end{pmatrix}$$

固有空間：

$$E(\lambda) = \{\boldsymbol{x} : (\boldsymbol{A} - a\boldsymbol{I})\boldsymbol{x} = \boldsymbol{0}\} = \left\langle \begin{pmatrix} 0 \\ 1 \\ 0 \end{pmatrix}, \begin{pmatrix} 0 \\ 0 \\ 1 \end{pmatrix} \right\rangle$$

$(\dim\ E(\lambda) = 2)$

$\boldsymbol{R}^3 \neq E(\lambda) \quad$（$\boldsymbol{R}^3$ は固有空間による直和分解不可能）

一般固有空間：

$$F(\lambda) = \{\boldsymbol{x} : (\boldsymbol{A} - a\boldsymbol{I})^2 \boldsymbol{x} = \boldsymbol{0}\} = \left\langle \begin{pmatrix} 0 \\ 1 \\ 0 \end{pmatrix}, \begin{pmatrix} 0 \\ 0 \\ 1 \end{pmatrix}, \begin{pmatrix} 1 \\ 0 \\ 0 \end{pmatrix} \right\rangle$$

$$(\dim F(\lambda) = 3)$$

$\boldsymbol{R}^3$ の一般固有空間による直和分解： $\boldsymbol{R}^3 = F(\lambda)$

b. 一般スペクトル分解

射影： $\boldsymbol{P} : \boldsymbol{R}^3 \to F(\lambda) \equiv \boldsymbol{R}^3, \quad \boldsymbol{P} = \boldsymbol{I}$

一般スペクトル分解： $\boldsymbol{A} = \widetilde{\boldsymbol{S}} + \widetilde{\boldsymbol{N}}$

$$\widetilde{\boldsymbol{S}} := \lambda \boldsymbol{P} = a\boldsymbol{I} = \begin{bmatrix} a & 0 & 0 \\ 0 & a & 0 \\ 0 & 0 & a \end{bmatrix}$$

$$\widetilde{\boldsymbol{N}} := \boldsymbol{A} - \widetilde{\boldsymbol{S}} = \boldsymbol{A} - a\boldsymbol{I} = \begin{bmatrix} 0 & 0 & 0 \\ 1 & 0 & 0 \\ 0 & 0 & 0 \end{bmatrix}$$

$(\widetilde{\boldsymbol{N}}^n = \boldsymbol{O} \ (n = 2, 3, \cdots), \ \widetilde{\boldsymbol{S}}\widetilde{\boldsymbol{N}} = \widetilde{\boldsymbol{N}}\widetilde{\boldsymbol{S}})$

c. 行列の指数関数

$$e^{\boldsymbol{A}t} = e^{(\widetilde{\boldsymbol{S}}+\widetilde{\boldsymbol{N}})t} = e^{a\boldsymbol{I}t}e^{\widetilde{\boldsymbol{N}}t} = e^{at}\boldsymbol{I}e^{\widetilde{\boldsymbol{N}}t}$$

$$= e^{at}(\boldsymbol{I} + t\widetilde{\boldsymbol{N}}) = e^{at}\begin{bmatrix} 1 & 0 & 0 \\ t & 1 & 0 \\ 0 & 0 & 1 \end{bmatrix}$$

$$= \begin{bmatrix} e^{at} & 0 & 0 \\ te^{at} & e^{at} & 0 \\ 0 & 0 & e^{at} \end{bmatrix}$$

B. 対角化不可能行列（その 2）

a. 固有値問題

固有多項式： $P_{\boldsymbol{A}}(\lambda) = |\boldsymbol{A} - a\boldsymbol{I}| = (\lambda - a)^3$

固有値： $\lambda_1 = \lambda_2 = \lambda_3 \equiv \lambda = a$

固有ベクトル：

$$(\boldsymbol{A} - a\boldsymbol{I})\boldsymbol{x} = \begin{bmatrix} 0 & 0 & 0 \\ 1 & 0 & 0 \\ 0 & 1 & 0 \end{bmatrix} \boldsymbol{x} = \boldsymbol{0}, \quad \boldsymbol{x} = h\begin{pmatrix} 0 \\ 0 \\ 1 \end{pmatrix}$$

固有空間：

$$E(\lambda) = \{\boldsymbol{x} : (\boldsymbol{A} - a\boldsymbol{I})\boldsymbol{x} = \boldsymbol{0}\} = \left\{ \begin{pmatrix} 0 \\ 0 \\ 1 \end{pmatrix} \right\} \quad (\dim E(\lambda) = 1)$$

$\boldsymbol{R}^3 \neq E(\lambda)$ 　（$\boldsymbol{R}^3$ は固有空間による直和分解不可能）

一般固有空間：

$$F(\lambda) = \{\boldsymbol{x} : (\boldsymbol{A} - a\boldsymbol{I})^3 \boldsymbol{x} = \boldsymbol{0}\} = \left\langle \begin{pmatrix} 1 \\ 0 \\ 0 \end{pmatrix}, \begin{pmatrix} 0 \\ 1 \\ 0 \end{pmatrix}, \begin{pmatrix} 0 \\ 0 \\ 1 \end{pmatrix} \right\rangle$$

$(\dim F(\lambda) = 3)$

$\boldsymbol{R}^3$ の一般固有空間による直和分解： 　 $\boldsymbol{R}^3 = F(\lambda)$

b. 一般スペクトル分解

　射影： 　 $\boldsymbol{P} : \boldsymbol{R}^3 \to F(\lambda) \equiv \boldsymbol{R}^3, \ \boldsymbol{P} = \boldsymbol{I}$

　一般スペクトル分解： 　 $\boldsymbol{A} = \widetilde{\boldsymbol{S}} + \widetilde{\boldsymbol{N}}$

$$\widetilde{\boldsymbol{S}} := \lambda \boldsymbol{P} = a\boldsymbol{I} = \begin{bmatrix} a & 0 & 0 \\ 0 & a & 0 \\ 0 & 0 & a \end{bmatrix}$$

$$\widetilde{\boldsymbol{N}} := \boldsymbol{A} - \widetilde{\boldsymbol{S}} = \boldsymbol{A} - a\boldsymbol{I} = \begin{bmatrix} 0 & 0 & 0 \\ 1 & 0 & 0 \\ 0 & 1 & 0 \end{bmatrix}$$

$(\ \widetilde{\boldsymbol{N}}^n = \boldsymbol{O} \ (n=3, 4, \cdots), \ \widetilde{\boldsymbol{S}}\widetilde{\boldsymbol{N}} = \widetilde{\boldsymbol{N}}\widetilde{\boldsymbol{S}}\ )$

c. 行列の指数関数

$$e^{\boldsymbol{A}t} = e^{(\widetilde{\boldsymbol{S}} + \widetilde{\boldsymbol{N}})t} = e^{\widetilde{\boldsymbol{S}}t} e^{\widetilde{\boldsymbol{N}}t} = e^{a\boldsymbol{I}} e^{\widetilde{\boldsymbol{N}}t} = e^{at} \boldsymbol{I} e^{\widetilde{\boldsymbol{N}}t}$$

$$= e^{at} \left(\boldsymbol{I} + t\widetilde{\boldsymbol{N}} + \frac{t^2}{2} \widetilde{\boldsymbol{N}}^2 \right)$$

$$= e^{at} \left(\begin{bmatrix} 1 & 0 & 0 \\ 0 & 1 & 0 \\ 0 & 0 & 1 \end{bmatrix} + t \begin{bmatrix} 0 & 0 & 0 \\ 1 & 0 & 0 \\ 0 & 1 & 0 \end{bmatrix} + \frac{t^2}{2} \begin{bmatrix} 0 & 0 & 0 \\ 0 & 0 & 0 \\ 1 & 0 & 0 \end{bmatrix} \right)$$

$$= \begin{bmatrix} e^{at} & 0 & 0 \\ te^{at} & e^{at} & 0 \\ \frac{t^2}{2} e^{at} & te^{at} & e^{at} \end{bmatrix}$$

演習問題解答

第1章

1. 関数を微分することによって，そこに含まれる各定数を消去すると微分方程式が得られる．

    a. $2ax = \dfrac{d^2y}{dx^2}(x)$, $b = \dfrac{dy}{dx}(x) - \dfrac{d^2y}{dx^2}(x)$

    b. 関数を x について微分し，1階および2階導関数から定数 a, b を消去する．

    c. 陰関数表示の両辺を x で微分すると，定数 c が消去され $y(x)\dfrac{dy}{dx}(x) + x = 0$ を得る．

    d. x の3次関数 $y(x)$ は4回微分すると零となる．

2. 曲線の接線の勾配は，$\dfrac{dy}{dx}(x)$ である．したがって法線の勾配は，$-(\dfrac{dy}{dx})^{-1}$ で与えられる．曲線の任意の点 (x_0, y_0) を通る法線は，$y - y_0 = -(\dfrac{dy}{dx})^{-1}(x - x_0)$ となる．この法線が原点を通ることから，$\dfrac{dy}{dx} = -\dfrac{x}{y}$ を得る．上記の問題 1.c より，求める曲線は原点を中心とした同心円である．

3. 柱状構造物を軸対称として，その軸の先端から鉛直下方に x 軸を設定する．任意の位置 x における断面積を $A(x)$ とし，その点における応力度を $\sigma(x)$ とすると，
$$\sigma(x) = \dfrac{P + \rho \displaystyle\int_0^x A(t)dt}{A(x)}$$
となる．この応力度が断面のどの部分でも等しいので，$\sigma(x) \equiv \sigma_0$ とすると，$\sigma_0 A(x) = P + \rho \displaystyle\int_0^x A(t)dt$ となる．この両辺を x で微分して次の微分方程式を得る．
$$\dfrac{dA}{dx}(x) = \dfrac{\rho}{\sigma_0} A(x)$$

なお，この微分方程式を解くと，断面形状として $A(x) = \dfrac{P}{\sigma_0} e^{\frac{\rho}{\sigma_0}x}$ が得られる．

4. ヒントより，その右辺を変形し，部分積分法を適用することによって次の結果を得る．

$$\int_0^1 1\Big\{\int_0^t f(s)ds\Big\}dt = \int_0^x \frac{dt}{dt}\Big\{\int_0^t f(s)ds\Big\}dt$$
$$= \int_0^x \Big\{\frac{d}{dx}\Big(t\int_0^t f(s)ds\Big) - t\frac{d}{dx}\int_0^t f(s)ds\Big\}dt$$
$$= \Big[t\int_0^t f(s)ds\Big]_0^x - \int_0^x tf(t)dt$$
$$= x\int_0^x f(s)ds - \int_0^x tf(t)dt = \int_0^x (x-t)f(t)dt$$

5. 微分方程式を 2 回 x で積分すると，上記の問題 4 の結果を考慮することによって次の表現を得る．

$$\frac{du}{dx}(x) = \frac{du}{dx}(0) + \int_0^x f(t)dt$$
$$u(x) = u(0) + \frac{du}{dx}(0)x + \int_0^x (x-t)f(t)dt$$

a. $\dfrac{du}{dx}(0) = v_1 - \displaystyle\int_0^1 f(t)dt$ を $u(x)$ に代入して次の解を得る．

$$u(x) = u_0 + v_1 x + \int_0^x (x-t)f(t)dt - x\int_0^1 f(t)dt$$

b. $u(0) = u_1 - v_0 - \displaystyle\int_0^1 (1-t)f(t)dt$ を $u(x)$ に代入して次の解を得る．

$$u(x) = u_1 + v_0(x-1) + \int_0^x (x-t)f(t)dt - \int_0^1 (1-t)f(t)dt$$

c. 問題の境界条件から $u(0)$ を定められないので，次のように未定の $u(0)$ を含む解となる．

$$u(x) = u(0) + v_0 x + \int_0^x (x-t)f(t)dt$$

第 2 章

1. 公式 (2.21) を用いる．

   a. $u(x) = ce^x - (x+1)$

   b. $u(x) = ce^x - \dfrac{1}{2}(\cos x + \sin x)$

   c. $u(x) = \dfrac{1}{\cos x}(c - \sin^2 x) = \bar{c}\dfrac{1}{\cos x} + \cos x$

2. 与えられた微分方程式を次のように書き換える．

$$\frac{du}{dx}(x)u(x)^{-n} + p(x)u(x)^{1-n} = f(x)$$

   a. $\dfrac{dv}{dx}(x) + p(x)(1-n)v(x) = f(x)(1-n)$

   b. $v(x) = e^{-\int p(x)(1-n)dx}\left[c + \int e^{\int p(x)(1-n)dx}(1-n)f(x)dx\right]$

   c. $\dfrac{dv}{dx}(x) - \dfrac{1}{x}v(x) = -x^2 \quad \rightarrow \quad v(x) = cx - \dfrac{1}{2}x^3 \quad \rightarrow$
   $u(x) = \left(cx - \dfrac{1}{2}x^3\right)^{-1}$

3. 変数分離型微分表現に書き換えて積分することで解が得られる．

   a. $\dfrac{du}{1+u(x)} = -\dfrac{dx}{1+x} \quad \rightarrow \quad u(x) = \dfrac{c}{1+x} - 1$

   b. $\dfrac{u(x)du}{u(x)^2+1} = -\dfrac{xdx}{x^2+1} \quad \rightarrow \quad u(x)^2 = \dfrac{c}{x^2+1} - 1$

4. a. 関数 $v(x)$ に関する微分方程式 $x\dfrac{dv}{dx}(x) = \dfrac{1+v(x)^2}{1-v(x)}$ を導く．さらに，変数分離型微分表現 $\dfrac{1-v(x)}{1+v(x)^2}dv = \dfrac{1}{x}dx$ を解いて，$\log|cx\sqrt{1+v(x)^2}| = \arctan v(x)$ を得る．

   b. 変数変換すると，$v(x) = \dfrac{u(x)}{x} = \tan\phi$ となるので，$\log cr = \phi \quad \rightarrow$
   $r = \bar{c}e^\phi$ となる．

第 3 章

1. $\boldsymbol{A}^n = \boldsymbol{O}, \quad \boldsymbol{B}^n = \boldsymbol{O} \quad (n \geq 2)$ に注意する．

   a. $\boldsymbol{AB} = \begin{bmatrix} 1 & 0 \\ 0 & 0 \end{bmatrix}, \quad \boldsymbol{BA} = \begin{bmatrix} 0 & 0 \\ 0 & 1 \end{bmatrix}$

b. $A+B = \begin{bmatrix} 0 & 1 \\ 1 & 0 \end{bmatrix}$ の固有値は，$\lambda = \pm 1$ となるのでスペクトル分解は次のようになる．
$$A+B = 1P_1 + (-1)P_2, \quad P_1 = \frac{1}{2}\begin{bmatrix} 1 & 1 \\ 1 & 1 \end{bmatrix}, \quad P_2 = \frac{1}{2}\begin{bmatrix} 1 & -1 \\ -1 & 1 \end{bmatrix}$$

c. $e^{A} = I + A + \cdots = I + A = \begin{bmatrix} 1 & 1 \\ 0 & 1 \end{bmatrix}$

$e^{B} = I + B + \cdots = I + B = \begin{bmatrix} 1 & 0 \\ 1 & 1 \end{bmatrix}$

d. $e^{At} = I + At = \begin{bmatrix} 1 & t \\ 0 & 1 \end{bmatrix}, \quad e^{Bt} = I + Bt = \begin{bmatrix} 1 & 0 \\ t & 1 \end{bmatrix}$

e. $e^{At}e^{Bt} = \begin{bmatrix} 1+t^2 & t \\ t & 1 \end{bmatrix}$

f. $e^{(A+B)t} = I + t(P_1 - P_2) + \dfrac{t^2}{2}(P_1 - P_2)^2 + \cdots$

$= e^{t}P_1 + e^{-t}P_2 = \begin{bmatrix} \cosh t & \sinh t \\ \sinh t & \cosh t \end{bmatrix}$

2. 連立微分方程式を行列表現すると，次式を得る．

$$\frac{d}{dt}\begin{pmatrix} u(t) \\ v(t) \end{pmatrix} = \begin{bmatrix} -1 & 4 \\ 1 & -1 \end{bmatrix}\begin{pmatrix} u(t) \\ v(t) \end{pmatrix}, \quad A = \begin{bmatrix} -1 & 4 \\ 1 & -1 \end{bmatrix}, \quad u(t) = \begin{pmatrix} u(t) \\ v(t) \end{pmatrix}$$

この係数行列の固有値は，$\lambda_1 = -3$，$\lambda_2 = 1$ となるので，行列の指数関数は次のようになる．

$$e^{At} = e^{-3t}P_1 + e^{t}P_2, \quad P_1 = \begin{bmatrix} \dfrac{1}{2} & -1 \\ -\dfrac{1}{4} & \dfrac{1}{2} \end{bmatrix}, \quad P_2 = \begin{bmatrix} \dfrac{1}{2} & 1 \\ \dfrac{1}{4} & \dfrac{1}{2} \end{bmatrix}$$

a. $u(t) = e^{At}c = e^{At}u(0) = \begin{bmatrix} \dfrac{1}{2}(e^{-3t} + e^{t}) & -e^{-3t} + e^{t} \\ \dfrac{1}{4}(-e^{-3t} + e^{t}) & \dfrac{1}{2}(e^{-3t} + e^{t}) \end{bmatrix}\begin{pmatrix} u(0) \\ v(0) \end{pmatrix}$

b. $\dfrac{d^2 u}{dt^2}(t) + 2\dfrac{du}{dx}(t) - 3u(t) = 0, \quad u(t) = c_1 e^{-3t} + c_2 e^{t}$

c. $\boldsymbol{u}(t) = \begin{pmatrix} \left(\frac{1}{2}u_0 - v_0\right)e^{-3t} + \left(\frac{1}{2}u_0 + v_0\right)e^t \\ \left(-\frac{1}{4}u_0 + \frac{1}{2}v_0\right)e^{-3t} + \left(\frac{1}{4}u_0 + \frac{1}{2}v_0\right)e^t \end{pmatrix}$

一方, b. より境界条件を考慮して $u(x) = \left(\frac{1}{2}u_0 - v_0\right)e^{-3t} + \left(\frac{1}{2}u_0 + v_0\right)e^t$ となり一致する.

3. 連立微分方程式を行列表現すると, 次式を得る.

$$\frac{d}{dt}\begin{pmatrix} u(t) \\ v(t) \end{pmatrix} = \begin{bmatrix} -2 & -1 \\ -6 & -1 \end{bmatrix}\begin{pmatrix} u(t) \\ v(t) \end{pmatrix} + \begin{pmatrix} t^2 \\ t^2 - t \end{pmatrix}, \quad \left(\frac{d}{dt}\boldsymbol{u}(t) = \boldsymbol{A}\boldsymbol{u}(t) + \boldsymbol{f}(t)\right)$$

係数行列 $\boldsymbol{A}$ の固有値は, $\lambda_1 = -4$, $\lambda_2 = 1$ となり, スペクトル分解を用いて, $e^{\boldsymbol{A}t}$ は, 次のようになる.

$$e^{\boldsymbol{A}t}(t) = e^{-4t}\boldsymbol{P}_1 + e^t\boldsymbol{P}_2, \quad \boldsymbol{P}_1 = -\frac{1}{5}\begin{bmatrix} -3 & -1 \\ -6 & -2 \end{bmatrix}, \quad \boldsymbol{P}_2 = \frac{1}{5}\begin{bmatrix} 2 & -1 \\ -6 & 3 \end{bmatrix}$$

a. $\boldsymbol{u}(t) = e^{\boldsymbol{A}t}\boldsymbol{u}(0) + \int_0^t e^{\boldsymbol{A}(t-s)}\boldsymbol{f}(s)ds$

$= \begin{bmatrix} \frac{1}{5}(3e^{-4t} + 2e^t) & \frac{1}{5}(e^{-4t} - e^t) \\ \frac{1}{5}(6e^{-4t} - 6e^t) & \frac{1}{5}(2e^{-4t} + 3e^t) \end{bmatrix}\boldsymbol{u}(0)$

$+ \begin{pmatrix} -\frac{3}{80}e^{-4t} + \frac{3}{5}e^t - \frac{3}{4}t - \frac{9}{16} \\ -\frac{3}{40}e^{-4t} - \frac{9}{5}e^t + t^2 + \frac{3}{2}t + \frac{15}{8} \end{pmatrix}$

b. $\frac{d^2u}{dt^2}(t) + 3\frac{du}{dt}(t) - 4u(t) = 3t, \quad u(t) = c_1 e^{-4t} + c_2 e^t - \frac{3}{4}t - \frac{9}{16}$

c. $\boldsymbol{u}(t)$

$= \begin{pmatrix} \frac{1}{5}(3e^{-4t} + 2e^t)u_0 + \frac{1}{5}(e^{-4t} - e^t)v_0 - \frac{3}{80}e^{-4t} + \frac{3}{5}e^t - \frac{3}{4}t - \frac{9}{16} \\ \frac{1}{5}(6e^{-4t} - 6e^t)u_0 + \frac{1}{5}(2e^{-4t} + 3e^t)v_0 - \frac{3}{40}e^{-4t} - \frac{9}{5}e^t + t^2 + \frac{3}{2}t + \frac{15}{8} \end{pmatrix}$

$u(t) = \left(\frac{3}{5}u_0 + \frac{1}{5}v_0 - \frac{3}{80}\right)e^{-4t} + \left(\frac{2}{5}u_0 - \frac{1}{5}v_0 + \frac{3}{5}\right)e^t - \frac{3}{4}t - \frac{9}{16}$

となり, 両解は一致する.

第 4 章

1. a. $u(x) * v(x) = \int_0^x u(x-t)v(t)dt$ （変数変換：$\tau = x-t, d\tau = -dt$)
$$= \int_x^0 u(\tau)v(x-\tau)(-d\tau) = \int_0^x v(x-\tau)u(\tau)d\tau = v(x) * u(x)$$

b. $\dfrac{du}{dx}(x) * v(x) = \int_0^x \dfrac{du}{dx}(x-t)v(t)dt = -\int_x^0 \dfrac{du}{dx}(\tau)v(x-\tau)d\tau$
$$= \int_0^x \dfrac{du}{dx}(\tau)v(x-\tau)d\tau = \int_0^x v(x-\tau)\dfrac{du}{d\tau}(\tau)d\tau = v(x) * \dfrac{du}{dx}(x)$$

c. 左辺 $= \int_0^x \{a_1 u_1(x-t) + a_2 u_2(x-t)\}v(t)dt$
$$= \int_0^x \{a_1 u_1(x-t)v(t) + a_2 u_2(x-t)v(t)\}dt$$
$$= \int_0^x a_1 u_1(x-t)v(t)dt + \int_0^x a_2 u_2(x-t)v(t)dt$$
$$= a_1 \int_0^x u_1(x-t)v(t)dt + a_2 \int_0^x u_2(x-t)v(t)dt$$
$$= a_1(u_1(x) * v(x)) + a_2(u_2(x) * v(x))$$

d. $\dfrac{du}{dx}(x) * v(x) = \int_0^x \dfrac{du}{dx}(x-t)v(t)dt$
$$= \int_x^0 \dfrac{du}{dT}(T)v(x-T)(-dT) \quad \text{（変数変換}: T = x-t\text{）}$$
$$= \int_0^x \dfrac{du}{dT}(T)v(x-T)dT = [u(T)v(x-T)]_0^x - \int_0^x u(T)\dfrac{dv}{dT}(x-T)dT$$
$$= u(x)v(x-x) - u(0)v(x-0) - \int_x^0 u(x-t)(-1)\dfrac{dv}{dt}(t)(-dt)$$
$$= u(x)v(0) - u(0)v(x) + \int_0^x u(x-t)\dfrac{dv}{dt}(t)dt = \text{右辺}$$

2. 性質 1. $u(x) * v(x) = \int_0^x \{(x-t)^2 + 2(x-t)\}(2t^2-1)dt$
$$= \dfrac{x^5}{15} + \dfrac{x^4}{3} - \dfrac{x^3}{3} - x^2$$
$v(x) * u(x) = \int_0^x \{2(x-t)^2 - 1\}(t^2+2t)dt = \dfrac{x^5}{15} + \dfrac{x^4}{3} - \dfrac{x^3}{3} - x^2$
$$= u(x) * v(x)$$

$\dfrac{du}{dx}(x) * v(x) = \int_0^x \{2(x-t)+2\}(2t^2-1)dt = \dfrac{x^4}{3} + \dfrac{4x^3}{3} - x^2 - 2x$

$v(x) * \dfrac{du}{dx}(x) = \int_0^x \{2(x-t)^2 - 1\}2(t+1)dt = \dfrac{x^4}{3} + \dfrac{4x^3}{3} - x^2 - 2x$

$$= \frac{du}{dx}(x) * v(x)$$

$$u(x) * \frac{dv}{dx}(x) = \int_0^x \{(x-t)^2 + 2(x-t)\}4t dt = \frac{x^4}{3} + \frac{4x^3}{3}$$

$$\frac{dv}{dx}(x) * u(x) = \int_0^x 4(x-t)(t^2+2t)dt = \frac{x^4}{3} + \frac{4x^3}{3} = u(x) * \frac{dv}{dx}(x)$$

$$\frac{du}{dx}(x) * \frac{dv}{dx}(x) = \int_0^x 2(x-t+1)4t dt = \frac{4x^3}{3} + 4x^2 = \frac{dv}{dx}(x) * \frac{du}{dx}(x)$$

$$= \int_0^x 4(x-t)(2t+2)dt$$

性質 3. $\frac{d}{dx}(u(x) * v(x)) = \frac{x^4}{3} + \frac{4x^3}{3} - x^2 - 2x$

右辺 $= 0v(x) + \frac{x^4}{3} + \frac{4x^3}{3} - x^2 - 2x = (-1)(x^2+2x) + \frac{x^4}{3} + \frac{4x^3}{3}$

性質 4. $\frac{du}{dx}(x) * v(x) = \frac{x^4}{3} + \frac{4x^3}{3} - x^2 - 2x$

$$= (x^2+2x)(-1) - 0v(x) + \frac{x^4}{3} + \frac{4x^3}{3} = 右辺$$

$$u(x) * \frac{dv}{dx}(x) = \frac{x^4}{3} + \frac{4x^3}{3}$$

$$= 0v(x) - (x^2+2x)(-1) + \frac{x^4}{3} + \frac{4x^3}{3} - x^2 - 2x = 右辺$$

3. a. 相反性：$v(x) * \frac{du}{dx}(x) = v(0)u(x) - v(x)u(0) + \frac{dv}{dx}(x)$ を用いると，次の等式が成り立つ．

$$v(x) * \frac{d^2u}{dx^2}(x) = v(0)\frac{du}{dx}(x) - v(x)\frac{du}{dx}(0) + \frac{dv}{dx}(x) * \frac{du}{dx}(x),$$

$$\frac{dv}{dx}(x) * \frac{du}{dx}(x) = \frac{dv}{dx}(0)u(x) - \frac{dv}{dx}(x)u(0) + \frac{d^2v}{dx^2}(x) * u(x)$$

を上式に代入することによって証明することができる．

b. $v(x) * \frac{d^2u}{dx^2}(x) = \int_0^x \{3(x-t)^3 - (x-t)\}(6t+4)dt$

$$= \frac{9x^5}{10} + 3x^4 - x^3 - 2x^2$$

右辺 $= 0(3x^4+4x) - (3x^3-x)0 + (-1)(x^3+2x^2) - (9x^2-1)0$

$$+ \frac{9x^5}{10} + 3x^4$$

4. 第 4 章 4.3.2 項の結果を参照する．

a. $G(x) = \frac{1}{5}(e^{3x} - e^{-2x}); \quad u(x) = \frac{8}{15}e^{3x} + \frac{4}{5}e^{-2x} - \frac{1}{3}$

b. $G(x) = \sin x$; $u(x) = 6\cos x - 4\sin x + (x^2 + 2x - 2)$

c. $G(x) = xe^x$; $u(x) = \left(1 + x + \dfrac{1}{2}x^2\right)e^x$

d. $G(x) = xe^{2x}$; $u(x) = (-3x - 5)e^{2x} + (x^2 - 4x + 6)e^{3x}$

第 5 章

1. 条件：$G(0) = 0$, $\dfrac{dG}{dx}(0) = 1$, $\dfrac{d^2G}{dx^2}(x) = 0$ を満たす $G(x) = x$ を用いる．

   a. $u(x) = u_1 + (x-1)v_0 + \displaystyle\int_0^1 G(x,t)dt$

   $G(x,t) = \begin{cases} 1 - x & (\ 0 < t < x\ ) \\ 1 - t & (\ x < t < 1\ ) \end{cases}$

   b. $f(x) = p$ の場合：
   $$\int_0^1 G(x,t)p\,dt = p\left(\int_0^x (1-x)dt + \int_x^1 (1-t)dt\right) = \dfrac{p}{2}(1-x^2)$$
   解： $u(x) = u_1 + (x-1)v_0 + \dfrac{p}{2}(1-x^2)$

   $f(x) = x$ の場合：
   $$\int_0^1 G(x,t)x\,dt = \int_0^x (1-x)t\,dt + \int_x^1 (1-t)t\,dt = \dfrac{1}{6}(1-x^3)$$
   解： $u(x) = u_1 + (x-1)v_0 + \dfrac{1}{6}(1-x^3)$

2. 条件：$G(0) = 0$, $\dfrac{dG}{dx}(0) = 1$, $\dfrac{d^2G}{dx^2}(x) - k^2 G(x) = 0$ を満たす $G(x) = \dfrac{1}{k}\sinh(kx)$ を用いる．

   a. $u(x) = \{\cosh(kx) - \coth(k)\sinh(kx)\}u_0 + \dfrac{\sinh(kx)}{\sinh(k)}u_1$
   $\qquad + \dfrac{1}{2k\sinh(k)} \displaystyle\int_0^1 G(x,t)f(t)dt$

   $G(x,t) = \begin{cases} \cosh\{k(1-x+t)\} - \cosh\{k(-1+x+t)\} & (\ 0 < t < x\ ) \\ \cosh\{k(1+x-t)\} - \cosh\{k(-1+x+t)\} & (\ x < t < 1\ ) \end{cases}$

   b. $u(x) = \{\cosh(kx) - \tanh(k)\sinh(kx)\}u_0 + \dfrac{\sinh(kx)}{k\cosh(k)}v_1$
   $\qquad + \dfrac{1}{2k\cosh(k)} \displaystyle\int_0^1 G(x,t)f(t)dt$

$$G(x,t) = \begin{cases} \sinh\{k(1-x+t)\} + \sinh\{k(-1+x+t)\} & (\ 0 < t < x\ ) \\ \sinh\{k(1+x-t)\} + \sinh\{k(-1+x+t)\} & (\ x < t < 1\ ) \end{cases}$$

c. $u(x) = \dfrac{\cosh(kx)}{\cosh(k)}u_1 + \dfrac{1}{k}\{\sinh(kx) - \tanh(k)\cosh(kx)\}v_0$

$\qquad\qquad + \dfrac{1}{2k\cosh(k)}\displaystyle\int_0^1 G(x,t)f(t)dt$

$$G(x,t) = \begin{cases} \sinh\{k(1-x+t)\} - \sinh\{k(-1+x+t)\} & (\ 0 < t < x\ ) \\ \sinh\{k(1+x-t)\} - \sinh\{k(-1+x+t)\} & (\ x < t < 1\ ) \end{cases}$$

3. 条件：$G(0) = \dfrac{dG}{dx}(0) = \dfrac{d^2G}{dx^2}(0) = 0,\ \dfrac{d^3G}{dx^3}(0) = 1,\ \dfrac{d^4G}{dx^4}(x) = 0$ を満たす $G(x,t) = \dfrac{1}{6}x^3$ を用いる.

   a. $u(x) = \displaystyle\int_0^1 G(x,t)f(t)dt$

   $$G(x,t) = \begin{cases} \dfrac{1}{6}(1-x)^2(2-3t+x) & (\ 0 < t < x\ ) \\[6pt] \dfrac{1}{6}(1-t)^2(2-3x+t) & (\ x < t < 1\ ) \end{cases}$$

   b. $u(x) = \displaystyle\int_0^1 G(x,t)f(t)dt$

   $$G(x,t) = \begin{cases} \dfrac{t^2}{12}(1-x)\{3x(2-x) + t(x^2-2x-2)\} & (\ 0 < t < x\ ) \\[6pt] \dfrac{x^2}{12}(1-t)\{3t(2-t) + x(t^2-2t-2)\} & (\ x < t < 1\ ) \end{cases}$$

   c. 問題 a. の場合
   $$f(x) = p :\quad u(x) = \dfrac{p}{24}(x^4 - 4x + 3)$$
   $$f(x) = x :\quad u(x) = \dfrac{1}{120}(x^5 - 5x + 4)$$

   問題 b. の場合
   $$f(x) = p :\quad u(x) = \dfrac{p}{48}x^2(2x^2 - 5x + 3)$$
   $$f(x) = x :\quad u(x) = \dfrac{1}{240}x^2(2x^3 - 9x + 7)$$

第 6 章

1. 第 6 章の図 6.2–6.4 を参照.

2. 同次微分方程式の解は，次のように表される.
$$u(x) = c_1 \cosh\left(\alpha\sqrt{\tfrac{1+\gamma}{2}}x\right) + c_2 \sinh\left(\alpha\sqrt{\tfrac{1+\gamma}{2}}x\right) + c_3 \cos\left(\alpha\sqrt{\tfrac{\gamma-1}{2}}x\right)$$
$$+ c_4 \sin\left(\alpha\sqrt{\tfrac{\gamma-1}{2}}x\right)$$

ただし，$\gamma = \sqrt{1 + 4\tfrac{\beta^4}{\alpha^4}} > 1$

境界条件を考慮して，$c_1 = c_3 = 0$, さらに，c_2, c_4 が零とならない条件として次式を得る.

$$-\alpha^2\gamma \sinh\left(\alpha\sqrt{\tfrac{1+\gamma}{2}}\right)\sin\left(\alpha\sqrt{\tfrac{\gamma-1}{2}}\right) = 0$$

したがって，$\sin\left(\alpha\sqrt{\tfrac{\gamma-1}{2}}\right) = 0$ より，次のような固有値を得る.
$$\beta^4 = \alpha^2(n\pi)^2 + (n\pi)^4 \quad \text{または，} \quad \omega^2 = \frac{T}{\rho A}(n\pi)^2 + \frac{EI}{\rho A}(n\pi)^4$$

3. 第 6 章の式 (6.128) を参照のこと.

第 7 章

1. A.

    a, b. D に関する多項式，たとえば 2 次多項式 $P(D) = D^2 + c_1 D + c_2$ を与え，微分を行い確かめる.

    c. 問 a より，$P(a) \neq 0$ であるから $P(D)P(a)^{-1}e^{ax} = e^{ax}$ となり，この両辺に $P(D)$ の逆演算子 $P(D)^{-1}$ を乗じて，公式 c を得る.

    d. 問 b の結果を用いて，$P(D)\{e^{ax}P(D+a)^{-1}f(x)\} = e^{ax}P(D+a)\{P(D+a)^{-1}f(x)\} = e^{ax}f(x)$ を考慮して公式 d を得る.

    e. 問 f の公式の $f(x)$ の代わりに $e^{-ax}f(x)$ を適用して，公式 e を得る.

    f. $P(D)$ に対して，その逆演算子を $P(D)^{-1}$ とすると，$P(D)P(D)^{-1} = P(D)^{-1}P(D) = 1$ であるから, 直接演算子の積 $(1-D)(1-D)^{-1}$, $(1+D)(1+D)^{-1}$ を計算して確かめることができる.

    g. 指数関数 $e^{i(ax+b)} = \cos(ax+b) + i\sin(ax+b)$ に対して，D^2 に関する多項式 $P(D^2)$ を考えると，$P(D^2)e^{i(ax+b)} = e^{ib}P(D^2)e^{iax} = e^{ib}P((ib)^2)e^{iax} = P(-a^2)e^{i(ax+b)}$ となり，公式 g を得る.

B.

    a. $u(x) = c_1 e^{4x} + c_2 e^{-2x} - \dfrac{1}{8} e^{2x}$

    b. $u(x) = c_1 e^{2x} + c_2 e^{-2x} + c_3 e^{-3x} + \dfrac{1}{168} e^{5x}$

    c. $u(x) = c_1 e^{x} + c_2 e^{2x} - 3x e^{x}$

    d. $u(x) = c_1 e^{x} + c_2 x e^{x} + \dfrac{1}{2} x^2 e^{x}$

    e. $u(x) = c_1 e^{-x} + c_2 e^{3x} - \dfrac{1}{3}\left(x^2 - \dfrac{4}{3}x + \dfrac{14}{9}\right)$

    f. $u(x) = c_1 e^{x} + c_2 x e^{x} + \dfrac{1}{4} e^{3x}\left(x^2 - 2x + \dfrac{3}{2}\right)$

    g. $u(x) = c_1 e^{-5ix} + c_2 e^{5ix} + \dfrac{1}{16}\cos(3x)$ または, $u(x) = d_1 \cos(5x) + d_2 \sin(5x) + \dfrac{1}{16}\cos(3x)$

2. A. ラプラス変換の性質 3：式 (7.20) を証明する.

$$L\left\{\int_0^x u(t)dt\right\} = \int_0^\infty e^{-sx}\left(\int_0^x u(t)dt\right)dx$$
$$= \left[-\dfrac{1}{s}e^{-sx}\int_0^x u(t)dt\right]_0^\infty + \dfrac{1}{s}\int_0^\infty e^{-sx}u(x)dx = \dfrac{1}{s}U(s)$$

次に性質 4：式 (7.21) を証明する.

$$L\{u(x) * v(x)\} = \int_0^\infty e^{-sx}\left\{\int_0^x u(x-t)v(t)dt\right\}dx$$
$$= \int_0^\infty \left\{\int_{x=t}^{x=\infty} e^{-sx}u(x-t)v(t)dx\right\}dt$$
$$= \int_0^\infty \left\{\int_{\tau=0}^{\tau=\infty} e^{-s(\tau+t)}u(\tau)v(t)d\tau\right\}dt \quad (\tau = x - t)$$
$$= \left(\int_0^\infty e^{-s\tau}u(\tau)d\tau\right)\left(\int_0^\infty e^{-st}v(t)dt\right) = L\{u(x)\}L\{v(x)\}$$

B.

    a. $u(x) = e^{(\alpha+i\beta)x} = e^{\alpha x}\{\cos(\beta x) + i\sin(\beta x)\}$ をラプラス変換する.

$$U(s) = L\{e^{(\alpha+i\beta)x}\} = \int_0^\infty e^{-\{s-(\alpha+i\beta)\}x}dx$$
$$= \left[-\dfrac{1}{s-(\alpha+i\beta)}e^{-\{s-(\alpha+i\beta)\}x}\right]_0^\infty$$
$$= \dfrac{1}{s-(\alpha+i\beta)} = \dfrac{s-\alpha}{(s-\alpha)^2+\beta^2} + i\dfrac{\beta}{(s-\alpha)^2+\beta^2}$$

から得られる．

b. $L\{xe^{i\beta x}\} = \displaystyle\int_0^\infty e^{-sx} xe^{i\beta x} dx = \dfrac{1}{(s-i\beta)^2}$
$= \dfrac{s^2 - \beta^2}{(s^2+\beta^2)^2} + i\dfrac{2s\beta}{(s^2+\beta^2)^2}$

より得られる．

3. a. 微分演算子法：$u(x) = \dfrac{1}{(D+2)(D-3)}(2x) = -\dfrac{1}{6}\Big(1 - \dfrac{D}{6} + \cdots\Big)(2x)$

ラプラス変換法：$U(s) = \dfrac{1}{s^2 - s - 6}\Big(s + 1 + \dfrac{2}{s^2}\Big)$

ミクシンスキー演算子法：$\{u(x)\} = \dfrac{1}{s^2 - s - 6}\Big(s + 1 + \{2x\}\Big)$

たたみ込み積分法：$u(x) = G(x) + \dfrac{dG}{dx}(x) + G(x) * (2x)$

ただし，$G(x) = -\dfrac{1}{5}e^{-2x} + \dfrac{1}{5}e^{3x}$

解：$u(x) = \dfrac{1}{10}e^{-2x} + \dfrac{38}{45}e^{3x} - \dfrac{x}{3} + \dfrac{1}{18}$

b. 微分演算子法：$u(x) = \dfrac{1}{(2D-3)(D+1)}(xe^x) = \dfrac{1}{2D-3}\Big(\dfrac{1}{D+1}xe^x\Big)$

ラプラス変換法：$U(s) = \dfrac{1}{(2s-3)(s+1)}\Big\{-4s + \dfrac{1}{(s-1)^2}\Big\}$

ミクシンスキー演算子法：$\{u(x)\} = \dfrac{1}{2s^2 - s - 3}\{-4s + \{xe^x\}\}$

たたみ込み積分法：$u(x) = \dfrac{1}{2}\Big(-4\dfrac{dG}{dx}(x) + G(x) * (xe^x)\Big)$

ただし，$G(x) = \dfrac{2}{5}e^{\frac{3}{2}x} - \dfrac{2}{5}e^{-x}$

解：$u(x) = -\dfrac{2}{5}e^{\frac{3}{2}x} - \dfrac{17}{20}e^{-x} - \dfrac{1}{4}e^x(2x+3)$

参考文献

[1] 巌佐 庸『数理生物学入門 生物社会のダイナミックスを探る』(HBJ 出版局, 1990)

[2] 笠原晧司『新微分方程式対話 固有値を軸として』(現代数学社, 1970)

[3] 笠原晧司『線型代数と固有値問題 スペクトル分解を中心に』(現代数学社, 1972)

[4] 小林道正『$Mathematica$ 微分方程式』$Mathematica$ 数学 1（朝倉書店, 1998)

[5] 小室元政『基礎からの力学系 分岐解析からカオス的遍歴へ』SGC ライブラリー 17（サイエンス社, 2002)

[6] 佐藤總夫『自然の数理と社会の数理 微分方程式で解析する I』（日本評論社, 1984)

[7] 佐野 理『キーポイント微分方程式』（岩波書店, 1993)

[8] 志賀浩二『固有値問題 30 講』数学 30 講シリーズ 10（朝倉書店, 1991)

[9] 杉浦光夫『Jordan 標準形と単因子論 I, II』岩波講座 基礎数学（岩波書店, 1976, 1977)

[10] スメール・ハーシュ（田村一郎・水谷忠良・新井紀久子訳）『力学系入門』（岩波書店, 1976)

[11] 東京大学物理学教室編『微分方程式』東京大学基礎工学 2（東京大学出版会, 1960)

[12] 戸川隼人・下関正義『グラフィック振動論』パソコンアプリケーション=10（サイエンス社, 1984)

[13] 登坂宣好・大西和榮『偏微分方程式の数値シミュレーション』第 2 版（東京大学出版会, 2003)

[14] 登坂宣好・中山 司『境界要素法の基礎』（日科技連出版社, 1987)

[15] ホッフバウアー・シグムンド（竹内康博訳）『生物の進化と微分方程式』（現代数学社, 1990)

[16] 三木忠夫『常微分方程式とその応用』応用数学講座第 8 巻（コロナ社, 1956)

[17] ミクシンスキー（松村英之・松浦重武訳）『演算子法（上)』（裳華房, 1963)

[18] ミクシンスキー（松浦重武・笠原皓司訳）『演算子法（下)』（裳華房, 1964)

[19] 三井斌友『微分方程式の数値解法 I』岩波講座 応用数学［方法 3］（岩波書店, 1993)

[20] 森本光生『パソコンによる微分方程式』（朝倉書店, 1987)

[21] 矢野健太郎・石原　繁『微分方程式』（裳華房, 1994)

[22] 山本善之『振動学』応用力学講座 7（共立出版, 1957)

[23] 吉田耕作『演算子法　一つの超関数論』UP 応用数学選書 5（東京大学出版会, 1982)

索引

ア 行

安定状態　177
1 次補間式　243
1 種個体群の増殖　26
一般固有空間　244, 245
インデシアル応答　118
インパルス応答　117, 120
影響関数　135
オイラーの座屈荷重　175

カ 行

カオス　61
過減衰　114
数演算子　216
加速度応答係数　122
片持梁　137
幾何学的解法　71
軌道　71
基本関数　40, 92, 99, 100
逆多項式　191
境界型解法　151
境界条件　33
境界積分方程式法　151
境界値問題のグリーン関数　12
　　──法　147
境界要素法　152
強制振動　113
　　──解　117, 120
共役固有値　238
共役複素根　77
共役複素ベクトル　237
行列の指数　72

行列の指数関数　72
　　──の性質　72
行列の対角化　76
グリーン関数　110, 111
　　──の物理的意味　133
　　──法　189
現象の数理モデル　19
減衰　114
弦の固有角振動数　157
弦の釣合い曲線　23
　　──の境界値問題のグリーン関数　133
合成積乗法　212
剛体的変位（剛体モード）　164
恒等演算子　191
固定－回転梁　137
固有角振動数　113
固有空間　235
　　──の直和　237
固有振動モード　158
固有値　235
　　──問題　158
固有ベクトル　235

サ 行

座屈　173
　　──荷重　173
　　──変形形状　182
差分近似　57
差分法　57
3 次正方行列　253
3 周期解　61
軸力を受ける弾性棒の釣合い　178
指数関数解　41, 42

279

――の挙動　44
実ジョルダン標準形　240
実線形空間の複素化　231
実標準形　240
実ベクトルの複素化　231
自明な解　41, 157
射影　240
　　――行列　77
　　――行列の性質　77, 80
　　――分解　242
自由振動　115
　　――解　115
集中質量系　155
衝撃応答　117
常微分方程式　14
初期条件　21, 33
初期速度（初速度）　21
初期値　21
　　――問題のグリーン関数　12
初期変位　21
ジョルダンの標準形　246
　　――化　76
自律系　19
数値解法　57
数理モデル　20
ステップ応答　120
スペクトル分解　76, 242
正規形微分方程式　15
静的変位　122
積分因子　43
　　――法　43, 45, 48
積分演算子　214
積分方程式　14
接ベクトル場　69
零値関数　157
線形写像　233
　　――の一般スペクトル分解　247
　　――の定義　233
　　――の表現行列　234
　　――の複素化　233
線形非自律系の解　94
線形非同次形微分方程式の初期値問題のグリーン関数　110
線形微分方程式　15
線形 n 階定数係数非同次形微分方程式の初期値問題のグリーン関数　111

相曲線　71
相似型微分方程式　65
相平面　71
速度応答係数　122

タ　行

たたみ込み積分　101
　　――の性質　102
　　――法　12, 107
（単位）インパルス応答　117
　　――関数　117
単位演算子　215
単位ステップ応答　118
単位ステップ外力状態　118
単振動　20, 112
　　――現象の数理モデル　21
弾性棒の座屈荷重　175
弾性棒の座屈問題　174
弾性梁の境界値問題のグリーン関数　145
弾性梁の固有振動問題　160
弾性梁の釣合い曲線　25
単振り子　22
調和応答　123
直和　237
定数係数微分方程式　15
定数変化法　46, 47, 94
ディラックデルタ関数　117
ディリクレ条件　33
デュアメル積分　120
導関数の演算子表現　217
導関数の不連続性　130
同次型微分方程式　53
同次形微分方程式　15
　　――の一般解　42
　　――の解　40
等長変換　88
特性根　42
特性方程式　42

ナ　行

2 階微分作用素の基本解　151
2 次行列のスペクトル分解　76
2 次元線形ベクトル場　69
2 次元ベクトル関数　68

2 次元ベクトル場　68
2 次正方行列　248
2 次補間式　243
2 周期解　61
2 種個体群の増殖（捕食者・被食者系）　27
ノイマン条件　33

ハ 行

非自律系　19
非線形微分方程式　15, 56
非同次形微分方程式　16
　　——の特解　40
微分演算子　190, 217
　　——の多項式　191
　　——法（D 法）　189, 190
微分方程式の境界値問題　33
微分方程式の初期値問題　33
微分方程式の定常解　56
表現行列　234
不安定状態　177
複素固有ベクトル　239
複素数上の線形空間（複素線形空間）　229, 230
複素標準形　238
複素ベクトル　231, 232
　　——の虚部　232
　　——の実部　232
符号関数　150
フーリエ級数　123
フレードホルム型同次積分方程式　159
分岐　177
分布質量系　155
平衡解　56
ヘヴィサイドステップ関数　118
冪零行列　247
ベルヌーイ型微分方程式　65
ベルヌーイの微分方程式　65
変位応答係数　122
変位倍率　122
変数係数微分方程式　15
変数分離型解法のプロセス　52
変数分離型積分型式表現　52

変数分離型微分型式表現　52
変数分離型微分方程式　27, 50
偏微分方程式　14
棒の座屈変形形状　181

マ 行

曲げモーメント　26
マルサスモデル　27
ミクシンスキー演算子法　189, 213
　　——の基本事項　213
無減衰　115
面外せん断力　26
　　——の不連続性　141

ヤ 行

陽的差分スキーム　58
余解　40

ラ 行

ラプラス逆変換　202
ラプラス変換　199
　　——の性質　200
　　——法　189
リターンマップ法　60
両端回転梁　137
両端固定梁　137
臨界減衰　114
連続と離散　64
ロジスティック曲線　56
ロジスティック方程式　27
ロトカ－ボルテラ方程式　28
ロバン条件　33

A – Z

$\boldsymbol{A}^c$ の複素標準形　238
M-C-K 系モデル　22, 113
n 階常微分方程式　15
n 元連立微分方程式　17
R_C^2 上の線形写像　233

著者略歴

登坂宣好（とさか・のぶよし）
1942 年　東京都生まれ．
1971 年　東京大学大学院工学系研究科博士課程修了．
　　　　日本大学生産工学部教授を経て，
現　　在　東京電機大学未来科学部客員教授．工学博士．
主要著書　『偏微分方程式の数値シミュレーション（第 2 版）』
　　　　（共著，東京大学出版会，2003），
　　　　『逆問題の数理と解法　偏微分方程式の逆解析』
　　　　（共著，東京大学出版会，1999）．

微分方程式の解法と応用　たたみ込み積分とスペクトル分解を用いて
2010 年 6 月 21 日　初　版

[検印廃止]

著　者　　登坂宣好
発行所　　財団法人　東京大学出版会
代表者　　長谷川寿一
　　　　〒 113-8654 東京都文京区本郷 7-3-1 東大構内
　　　　電話 03-3811-8814　Fax 03-3812-6958
　　　　振替 00160-6-59964
印刷所　　三美印刷株式会社
製本所　　矢嶋製本株式会社
ⓒ2010 Nobuyoshi Tosaka
ISBN 978-4-13-062913-3　Printed in Japan

®＜日本複写権センター委託出版物＞
本書の全部または一部を無断で複写複製（コピー）することは，
著作権法上での例外を除き，禁じられています．本書からの複写
を希望される場合は，日本複写権センター（03-3401-2382）に
ご連絡ください．

大学数学の入門 1 代数学 I　群と環		桂 利行	A5/1600 円
大学数学の入門 2 代数学 II　環上の加群		桂 利行	A5/2400 円
大学数学の入門 3 代数学 III　体とガロア理論		桂 利行	A5/2400 円
大学数学の入門 4 幾何学 I　多様体入門		坪井 俊	A5/2600 円
大学数学の入門 6 幾何学 III　微分形式		坪井 俊	A5/2600 円
大学数学の入門 7 線形代数の世界　抽象数学の入り口		斎藤 毅	A5/2800 円
大学数学の入門 8 集合と位相		斎藤 毅	A5/2800 円
逆問題の数理と解法　偏微分方程式の逆解析		登坂・大西・山本	A5/3800 円
偏微分方程式の数値シミュレーション [第 2 版]		登坂・大西	A5/3600 円
ナヴィエ–ストークス方程式の数理		岡本 久	A5/4800 円
ベクトル解析入門		小林・高橋	A5/2800 円

ここに表示された価格は本体価格です．ご購入の際には消費税が加算されますのでご了承ください．